土質力学

編著者：安福規之

著　　者：石藏良平・大嶺　聖・笠間清伸・酒匂一成
蒋　宇静・末次大輔・杉本知史・林　泰弘
福林良典・松原　仁・椋木俊文・村上　哲
山本健太郎

理工図書

はしがき

本書は，山内豊聡先生（九州大学名誉教授）の教科書「土質力学」のリブート本として九州・沖縄在住の教員で協働して執筆した土質力学の入門書である。リブートには再出発，再始動という意味があり，はじめて土質力学を学ぶ学生や技術者の独習に適した内容となっている。手元に一冊，置いていただいて，必要な時に何度でも読み直していただきたいテキストである。

本書を執筆するにあたっては，執筆者間での意見交換，出版社の要望等を踏まえ，次のような事項に留意している。

1) 九州・沖縄在住の若手の教員が協働して，各章間のつながりを共有しながら執筆する。
2) その際，山内先生の2001年版（最終版）の教科書の構成を最大限活かし，考え方の理解に充填を置きつつ，新たに定着している知見も取り入れて，より現状にあった内容を実現する。
3) 各章に「はじめに」の節を新たに設け，どのようなことがその章で学べるのかを学生の視点から分かりやすく示す。
4) 各章には，理解を深めるために必要な「例題」を設けるとともに，理解の確認が独自でできるよう「演習問題」を各章に設定する。また，演習問題の解答例や式の誘導過程などは，Web等を活かして丁寧でわかりやすいものとする。
5) 地盤工学用語辞典（(公社) 地盤工学会編，2006年）の見出し用語として示されている「技術用語」が検索できるように標記を工夫する。
6) これからの土質力学として「土質力学で学べること」，「土の動的性質」および「地盤の環境と防災」に関する新たな章を組み入れ，学生の理解の幅を広げる工夫をする。

このような点を随時，執筆者で確認しながら執筆を進め，漸く

14 名の執筆者で一つのまとまった本を創り上げることができた。この本の企画のお話をいただいて爾来，10 年ほどの歳月が流れている。

執筆者の多くの目を通して書くことで，必要な内容や情報，新たな知見などを総合的に意見交換でき，好都合なことは多くあるものの，やはり一緒に書くことの難しさもある。形式の統一，書きぶりや内容の濃淡などに注意しながら，一体性や一貫性のあるものに近づける努力はしたつもりであるが，なお十分でない点も多々あることは予見される。今後，構成内容や記述方法など，学生を含め読者諸氏のご批判・ご意見をいただきながらよりわかりやすくまた充実した内容になるよう随時改善していきたいと考えている。

この山内先生の土質力学のリブート本の執筆依頼があった際に，お話を受けてよいものかどうかとても悩んだ。理由はいろいろあった。そんな中，三浦哲彦先生（佐賀大学名誉教授），落合英俊先生（九州大学名誉教授）にご相談し，一歩踏み出せるよう背中をそっと押していただいた。

本書に取り上げた引用文献や参考文献の著者に感謝の意を表すとともに，もっと適切な引用があったかもしれないと思う。その引用や参照については，どうかご寛容をお願いしたい。また，今回の執筆のきっかけを創っていただいた理工図書の方々に深甚の謝意を表したい。

末筆ながら，故山内豊聡先生（九州大学名誉教授），故石堂稔先生（元九州産業大学教授），故巻内勝彦先生（日本大学名誉教授），故林重徳先生（佐賀大学名誉教授）がこのリブート本の上梓を喜んでいただいていれば本当にうれしい。

2022 年 6 月

安 福 規 之

記号一覧

A　**活性度**（activity），供試体の断面積，ハーゲンポアズイユを考えるときの管の内断面積，間隙水圧係数

A_f　試料の破壊時の断面積，破壊時の間隙水圧係数 A

A_p　供試体の断面の間隙部分の面積

A_s　土粒子の全表面積

A_0　試料の初期の断面積

B　間隙水圧係数，載荷重の幅

C　土中の間隙水に伝達される比率

C_α　**二次圧密係数**（coefficient of secondary consolidation）

C_c　**圧縮指数**（compression index）

C_p　管の形に関係する定数

Cs　土粒子の圧縮率

Cw　水の圧縮率

D　排水長

D_c　**締固め度**

D_f　根入れ長

D_r　相対密度（relative density）

D_{10}　**有効径**（effective grain size）

E　土の**変形係数**（modulus of deformation），スライス側面に作用する間隙水圧

E_0　**初期接線変形係数**（initial tangent modulus）

E_{50}　**割線変形係数**（secant modulus）

F_L　液状化に関する安全率

F_c　粘着力に関する安全率

$F_\mathrm{ö}$　摩擦角に関する安全率

F_s　安全率

G　**せん断弾性係数**（shear modulus），せん断剛性

G_s　砂粒子の比重

H　全水頭差，供試体の最終の厚さ，擁壁の高さ，すべり面深さ，スライス側面に作用する水平力
H_c　擁壁の限界高さ，臨界高（限界高さ）
H_s　供試体の固体部分の厚さ
H_w　地下水面の位置（地表面からの深さ）
I_c　**コンシステンシー指数**（consistency index）
I_L　**液性指数**（liquidity index）
I_p　**塑性指数**（plasticity index）
I_s　沈下係数
L　長さ，すべり面長さ，せん断応力比
L_f　試料の破壊時の長さ
L_0　試料の初期の長さ
K　土圧係数
K_a　主働土圧（active earth pressure）係数
K_{ae}　地震時の主働土圧係数
K_{ca}　クーロンの主働土圧係数
K_{cp}　クーロンの受働土圧係数
K_p　受働土圧（passive earth pressure）係数
K_0　静止土圧係数
N　すべり面上に作用する垂直力
N'　有効垂直力
N_B　ブーシネスクによる集中荷重に関する影響数
N_c，N_q，N_γ　支持力係数
N_d　深さ係数
N_s　安定係数
N_0　オスターバーグによる台形荷重に関する影響数
OCR　**過圧密比**（overconsolidation ratio）
P_a　主働土圧合力
P_{ae}　地震時の主 - 働土圧合力
P_L　液状化指数

P_N　垂直全荷重
P_p　受働土圧合力
Q　集中荷重
R　ハーゲンポアズイユを考えるときの管の内半径，すべりに対する抵抗力，円弧の半径，繰返しせん断強度比
S　サクション，圧密沈下量，すべり面上で発揮できるせん断抵抗力
S_f　最終沈下量
S_r　**飽和度**（degree of saturation）
St　鋭敏比
SPT　標準貫入試験
T　滑動を抑止するために必要なせん断抵抗力
T_s　表面張力
T_v　**時間係数**（time factor）
U　揚圧力，平均圧密度，すべり面に作用する間隙水圧の合力
U_c　**均等係数**（uniformity coefficient）
U_c'　**曲率係数**（coefficient of curvature）
U_z　**圧密度**（degree of consolidation）
V　土全体の体積，スライス側面に作用する鉛直力
V_f　試料の破壊時の体積
V_0　試料の初期の体積
V_s　土粒子の体積
V_v　間隙の体積
V_w　間隙水の体積
W　土くさびの重量，すべり土塊の重量

a, b　幅，長さ
a_v　圧縮係数
c　形状係数，粘着力
c_α　各種粘着力をまとめた表記

$c_{\alpha m}$　すべり面に発現される土の粘着力
c'　粘着力（有効応力表示）
c_{cu}　CD 試験で求まる粘着力
c_d　CD 試験で求まる粘着力
c_r　残留時の粘着力
c_u　UU 試験で求まる粘着力，非排水せん断強さ
c_v　**圧密係数**（coefficient of consolidation）
d　円管の内径，矢板の根入れ
$\mathrm{d}R$　微小反力
e　**間隙比**（void ratio）
e_c　限界間隙比
$f_B(m, n)$　ブーシネスクによる長方形等分布荷重に関する影響数
f_x, f_y, f_z　x,y,z 方向の外力
f_0　$(\sigma_1 - \sigma_3)_\mathrm{f} \sim \sigma_{3\mathrm{f}}$ 平面における破壊線の切片の値
f_1　$(\sigma_1 - \sigma_3)_\mathrm{f}/2 \sim (\sigma_1 + \sigma_3)_\mathrm{f}/2$ 平面における破壊線の切片の値
g　重力加速度
i　裏込め地盤の水平面からの傾斜角
i_x, i_y, i_z　x,y,z 方向の動水勾配
i_c　限界動水勾配
h　減衰定数（damping ratio）
h_c　毛管上昇高（capillary height）
h_p　圧力水頭
k　透水係数
k_d　乱した土の透水係数
k_h　水平震度
k_H　水平方向の透水係数
k_T　任意の温度における透水係数
k_u　自然状態の乱さない土の透水係数

k_V　鉛直方向の透水係数

l　すべり面の長さ

m　土全体の質量

m_s　土粒子の質量

m_w　間隙水の質量

m_v　**体積圧縮係数**（coefficient of volume compressibility）

m_0　$(\sigma_1-\sigma_3)_f \sim \sigma_{3f}$ 平面における破壊線の傾き

m_1　$(\sigma_1-\sigma_3)_f/2 \sim (\sigma_1+\sigma_3)_f/2$ 平面における破壊線の傾き

n　**間隙率**（porosity），乱流時のダルシー則に適用する実験値

p　**圧密圧力**（consolidation pressure），平均主応力

p'　平均主応力（有効応力表示）

p_a　大気圧

p_c　**圧密降伏応力**（consolidation yield stress）

p_s　浸透水圧

p_0　**先行圧密圧力**（pre-consolidation pressure），地表面に作用する載荷圧

q　単位時間における流量，軸差応力，偏差応力，載荷重（サーチャージ）

$\bar{q}$　線荷重強さ

q_u　一軸圧縮強さ

q_r　乱さない試料の一軸圧縮強さ

q_{ur}　同じ試料を完全に乱したときの一軸圧縮によるピーク強さ

q'　偏差応力（有効応力表示）

q'_{ur}　乱さない試料の強さのピークと同じひずみに対する乱した試料の強さ

r　一次圧密比，距離，すべり面に対する垂線の長さ

r_l　動水半径

r_f　微小反力の作用線の半径

s　せん断強さ

u 間隙水圧

u, v, w x,y,z 方向の変位

u_i 初期間隙水圧

u_w 水圧，すべり面に作用する間隙水圧

v 浸透流速

v_p 間隙中を流れる水の実流速

v_x, v_y, v_z 流入速度の成分

w **含水比**（water content）

w_L **液性限界**（liquid limit）

w_p **塑性限界**（plastic limit）

w_{opt} 最適含水比

w_s **収縮限界**（shrinkage limit）

x 摩擦円の中心から粘着力の合力に至る距離

z 深さ

z_0 引張クラック深さ

ΔE スライス側面に作用する間隙水圧のスライス間力

ΔH 水平方向のスライス間力

$\Delta p'$ 平均主応力（有効応力表示）

ΔV 体積の増加量，鉛直方向のスライス間力

Δu **過剰間隙水圧**（excess pore water pressure）

$\Delta \sigma_1'$ 最大主応力（有効応力表示）の増加量

$\Delta \sigma_3'$ 最小主応力（有効応力表示）の増加量

α すべり面の傾斜角

α_h 最大加速度

β 水平面を基準とする擁壁背面の傾斜角，斜面の傾斜角

δ 壁面摩擦角，壁面と裏込め土との摩擦角

γ 土の単位体積重量

γ' 土の水中単位体積重量（有効単位体積重量）

γ_d　**乾燥単位体積重量**（dry unit weight）

γ_{sat}　**飽和単位体積重量**（saturated unit weight）

γ_{sub}　**水中単位体積重量**（submerged unit weight）

γ_t　**湿潤単位体積重量**（wet unit weight）

γ_w　水の単位体積重量

γ　せん断ひずみ

γ_{xy}, γ_{yz}, γ_{zx}　xy, yz, zx 面における**せん断ひずみ**（shear strain）

ε　圧縮ひずみ

ε_α　軸対象条件における軸方向のひずみ

ε_r　軸対象条件における横方向のひずみ

ε_x, ε_y, ε_z　x,y,z 方向の**線ひずみ**（linear strain）

ε_v　**体積ひずみ**（volumetric strain）

η　水の粘性係数

θ　**体積含水率**（water ratio），角度，水平面からの角度，すべり面の傾斜角

v　ポアソン比

ξ, η　長さ

ρ　距離，密度

ρ_d　**乾燥密度**（dry density）

ρ_{dmax}　最大乾燥密度

ρ_s　**土粒子の密度**（soil particle density）

ρ_{sat}　**飽和密度**（saturated density）

ρ_{sub}　**水中密度**（submerged density）

ρ_t　**湿潤密度**（wet density）

ρ_w　水の密度

σ　**全応力**（total stress），垂直応力，すべり面上に作用する垂直応力

σ_h　水平応力

σ_v　鉛直応力

σ_1　最大主応力

σ_{1p}　軸応力のピーク値

σ_2　中間主応力

σ_3　最小主応力

σ'　**有効応力**（effective stress），すべり面上に作用する有効垂直応力

σ'_c　有効拘束圧

σ'_h　最小有効主応力

σ'_ρ　ρ 方向の垂直応力（円筒座標）

σ'_t　接線方向の応力（円筒座標）

σ'_y　**降伏応力**（yield stress）

$\sigma'_x, \sigma'_y, \sigma'_z$　x,y,z 方向の垂直応力（有効応力）

σ'_v　最大有効主応力，有効上載圧

$\sigma'_{h,a}$　ランキンの主働土圧

$\sigma'_{h,p}$　ランキンの受働土圧

σ_1'　最大主応力（有効応力表示）

σ_2'　中間主応力（有効応力表示）

σ_3'　最小主応力（有効応力表示）

τ　せん断応力

$\tau_{xy}, \tau_{yz}, \tau_{zx}$　yz, xz, xy 面におけるせん断応力

χ　飽和度によって決まる不飽和パラメータ

ϕ　せん断抵抗角

ϕ'　せん断抵抗角（有効応力表示）

ϕ_α　各種せん断抵抗力をまとめた表記

$\phi_{\alpha m}$　すべり面に発現される土のせん断抵抗角

ϕ_{cu}　CD 試験で求まるせん断抵抗角

ϕ_d　CD 試験で求まるせん断抵抗角

ϕ_r　残留時のせん断抵抗角

ϕ_u　UU 試験で求まるせん断抵抗角

目　　次

第1章　「土質力学」で学べること

第2章　土の物理的性質と分類

第3章　土の締固め

第4章　土中水の物理

第5章 土 の 圧 密

第６章　土のせん断とせん断強さ

第７章　土の繰返しせん断と液状化

第8章　地 盤 内 応 力

第9章　地盤の安定：土圧

第 10 章　地盤の安定：支持力

第 11 章　地盤の安定：斜面

第 12 章　地盤の環境と防災

第1章 「土質力学」で学べること

1.1 はじめに

人間社会が活動を続け，発展していくために必要な道路，橋梁，トンネル，基礎構造物，下水道施設，港湾構造物などの社会基盤施設は全て地盤に支えられている。これらの施設を安全かつ合理的・経済的に建設し，周辺環境への配慮の上で，期待される機能を十分に発揮させるためには，それを支える「地盤そのもの」と「工学的材料としての土」の特性を正しく理解し，それらを科学的に分析し，工学的に工夫して取り扱うことが重要である。

本章では，まず，この教科書が想定している地盤の問題を紹介し，その上で，自然の生成物である地盤や土のもつ機能・役割について考えてみる。次いで，具体的な事例として，海上に建設された新北九州空港とその連絡橋建設プロジェクトを通して，地質・地盤工学的な課題を取り上げ，地盤の成り立ちを適切に理解し，土質力学を学ぶことの必要性や意義をまとめる。

最後に，土質力学の周辺分野を紹介し，本章のまとめとする。

1.2 地盤にかかわる問題と求められる役割や機能

地盤は，先に述べた生活・社会基盤施設を整備する場，多様な生物が生存する場，地下水を涵養する場，食料等を生産する場，廃棄物を受け入れる場などとしての多様な役割を担っている。それぞれの役割に応じて，力学的，工学的に無機質な材料として分析したり，化学的あるいは農学的に生きた有機質な材料として考えたりと，地盤を理解し，分析する視点は多岐にわたっている。そうした中で，本テキストは，地盤やそれを構成する土を力学的な視点から考え，理解することを中心に据えた内容となっている。

本テキストが関係する地盤の問題をあげると，例えば，1）宅地等の造成など土で構造物をつくるうえでの「材料としての問題」, 2）地盤が構造物を支える際の「支持地盤としての問題」, 3）土を掘り，土を留めるときの「地盤の安定の問題」, 4）土中に水を留め，水が土中を流れる際の「地下水の問題」, そして，5）地盤で廃棄物を受け入れる「地盤環境の問題」などがある[1)]。

図 1.1 の示す宅地等の造成のように土で構造物をつくる場合には，まず，土の状態を表す諸量を求め，現場の土の状態をつかむ必要があるし，土を工学的に分類し，材料土としての性質を客観的に理解することも大切となる。また，材料土の締固め具合や保水性を知ることも土で構造物をつくる際には重要となる。

次いで，図 1.2 に示すようにビルを建設するような場合，地盤がどの程度の構造物の重さを支えられるのかを分析する必要がある。そのためには，土の圧縮性や土の強度や変形の性質を調べ，それらの特性を把握し，適切に評価分析することが必要となる。それによって，構造物を支える適切な支持地盤を選択したり，適切な地盤に改良したりといった判断に繋がっていく。

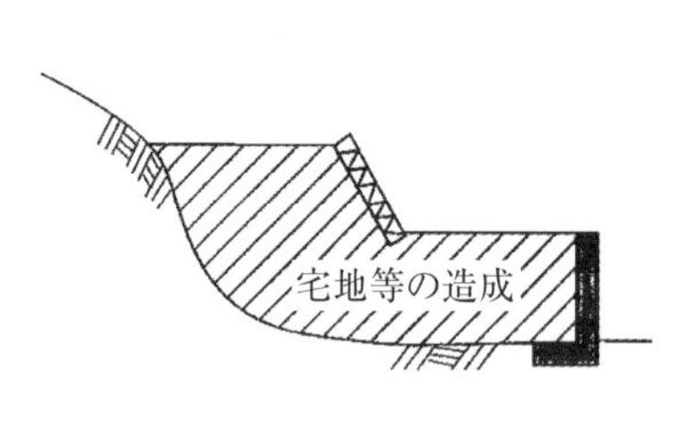

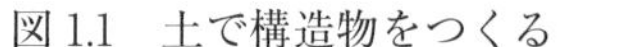

図 1.1　土で構造物をつくる

図 1.2　構造物を支える

加えて，地盤は，本来，土粒子が集まって構成されており，多くの間隙を有している。その間隙の大きさは，砂質や粘土質の地盤それぞれで異なっている。図 1.3 のように地下水面よりも下にある地盤の間隙は水で満たされているのが一般的である。この図で示すように地盤を地下水以下まで掘削するような建設工事では，地下水が土中を移動し，流れることによって掘削している壁が崩れたり，その底面が膨れ上がったりといったトラブルが生じることがしばしばである。こうした問題に対処するためには，土中の水の流れの基本的な特性を理解し，事前に対応策を準備しておくことが肝要となる。また，地盤環境の問題として図 1.4 のように廃棄物を地盤で受け入れる場合には，土中の水の流れだけではなくて，漏水などに関係して土中に含まれる化学的な成分の流れも分析することが求められる。

本テキストでは，このような地盤の問題を考える上で基本となる知識や考え方の素養が段階的に身に着くよう内容や構成の工夫がなされている。

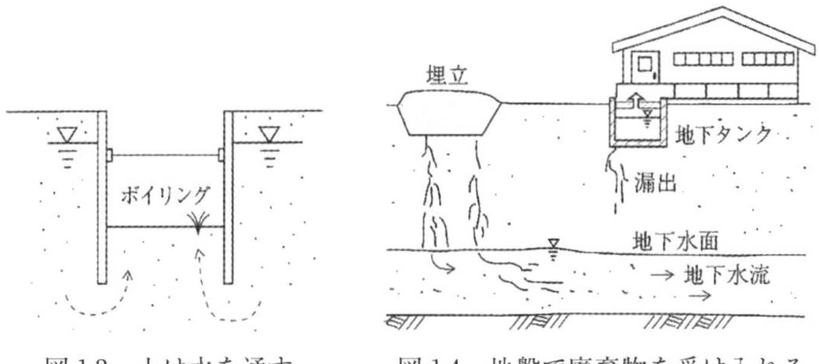

図 1.3　土は水を通す　　図 1.4　地盤で廃棄物を受け入れる

1.3　海上空港の連絡橋建設プロジェクト　－連絡橋を支える地盤－

ここでは，海上に建設された九州を代表する新北九州空港と京都郡の苅田町を結ぶ連絡橋の建設プロジェクトを紹介し[2)]，土

図 1.5　上空から見た連絡橋

質力学を学ぶことの意義や必要性の一端を説明する。新北九州空港は，周防灘沖2kmの海上に約370haの埋立てによって，2005年に開港した海上空港である。図1.5は，上空から見た新北九州空港連絡橋を示しており，陸域と空港を結んでいる。この海上空港と陸上部をつなぐ橋長約2kmの連絡橋建設においては，本テキストで修得できる地盤工学的な知見がいろんな場面で活かされている。

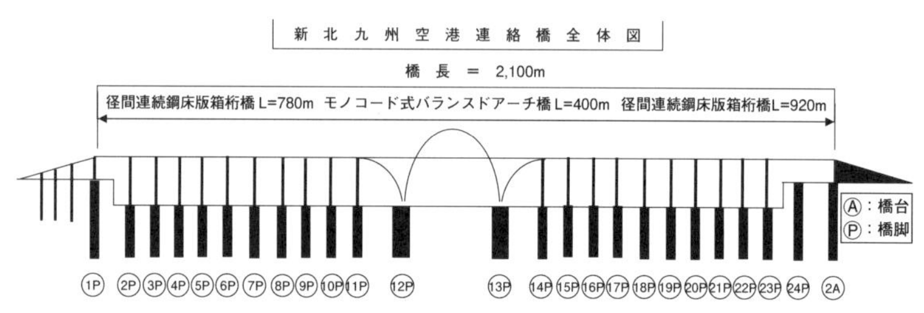

図1.6　橋脚24基，橋台1基および杭基礎で支えられる新北九州空港連絡橋全体図

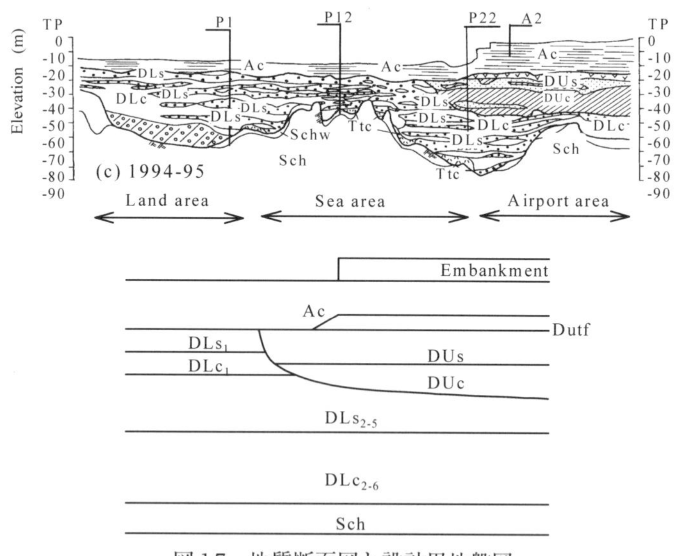

図1.7　地質断面図と設計用地盤図
（上図：地質断面図，下図：設計用地盤図）

連絡橋は，図1.6に示すように橋脚，橋台と杭状の基礎（杭基礎と称する）によって支えられている。また，その杭基礎は地盤によって支持されることになるので，対象とする地盤が深さに応じてどのような力学的な特性を有しているかを知らなければ，杭の大きさや種類，設置深さなどを適切に決めることができない。加えて，杭の形状や設置深さを決めるためには，その杭基礎によってどれほどの荷重を支える必要があり，そのためにどこの深さのどの地盤に杭を設置するのが良いのかを原位置調査や室内土質試験などの結果に基づいて図1.7のような地盤の状態を表す断面図を描いて判断することになる。

本プロジェクトでは，橋脚，橋台を支える杭基礎の効率的な施工に繋げるために，設計のための地盤物性値，具体的には，地盤内の水の流れの理解に必要な物性値，土の変形や強さに関する土質定数などは，原位置での試験や室内での土質試験の結果を反映して決定されている。また，杭基礎の支持力を算定するために，図1.7（上図）に示した地質断面図をもとに技術者の工学的判断を加えて図1.7（下図）に示す設計用地盤図が描かれている。この地盤図を得るためには，地質学と地盤工学に関連した幅広い知識が求められ，地盤を専門とする技術者の腕の見せ所である。こうした設計用地盤図や，設計に必要な地盤の物性値をどのように決めていくのかは，土木技術者の蓄積されている経験や土質力学的な素養が深くかかわってくることになる。

本テキストの各章の内容には，上記の実務における地盤調査・分析，設計・施工，維持管理を行う上で，土木技術者として身に付けておくべき土と地盤に関する基礎的な事項が多く含まれている。

1.4 まとめ －土質力学の周辺分野－

「地盤工学用語辞典（地盤工学会，2006年）」に土質力学の学術的な定義と共にその周辺分野が示されている。学会が公認しているこの辞典では，「地盤工学」という体系のなかで「土質力学」が定義づけされている[3)]。ここでは，その記述内容の一端を紹介し，本章のまとめとしたい。

「地盤工学（geotechnical engineering）とは，地盤および材料としての土や岩，さらに人工的な地盤材料も含めてそれらを取り扱う学問分野」である。その中で，「土に関する工学的問題について，土の物理化学的な性質や力学的な性質を基に，力学や水理学などの諸原理を応用する学問体系を土質力学（soil mechanics）という。」と記されている。続いて，「土の化学的性質を調べる土壌学（soil science, pedology）あるいは歴史や成因を調べる地質学（Geology）とは異なり，土質力学の知見は構造物や基礎の設計・施工に必要な土質工学（soil engineering）およびその一分野である基礎工学（foundation engineering）の基本となるものである。」と説明されている。

このような枠組みの中で「土質力学」が定義づけされていることを認識し，皆さんには土質力学の周辺分野にも思いをはせながら，土質力学を学んでいただきたいと思う。

演習問題

【問題 1.1】

本章を踏まえ，地盤にかかわる問題を二つ挙げ，地盤の役割や機能について簡潔にまとめよ。

【問題 1.2】

ふるさとや住まいの周辺にある地盤構造物をひとつ選び，その地盤構造物の歴史や役割などを調べて簡潔にまとめよ。

【問題 1.3】

近年起こった地盤災害を調べ，その特徴をまとめよ。

【問題 1.4】

SDGs の掲げる 17 の目標と 169 の具体的なターゲットの中で「土質力学」の内容が役立つと思われるものをいくつか選び，選んだ理由を記せ。

【問題 1.5】

鉄やコンクリート材料と比較して，土質材料らしさはどのようなところにあるか。思うところを記せ。

引用文献

1) 土質試験　基本と手引き　第一回改訂版（2008），公益社団法人 地盤工学会
2) 新北九州空港連絡橋 委員会報告書（2005），新北九州空港連絡橋設計施工委員会
3) 地盤工学用語辞典（2006），公益社団法人 地盤工学会

第2章　土の物理的性質と分類

2.1　はじめに

土は様々な大きさの土粒子から構成されており，その基本構成は土粒子と間隙に分けられる。間隙は，土が地下水面以下にある場合は水で満たされるが，地下水面よりも上では，水あるいは空気で満たされている。よって土は，土粒子，水ならびに空気といった固体，液体ならびに気体の三相からなる。

土は火山からの噴出物や，地中で固結した岩塊などが長い年月を経て風化したものなど，自然由来のもので構成されていることから，各地各所に存在する土において同一のものであることは極めてまれである。同じ種類の土でも，間隙の大きさや間隙を占める水の割合によって，物理的性質や力学的性質が大きく異なる。加えて，土の種類が違えば，これらの性質は全く異なるため，その土に含まれる土粒子の大きさの構成割合や，土粒子に対する間隙の割合，間隙水が含まれる割合などを明らかにすることは，その土の性質を知る上での基本的かつ重要な情報となる。

本章では，土の成因，組成・粒度・コンシステンシーといった土の物理的性質や，これらに基づく土の分類について述べる。

2.2　岩石からの土の生成

粒の粗い砂や細かい粘土といった土が生成されるもとは岩石である。岩石が土の生成や地盤の形成へと変化する過程とそれに関係する成因は，図 2.1 によって表現できる。地表付近や上部マントルの岩石は，造岩鉱物の集合体で形成されているが，その成因により火成岩，堆積岩，変成岩に分類される。火成岩は，地球内部のマグマが固結あるいは噴出して固結したものであり，花崗岩，流紋岩などがある。堆積岩は，岩石が風化，侵食，運搬されて堆積した土が長期にわたる物理的・化学的・生物的変化を受けて固結し，岩石化するいわゆる**続成作用**（diagenesis）により固結したものであり，砂岩，石灰岩などがある。さらに変成岩は，火成岩や堆積岩がマグマの高温や高圧による**変成作用**（metamorphism）を受けて性質が変化したものであり，例えば，片岩，ホルンフェルスと呼ばれるものがある。

このようにして生成した岩石は，まず大気，水，植物などによる風化作用により，岩塊，岩屑，土へと変質あるいは細粒化が進行する。その時，土がその場に残存しているものを**定積土**（residual soil）（もしくは残積土）と呼ぶ。さらに，岩塊，岩屑あるいは定積土は，重力による崩落，流水による流出，風による飛散，火山からの噴出，氷河の移動など，様々な形態で移動，運搬されて堆積するが，このように移動して生成される土を**運積土**（transported soil）と呼ぶ。通常，豪雨，洪水時の流水による移動が多く，川の上流から下流への運搬過程では，河床勾配が緩くなると流速が低下するので，粒径が大きい**粗粒土**（coarse-grained soil）から堆積を始め，下流ほど**細粒土**（fine-grained soil）が堆積し，海にも達する。また，粗粒土は角張った形状であるが，流下に伴って角が取れて丸みを帯びた形状に変わる。

運搬された土は，河川の中・下流に堆積することで，盆地や平野を形成するが，運積土は形成過程の違いにより，河成堆積土，海成堆積土と呼ばれ，形成された地層を**沖積層**（Alluvium），これらで構成される地盤を沖積地盤と呼ぶ。また，沖積層の下層は，一般に沖積層より地質年代が古く，続成作用により固結化が進行している**洪積層**（Diluvium）と呼ばれる地層が存在し，これらで構成される地盤を洪積地盤と呼ぶ。

また，地質年代に着目した場合，新生代を二分したうちの現在から約 164 万年前までを**第四紀**（Quaternary Period）と呼ぶ。第四紀のうち，約 1 万年前以前を**更新世**（Pleistocene Epoch），同以後を**完新世**（Holocene Epoch）と呼ぶ。これらの時期に形成された地層をそれぞれ**更新統**（Pleistocene Series），**完新統**

(Holocene Series) と表現する。概ね，洪積層と更新統，沖積層と完新統が地質年代で対応するが，近年ではそれぞれ後者を用いることが一般的である。

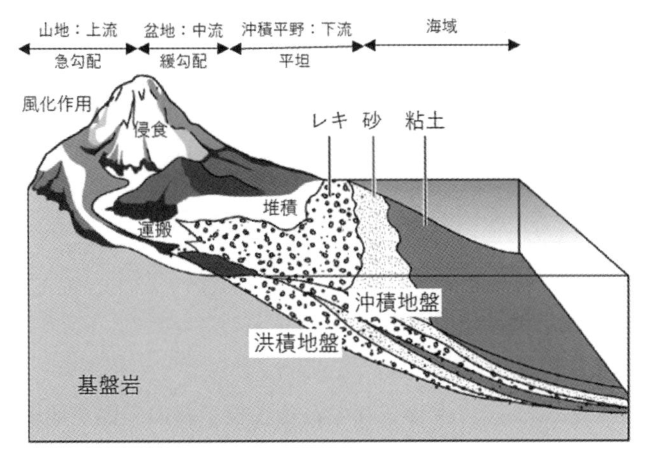

図 2.1　岩石から土の生成と地盤の形成の過程

2.3　土の三相構成と状態量の定義

2.3.1　土の構成

土は，図 2.2 に示すように，固体（土粒子），液体（水），気体（空気など）の三相で構成されている。また，土粒子の部分以外を間隙と呼び，ここに水や空気が存在する。これらの割合によって，硬軟や湿潤，乾燥といった土の性質は種々変化する。土の状態を定量的に表すため，例えば間隙の体積と土粒子の体積の割合，水の質量と土粒子の質量の割合などを求めることがある。本節では，図 2.2 の土の三相構成を模式的に表した図をもとに，これら土の状態量の定義について述べる。

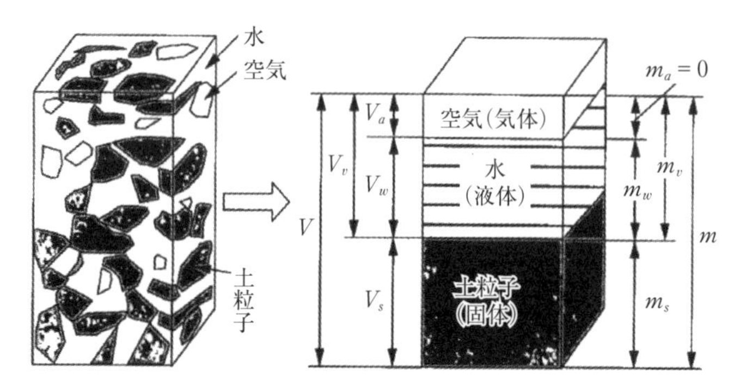

図 2.2　土の三相構成とその模式図

2.3.2　基本的物理量の定義

(1)　体積に関連する物理量

空気と水によって占められている土粒子間の空間を間隙という。固体の体積に対する間隙の体積の比を**間隙比**（void ratio）という。

$$e = \frac{V_v}{V_s} \tag{2.1}$$

ここに，e：間隙比，V_v：間隙の体積，V_s：土粒子の体積

間隙比は一般に小数で表し，百分率は用いない。間隙の大きさを表す別の指標として**間隙率**（porosity）があるが，これは百分率で表す。

$$n = \frac{V_v}{V} \times 100 \ (\%) \tag{2.2}$$

ここに，n：間隙率，V：土全体の体積

つまり，間隙比は土粒子の体積に対する間隙の体積の割合，間隙率は土全体の体積に対する間隙の体積の割合である。例えば土が圧縮した場合，前者は一般に分子の値のみ変化するのに対し，後者は分母，分子とも変化することから，類似した物理量であるが，求まる値は異なる。また，両者の関係は以下のように表される。

$$e = \frac{V_v}{V - V_v} = \frac{V_v/V}{1 - V_v/V} = \frac{n/100}{1 - n/100} = \frac{n}{100 - n} \tag{2.3}$$

したがって，逆に間隙率を間隙比で表すと，以下のように表される。

$$n = \frac{e}{1+e} \times 100\ (\%) \tag{2.4}$$

同じ土について，緩い状態と密な状態の間隙の大きさを比較するため，次式のような**相対密度**（relative density）を用いる。一般に，砂の D_r が 0 ～ 30% はゆるい状態，70 ～ 100% は密な状態とされる。

$$D_r = \frac{e_{max} - e}{e_{max} - e_{min}} \times 100\ (\%) \tag{2.5}$$

ここに，D_r：相対密度，e：対象とする土の間隙比，

e_{max}，e_{min}：対象とする土がとり得る最大および最小の間隙比

間隙中の水の体積の割合を**飽和度**（degree of saturation）といい，以下のように百分率で表す。

$$S_r = \frac{V_w}{V_v} \times 100\ (\%) \tag{2.6}$$

ここに，S_r：飽和度，V_w：間隙水の体積

土中の間隙が水で飽和した状態であれば S_r=100% であり，完全に乾燥していれば S_r=0% である。

さらに，土全体に占める間隙水の体積の割合を**体積含水率**（water ratio）と呼び，以下のように百分率で表す。主として，土壌学の分野で用いられる。

$$\theta = \frac{V_w}{V} \times 100\ (\%) \tag{2.7}$$

ここに，θ：体積含水率

(2) 質量と体積に関係する物理量

地盤工学の分野では一般に，土粒子の質量に対する間隙水の質量の比を百分率で表し，これを**含水比**（water content）という。

$$w = \frac{m_w}{m_s} \times 100 \ (\%) \tag{2.8}$$

ここに，w：含水比，m_w：間隙水の質量，m_s：土粒子の質量

完全な乾燥状態の土の含水比はもちろん0%であるが，湿潤状態の土の含水比は土の種類により様々である。例えば干潟の粘土のような土の含水比は200%や300%という値を示すこともあり，土粒子の質量の2倍，3倍の間隙水が含まれる状況もありうる。

土粒子の比重（specific gravity of soil particle）は，土粒子と水との関係を表す上で欠かせない指標であり，**土粒子の密度**（soil particle density）と水の密度の比として，以下のように表される。

$$G_s = \frac{\rho_s}{\rho_w} = \frac{m_s}{\rho_w V_s} \tag{2.9}$$

ここに，G_s：土粒子の比重，ρ_s：土粒子の密度，ρ_w：水の密度，m_s：土粒子の質量，V_s：土粒子の体積

通常，自然に存在する土は湿潤状態で存在することが多く，このような土の単位体積当たりの質量を**湿潤密度**（wet density）という。

$$\rho_t = \frac{m}{V} \tag{2.10}$$

ここに，ρ_t：湿潤密度，m：土全体の質量

また，上述の土粒子の比重ならびに飽和度，間隙比を用いて湿潤密度を表すと以下の式のようになる。これより，飽和度や間隙比が変化する土の湿潤密度を求めることができる。

$$\rho_t = \frac{m_s + m_w}{V} = \frac{G_s \cdot V_s + V_w}{V_s + V_v} \cdot \rho_w = \frac{G_s + {V_w}/{V_v} \cdot {V_v}/{V_s}}{1 + {V_v}/{V_s}} \cdot \rho_w$$

$$= \frac{G_s + {S_r}/{100} \cdot e}{1 + e} \cdot \rho_w \tag{2.11}$$

地下水面の上昇などにより，湿潤状態の土の間隙が水で飽和し

た状態となった場合，このような土の単位体積当たりの質量を**飽和密度**（saturated density）ρ_{sat}といい，式（2.11）に飽和度100%を代入することで，以下のように表される。

$$\rho_{sat} = \frac{m_s + m_w}{V} = \frac{G_s + e}{1 + e} \cdot \rho_w \tag{2.12}$$

さらに土が水中に没し，浮力を受ける状態となったときは，飽和密度から水の密度を差し引いて得られる**水中密度**（submerged density）ρ_{sub}を用いて計算する。

$$\rho_{sub} = \rho_{sat} - \rho_w = \frac{G_s - 1}{1 + e} \cdot \rho_w \tag{2.13}$$

一方，完全な乾燥状態の土の単位体積当たりの質量を**乾燥密度**（dry density）ρ_dといい，式（2.11）に飽和度0%を代入することで，以下のように表される。土粒子の詰まり具合（締固めの程度）を表すために用いられる。

$$\rho_d = \frac{m_s}{V} = \frac{G_s}{1 + e} \cdot \rho_w \tag{2.14}$$

(3) 土の密度と単位体積重量の関係

一般に土の密度は，土の締まり具合や体積の変化を取り扱う場合に用いられる。一方，後述の章で学ぶ地盤の支持力，土圧，斜面の安定や地盤沈下などにおける土被り圧の算定では，力の釣り合いを考えるため，重力を加味した土の単位体積重量を用いる。重量Wと質量mの関係は，以下のように表される。

$$W = m \cdot g \tag{2.15}$$

ここに，g：重力加速度（9.81m/s^2）

土の湿潤密度に対する土の**湿潤単位体積重量**（wet unit weight）γ_tは，以下のように表される。

$$\gamma_t = \frac{W}{V} = \frac{m}{V} \cdot g = \rho_t \cdot g \tag{2.16}$$

これに倣い，前項の土の湿潤密度（式（2.11）），飽和密度（式（2.12）），水中密度（式（2.13）），乾燥密度（式（2.14））に対する，土の湿潤単位体積重量 γ_t，**飽和単位体積重量**（saturated unit weight）γ_{sat}，**水中単位体積重量**（submerged unit weight）γ_{sub}，**乾燥単位体積重量**（dry unit weight）γ_d は，それぞれ以下のように表される。

$$\gamma_t = \frac{W_s + W_w}{V} = \frac{G_s + S_r/100 \cdot e}{1+e} \cdot \gamma_w \tag{2.17}$$

$$\gamma_{sat} = \frac{G_s + e}{1+e} \cdot \gamma_w \tag{2.18}$$

$$\gamma_{sub} = \gamma_{sat} - \gamma_w = \frac{G_s - 1}{1+e} \cdot \gamma_w \tag{2.19}$$

$$\gamma_d = \frac{W_s}{V} = \frac{G_s}{1+e} \cdot \gamma_w \tag{2.20}$$

2.3.3　土の諸量に関する測定方法

(1)　土粒子の密度

土粒子の密度 ρ_s を測定する方法として，JIS で規格化されている「土粒子の密度試験」が用いられる。これは，土に含まれる土粒子部分のみの単位体積当たりの質量を求めるために行われる。

$$\rho_s = \frac{m_s}{V_s} \tag{2.21}$$

土粒子のみの質量 m_s は，炉乾燥により土を完全に乾燥することで簡単に得られるが，土粒子体積 V_s の直接的な測定は困難なため，図 2.3 のような容量 50 ～ 100ml のガラス製のピクノメーターを用いて，図 2.4 に示す要領で土粒子の体積を水の体積に置き換え，水の質量の測定値から算定する。

$$V_s = \frac{m_s + m_a - m_b}{\rho_w} \tag{2.22}$$

ここに，m_a：蒸留水で満たしたピクノメーターの質量

m_b：土試料と蒸留水で満たしたピクノメーターの質量

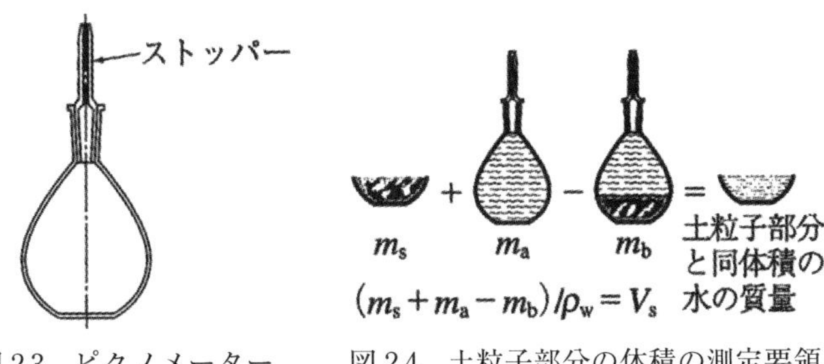

図 2.3　ピクノメーター　　図 2.4　土粒子部分の体積の測定要領

土を構成する成分には，無機質のケイ酸塩鉱物や石灰質および有機質などがある。たいていの土粒子は，無機質の鉱物で構成されており，一般的な無機質の鉱物の密度が 2.5 ～ 2.8g/cm^3 であるので, 土粒子の密度もこの範囲の値を示すことが多い。しかし，相対的に比重の小さな有機質分を含む泥炭などは，土粒子密度が 1.4 ～ 2.3g/cm^3 とかなり低い値となることがある[1)]。

(2)　土の湿潤密度

先述の式（2.10）で定義される湿潤密度 ρ_t は，土全体の単位体積当たりの質量を表し，自立する塊状の土を対象とし，その体積と質量を測定して求める。質量 m の測定は，（1）の土粒子の密度の測定と同様に簡単である。一方, 体積 V の測定は「ノギス法」と「パラフィン法」の 2 種類が JIS で規格化されている。

ノギス法は，図 2.5 に示すように円柱形に作成した土の供試体の寸法をノギスで直接測定して，体積 V を求める方法である。一方，成形が困難な場合に用いられるパラフィン法は，図 2.6 に示すように供試体周面に溶かしたパラフィンを塗布し，塗布前の質量と見かけの水中質量から次式を用いて体積を間接的に求める方法である。

$$V=\frac{m_1+m_2-m_3}{\rho_w}-\frac{m_1-m}{\rho_p} \qquad (2.23)$$

ここに，m：供試体質量，m_1：パラフィン塗布後の供試体質量，m_2：水中における質量測定用容器の見かけの質量，m_3：水中におけるパラフィン塗布後の供試体と質量測定用の容器の見かけの質量，ρ_w：水の密度，ρ_p：パラフィンの密度

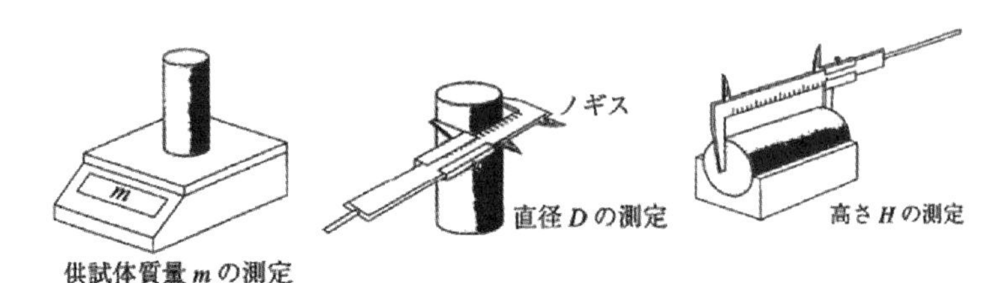

図 2.5　ノギス法による供試体の質量・体積測定の方法

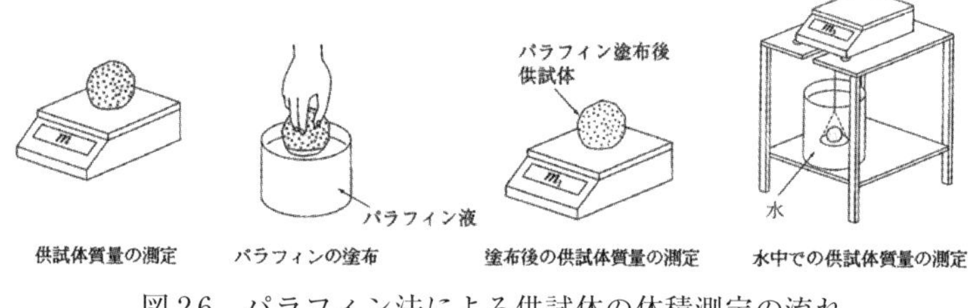

図 2.6　パラフィン法による供試体の体積測定の流れ

(3) 含水比

先述の式（2.8）で定義される含水比 w は，土粒子の質量に対する間隙に含まれる水の質量を，乾燥前後の土の質量を測定することによって求められる。JIS で規格化されている図 2.7 に示す方法により，蒸発皿に入れた土試料の湿潤状態の質量を測定した後，110 ± 5℃の炉乾燥によりおおよそ 24 時間かけて水を蒸発させ，完全に乾燥した土試料の質量を測定し，含水比を求める。

$$w = \frac{m_a - m_b}{m_b - m_c} \times 100 \tag{2.24}$$

ここに，m_a：試料と容器の質量，m_b：乾燥試料と容器の質量，m_c：容器の質量

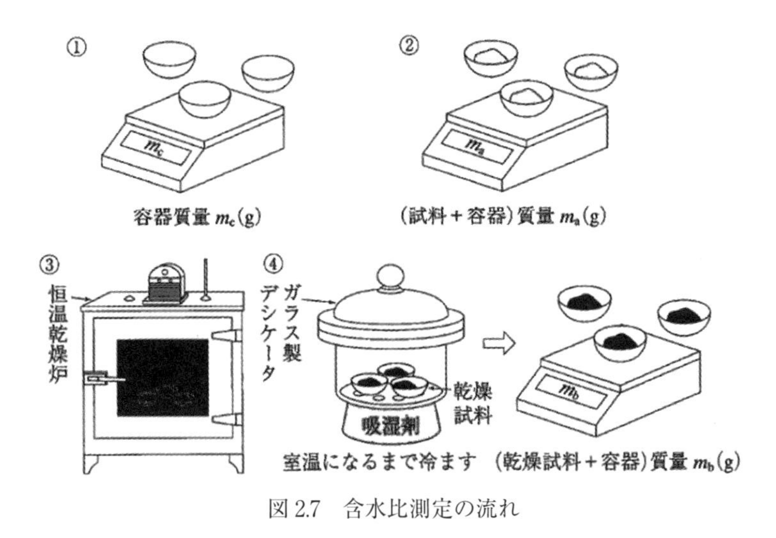

図 2.7　含水比測定の流れ

2.4　土の粒度分布の表現

土を構成する土粒子は，2.2 で述べたように様々な成因によって生み出されている。河川の上流では**粒径**（particle size）の大きい岩塊や礫が渓流や河岸に存在するが，河口に向かうに従い，主に物理的な摩耗作用により，砂や粘土のような大きさとなって河岸や河床，海底に堆積している。同じように火山からの噴出物でも，火口付近には比較的大きなものが多く分布しているのに対し，遠方に離れれば火山灰などの微粒子が堆積している。

土粒子は，このように同じような性質の鉱物から構成されていても，場所や堆積環境によってその粒径が大きく異なる。土を構成している土粒子の大小の混合割合を粒度といい，その分布によって土の分類がなされる。表 2.1 は，土粒子の粒径区分とその呼び名をまとめたものである。

これらの分類を行うため，JIS で規格化されている「土の粒度試験」と呼ばれる方法が用いられる。この方法において，粒径 0.075mm 以上の粗粒分の粒径については，その粒子が通過できる金属製網ふるいの目開きの寸法により表すのに対し，粒径

表 2.1　土粒子の粒径区分と呼び名

粒 径 (mm)

0.005	0.075	0.25	0.85	2.0	4.75	19	75	300	
粘土	シルト	細砂	中砂	粗砂	細礫	中礫	粗礫	粗石（コブル）	巨石（ボルダー）
		砂			礫			石	
細粒分		粗粒分						石分	

0.075mm 未満の細粒分の粒径については，水中を下降する速度が同じである球形粒子の直径により表すことが特徴的である。粒径が非常に細かいためふるいによる分析が行えないことから,「ストークスの法則」と「密度浮ひょう理論」に基づく土の懸濁液を用いた沈降分析という方法により，土に含まれる細粒分の粒径と通過質量百分率を推定する方法である [2)]。

実際の土は，このような呼び名で表される大小さまざまな粒径の土粒子が混じり合っていることから，それぞれの区分ごとの質量に基づいて全体に対する割合を求め，粒径と土粒子の混合割合との関係を曲線グラフで表現する。この時，粒径は数桁の差が生じるため対数軸で表し，混合割合は各粒径より小さな土粒子の全質量に対する百分率（これを通過質量百分率という）で表す。この曲線を**粒径加積曲線**（grain size accumulation curve）といい，図 2.8 のように単調増加のグラフとして描かれ，最大粒径において通過質量百分率の値が 100% を示す。図中の３つのグラフはそれぞれ，①：細粒分が多い土，②：粒径が狭い範囲に集中している土，③：粒径が広い範囲にわたって分布する土，として分類することができる。特に，②と③においては，それぞれ「分級された締固め特性の悪い土」,「粒径幅の広い締固め特性の良い土」のように，盛土構造物の材料としての適用性の判断に用いられる [3)]。

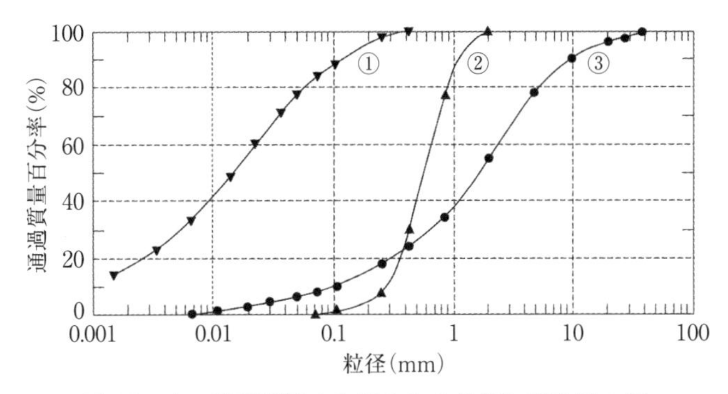

図 2.8　土の粒度試験より得られる粒径加積曲線の例

粒径加積曲線における通過質量百分率の 10% に対応する粒径 D_{10} を特に**有効径**（effective grain size）と呼ぶ。さらに，30%，60% に対応する粒径 D_{30}，D_{60} を用いて次式によって表す U_c および U_c' をそれぞれ**均等係数**（uniformity coefficient），**曲率係数**（coefficient of curvature）と呼び，土の粒度の広がりや形状を数値化したものである。

$$U_c = \frac{D_{60}}{D_{10}} \tag{2.25}$$

$$U'_c = \frac{(D_{30})^2}{D_{10} \times D_{60}} \tag{2.26}$$

均等係数 U_c は，粒径加積曲線の傾きを表すもので，大きくなるほど粒径の幅が広いことを示している。細粒分 5% 未満の粗粒土に対し，$U_c \geqq 10$ の土は「粒径幅の広い土」といい，$U_c<10$ の土を「分級された土」という。一方，曲率係数 U_c' は，粒径加積曲線のなだらかさを表すもので，この値が 1 に近い程曲線はなだらかとなり，種々の大きさの土粒子を含むことになる。通常，$U_c \geqq 10$ かつ $1 \leqq U_c' \leqq 3$ の場合，その土は「粒度が良い」とされる。

2.5　土のコンシステンシー

2.5.1　コンシステンシーとは

2.4 で示した粘土やシルトといった細粒分を乾燥質量で 50% 以上含む細粒土は，含水比の大きさによって，ドロドロの液状からネバネバの塑性状，半固体状，さらには固体状に変化する。図 2.9 は，この様子を土の体積と含水比との関係の下で示したものである。このような土の含水比の変化による状態の変化や，変形に対する抵抗の大小のことを，土の**コンシステンシー**（consistency）という。このとき，土の種類や粒度によりコンシステンシーが変化する含水比が大きく異なり，これらの値がその土の特徴を表すのに役立つ。このうち，土が塑性状から液状に遷移する境界の含水比を**液性限界** w_L（liquid limit），塑性状から半固体状に遷移する境界の含水比を**塑性限界** w_p（plastic limit），土の含水量をある量以下に減じてもその体積が減少しない半固体状から固体状に遷移する境界の含水比を**収縮限界** w_s（shrinkage limit）とそれぞれ定義し，これらを総称して**コンシステンシー限界**（consistency limit, Atterberg limit）という。

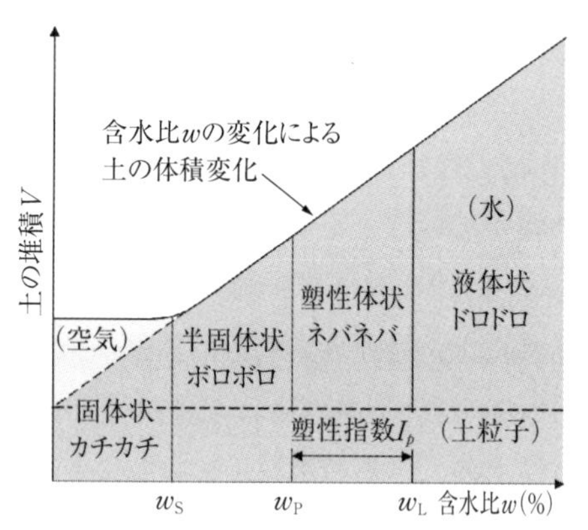

図 2.9　土のコンシステンシーの変化と含水比・土の体積との関係

2.5.2　測定方法

土の液性限界ならびに塑性限界を測定する方法として，JISで規格化されている「土の液性限界・塑性限界試験」がある。

表2.2に，液性限界ならびに塑性限界の測定例[4]を示す。

表2.2　液性限界・塑性限界の測定例

土の種類	液性限界 w_L（%）	塑性限界 w_p（%）
粘土（沖積層）	50 ～ 130	30 ～ 60
シルト（沖積層）	30 ～ 80	20 ～ 50
粘土（洪積層）	35 ～ 90	20 ～ 50
関東ローム	80 ～ 150	40 ～ 80

(1)　土の液性限界試験

図2.10に示すように，直径約10cm程度の黄銅皿の中に水でよく練り混ぜた土試料を盛り，ヘラなどを用いて最大厚さ約1cmとなるよう成形し，溝切ゲージで成形試料の中央を二分する。これを，予め黄銅皿の落下高さが1cmとなるよう調整した液性限界測定器に取り付け，測定器のハンドルを2回/秒の速度で回し，黄銅皿を落下させる。二分した試料が約1.5cmにわたって接合した時の落下回数を記録する。

この試験では，落下回数25回に相当する含水比を液性限界と定義している。そのため，少なくとも落下回数25～35回のものが2組，10～25回のものが2組の結果がそれぞれ得られるよう，異なる含水比の下でこの操作を繰り返し，落下回数と含水比との関係を片対数グラフで表した流動曲線（図2.11）から，w_Lを求める。

(2)　土の塑性限界試験

図2.12に示すように，液性限界試験で用いた同じ土試料の塊をよく練り，すりガラス板上で手のひらで転がして直径約3mmのひも状に達したとき，きれぎれとなる，すなわち塑性状となるときの含水比について，3回の測定値の平均より塑性限界w_pを

求める。細砂やシルトを多く含む低塑性の土で塑性限界が求められない場合には，NP（non plastic：非塑性）とする。

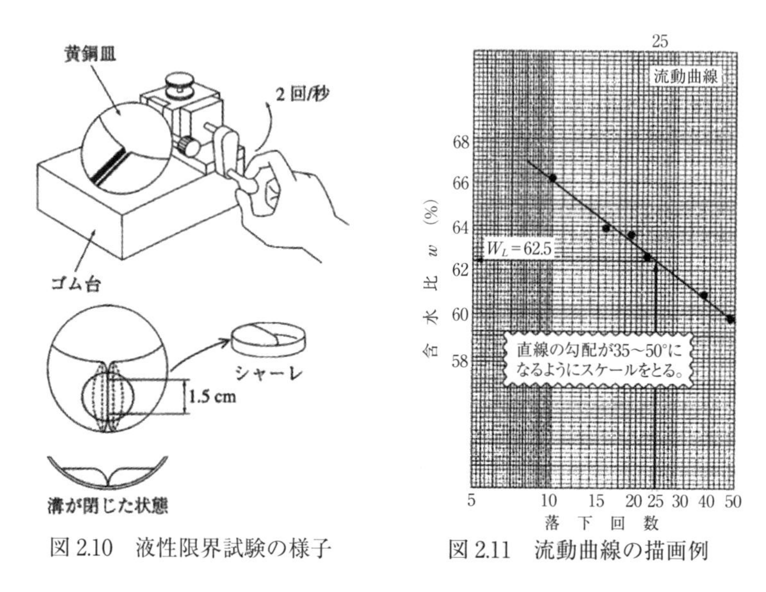

図 2.10　液性限界試験の様子　　図 2.11　流動曲線の描画例

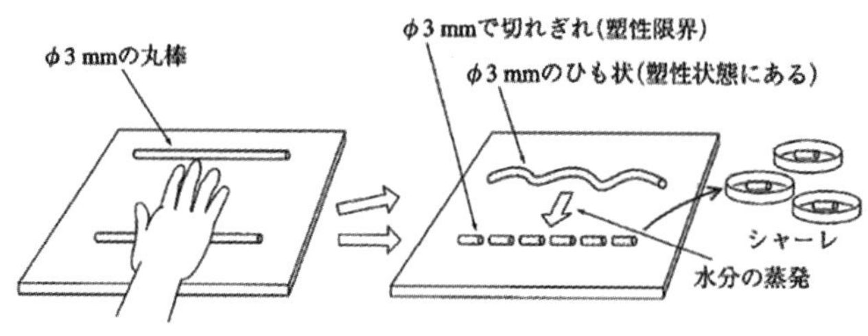

図 2.12　塑性限界試験の様子

2.5.3　コンシステンシー限界から得られる諸定数

2.5.2 に示す土質試験により得られた液性限界，塑性限界の値から，以下の土の状態を表す諸定数が求められる。これらの値は，個々の土の性質が大きく異なることから，相対的に比較しやすいようにするために，定義されている。

(1)　塑性指数 I_p

塑性指数（plasticity index）は，液性限界 w_L と塑性限界 w_p の差を表すものであり，その土が塑性状態を呈する含水比の範囲を示す。

$$I_p = w_L - w_p \tag{2.27}$$

この値は，細粒土の分類上重要な指標として利用されるほか，粘土の種類が同じであれば，粘土分含有量にほぼ比例することから，土工材料としての利用において塑性指数が大きな土は好ましくないとされる[5)]。

(2) 液性指数 I_L

液性指数（liquidity index）は，自然状態にある土の含水比（自然含水比）w_n が液性限界 w_L や塑性限界 w_p に対して，相対的にどの程度にあるのかを示したもので，相対含水比とも呼ばれる。自然含水状態における土の相対的な硬さ・軟らかさを表す指標であり，次式により求められる。

$$I_L = \frac{w_n - w_p}{w_L - w_p} = \frac{w_n - w_p}{I_p} \tag{2.28}$$

自然含水比が液性限界に近い場合，液性指数は1に近くなり，一般に変形抵抗の小さい軟弱な正規圧密粘土に多い。一方，自然含水比が塑性限界に近い場合，液性指数は0に近くなり，圧縮強度の大きな過圧密粘土に多く見られる。

(3) コンシステンシー指数 I_c

コンシステンシー指数（consistency index）は，粘性土の相対的な硬さや安定度を表す指数であり，次式により求められる。

$$I_c = \frac{w_L - w_n}{w_L - w_p} = \frac{w_L - w_n}{I_p} \tag{2.29}$$

自然含水比が塑性限界に近ければ，コンシステンシー指数は1に近くなり，硬く圧縮強度も大きい。一方，自然含水比が液性限界に近ければ，コンシステンシー指数は0に近くなり，液状の軟らかい不安定な状態を表す。

(4) 活性度 A

細粒土の物理的，力学的性質を支配するのは，主として粘土含有率と粘土粒子の性質にある。これはコンシステンシー限界と密接な関係があることにつながる。このような細粒土の働きを定量的に示す指標として，**活性度**（activity）が定義されており，次式により求められる。

$$A = \frac{I_p}{2\mu m \text{ 以下の粘土含有率（\%）}} \tag{2.30}$$

スケンプトン（Skenmpton）は，式（2.30）右辺の2つの値について，様々な土を対象に分析を行い，図2.13のような結果を得た[6]。これらの対象土においては，粘土含有率が高くなるほど塑性指数が増加するとともに，各対象土によって増加割合を表す活性度が異なることが分かる。

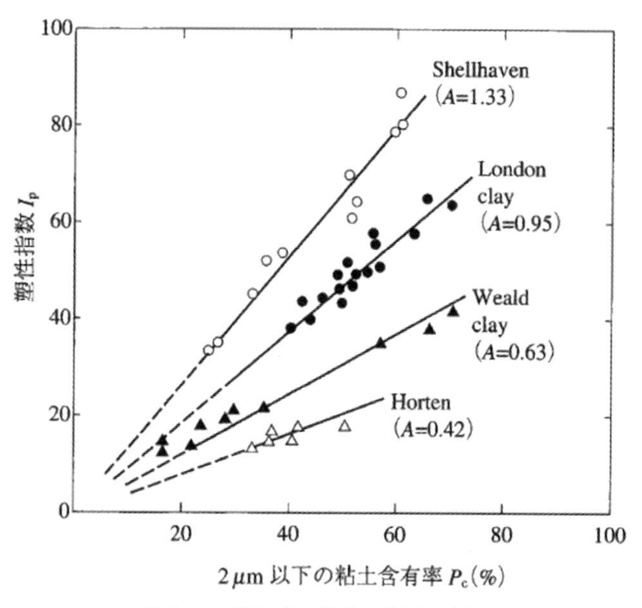

図2.13　活性度に関する調査分析例

2.6　土の工学的分類

地盤材料の観察による評価や，粒度，液性限界・塑性限界などの比較的簡単な試験の結果に基づいて，地盤材料を工学的特徴の類似したグループに分類することを地盤材料の工学的分類という。礫や砂などの粗粒分の多い材料の工学的性質は，粒度に強く依存しているのに対し，シルトや粘土などの細粒分の多い材料の工学的性質は，コンシステンシーに強く依存している。地盤材料の多くは，粗粒分と細粒分の両方を含んでいるので，粒度とコンシステンシー限界に基づいて分類される。本節では，粗粒土と細粒土に分けて，その分類の定義について述べる。

2.6.1　地盤材料の分類

地盤材料の工学的分類体系は，粒径区分でいうところの石分の含有率によって，図2.14のように定められている。また，粒径75mm未満の土質材料は，粗粒分または細粒分の含有率，礫分または砂分および有機物の含有率，人工材料であるかによって図2.15のように大分類される。

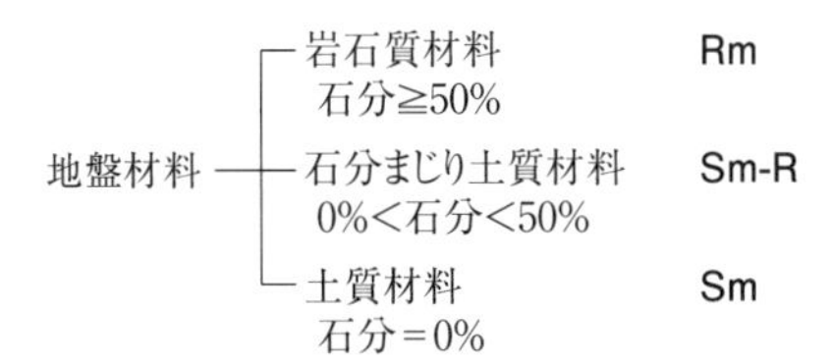

注：含有率%は地盤材料に対する質量百分率

図2.14　地盤材料の工学的分類体系

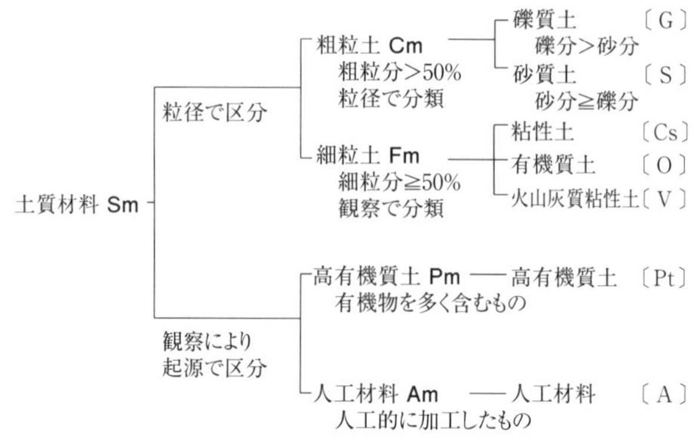

注：含有率%は土質材料に対する質量百分率

図 2.15　土質材料の大分類

2.6.2　粗粒土の分類

図 2.15 に示すように，粗粒土は礫質土[G]と砂質土[S]の 2 種類の大分類に分けられる。

礫質土(gravelly soil)は礫分，砂分および細粒分の含有率によって，礫{G}，砂礫{GS}，細粒分まじり礫{GF}に中分類し，さらに細粒分，砂分の含有率によって小分類する。例えば，細粒分が 10%，砂分が 10%，礫分が 80% であれば，「細粒分砂まじり礫」と表す。

さらに，図 2.16 に示すように**砂質土**（sandy soil）は礫分，砂分および細粒分の含有率によって，砂{S}，礫質砂{SG}，細粒分まじり砂{SF}に中分類し，さらに細粒分，砂分の含有率によって小分類する。例えば，細粒分が 3%，砂分が 62%，礫分が 35% であれば，「礫質砂」と表し，5% 未満の細粒分は標記しない。

また，粗粒土の細区分として，表 2.3 に示すような細粒分が 5% 未満のものに関し，均等係数によって分類するものと，表 2.4 に示すように観察によって細粒分を「粘性土」,「有機質土」あるいは「火山灰質土」に判別した上で，標記の「細粒分」ならびに記号の「F」をそれぞれより具体的な標記に置き換えるものがある。なお，小分類以下の表現に限り，「○○質」は質量構成比が

15～50%のものを，「○○まじり」は同5～15%のものを表し，後者のみ記号間にハイフンを添える。

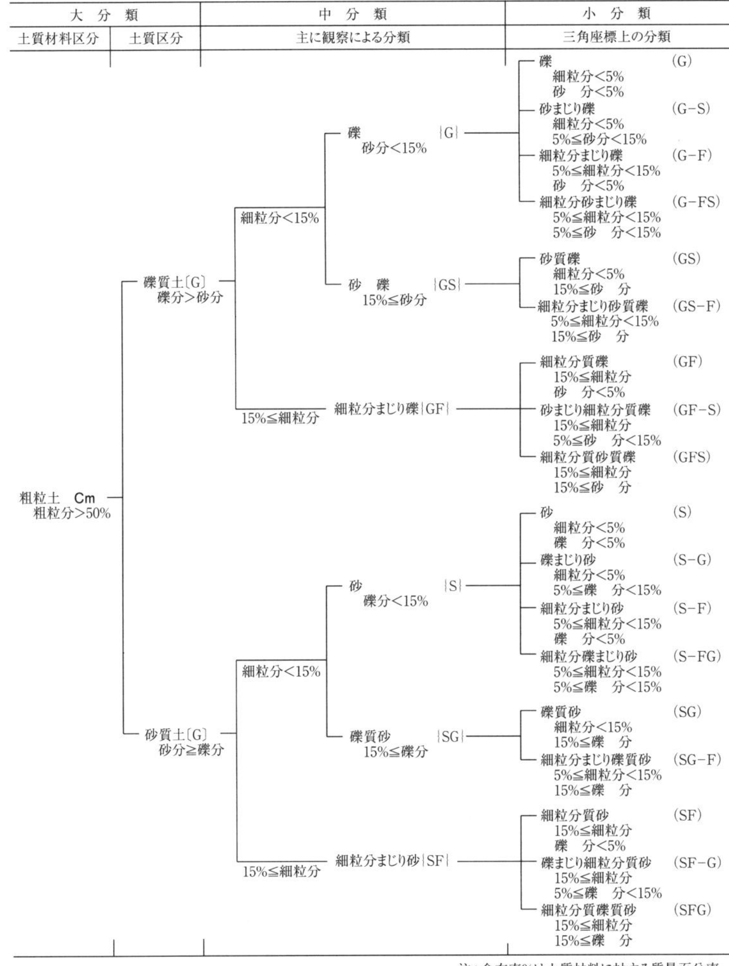

図2.16　粗粒土の分類

表2.3　細粒分5%未満の粗粒土の細区分

均等係数の範囲	分類表記	記号
$U_c \geqq 10$	粒径幅の広い	W
$U_c < 10$	分級された	P

表 2.4　細粒分 5% 以上混入粗粒土の細区分

細粒分の判別結果	記号	分 類 表 記
粘 性 土	Cs	粘性土まじり○○，粘性土質○○
有 機 質 土	O	有機質土まじり○○，有機質○○
火山灰質土	V	火山灰質土まじり○○，火山灰質○○

2.6.3　細粒土の分類

図 2.15 に示すように，細粒土は粘性土[Cs]，有機質土[O]，火山灰質粘性土[V]の 3 種類の大分類に分けられる。

粘性土（cohesive soil）は，液性限界と塑性指数との関係を示した図 2.17 の**塑性図**（plasticity chart）によって，シルト{M}，粘土{C}に中分類し，さらに液性限界に基づいて低液性限界 L，高液性限界 H に小分類する。**有機質土**（organic soil）は中分類がなく，液性限界および観察等に基づいて，低液性限界 L，高液性限界 H，火山灰土 V に小分類する。**火山灰質粘性土**（volcanic cohesive soil）も同様に中分類はなく，液性限界に基づいて，低液性限界 L，高液性限界 I 型 H_1，同 II 型 H_2 に小分類する。

これらをまとめたものを図 2.18 に示す。細粒土で大分類したもののうち，粗粒分が 5% 以上混入するものは，表 2.5 に従って細区分することができる。

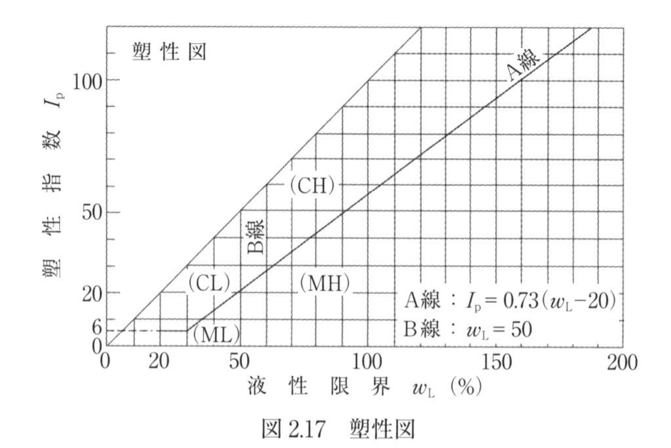

図 2.17　塑性図

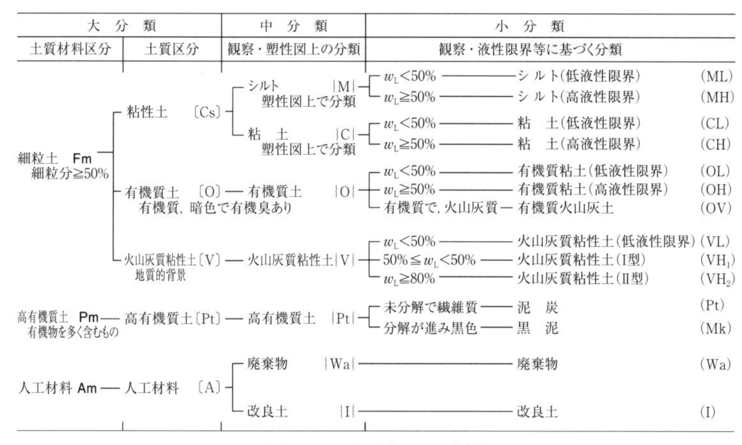

図 2.18　細粒土の分類

表 2.5　粗粒分 5% 以上混入細粒土の細区分

砂分混入量	礫分混入量	土質名称	分類記号
砂分<5%	礫分<5%	細粒土	F
	5%≦礫分<15%	礫まじり細粒土	F-G
	15%≦礫分	礫質細粒土	FG
5%≦砂分<15%	礫分<5%	砂まじり細粒土	F-S
	5%≦礫分<15%	砂礫まじり細粒土	F-SG
	15%≦礫分	砂まじり礫質細粒土	FG-S
15%≦砂分	礫分<5%	砂質細粒土	FS
	5%≦礫分<15%	礫まじり砂質細粒土	FS-G
	15%≦礫分	砂礫質細粒土	FSG

注：含有率%は土質材料に対する質量百分率

演習問題

【問題 2.1】

ある火山灰土を締固めたところ，湿潤密度 ρ_t=1.4g/cm^3，含水比 w=95.0% であった。この土の乾燥密度 ρ_d を求めよ。

【問題 2.2】

含水比 w=7.60%，土粒子の密度 ρ_s= 2.60g/cm^3 の砂地盤において，原位置での湿潤密度は ρ_t=1.73g/cm^3 であった。この砂の最も緩い状態と最も密な状態の間隙比は，それぞれ e_{max}=0.670 と e_{min}=0.464 である。この砂の原位置での乾燥密度 ρ_d，間隙比 e および相対密度 D_r を求めよ。

【問題 2.3】

土の諸量を表す以下の関係式について，それぞれ誘導せよ。

(1) $\rho_d = \dfrac{100\rho_t}{100+w}$

(2) $n = \dfrac{100e}{1+e}$

(3) $e = \dfrac{\rho_s}{\rho_d} - 1$

(4) $S_r \cdot e = G_s \cdot w$

【問題 2.4】

以下の図は，3種類の土 A，B，C の粒径加積曲線を示す。以下の問いに答えよ。

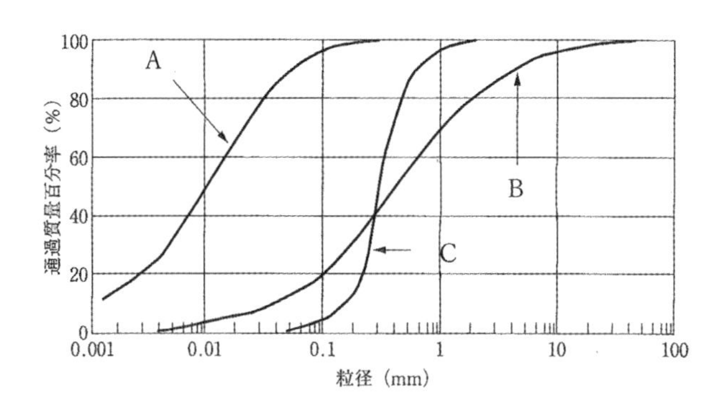

(1) 有効径 D_{10} が最も大きいのは，A，B，C，のいずれか。その D_{10} はいくらか。

(2) 均等係数 Uc は，B と C のどちらが大きいか。また，大きい方の Uc はいくらか。

(3) B の粘土分，シルト分，砂分，礫分はそれぞれ何 % か。

(4) 最も大きい乾燥密度に締め固め得る（粒度の良い）のは，A，B，C のいずれか。

【問題 2.5】

地盤材料の工学的分類について，以下の問いに答えよ。

(1) 砂質土についてふるい分析を行い，粒度分布を求めた。その結果，礫分は 8%，砂分は 89%，細粒分は 3% それぞれ含まれていた。図 2.16 より，この土の分類名を答えよ。

(2) 黒色で有機物臭のある粘性土について粒度分析を行ったところ，細粒分含有率が 83% であった。同じ土を用いてコンシステンシーを求めたところ，塑性限界 w_L は 93% であった。図 2.18 より，この土の分類名を答えよ。

参考文献

1）地盤材料試験の方法と解説，p.101，地盤工学会編，丸善
2）地盤材料試験の方法と解説，pp.121-123，地盤工学会編，丸善
3）道路土工　盛土工指針，pp.46-59，日本道路協会編，丸善
4）地盤材料試験の方法と解説，p.146，地盤工学会編，丸善
5）地盤工学用語辞典，p.106，地盤工学会編，丸善
6）土質試験　基本と手引き，p.44，地盤工学会編，丸善

第3章　土の締固め

3.1　はじめに

土にエネルギーを加えて間隙中の空気を追い出し，土の密度を高めることを土の締固めという。土は締め固めることによって，土の工学的特性を改善し，道路，鉄道，アースダム，河川堤防などの土構造物とすることができる。

締固めの効果は，土の種類，含水比，締固め方法，締固めエネルギーなどに大きく影響される。本章では土の締固めのメカニズム，土の締固め方法と締め固めた土の特性について説明する。

3.2　土の締固めの目的と機構

土は締固めによって間隙が減少し，土粒子間のかみ合わせがよくなるので，強度や剛性は増加し，圧縮性が小さく，透水性の低い安定した土になる。したがって，土を適切に締め固めることで，地盤を構成する土の強度や変形特性が向上し安全な土構造物を築くことができる。

同じ土を同一の方法で締め固めても，得られる密度は土の含水比により異なる。含水比と乾燥密度の関係は図3.1のように上に凸の曲線を示すことが知られている。この曲線は**締固め曲線**（compaction curve）と呼ばれ，最も大きな乾燥密度を**最大乾燥密度**（maximum dry density）ρ_{dmax}，そのときの含水比を**最適含水比**（optimum moisture content）w_{opt}という。

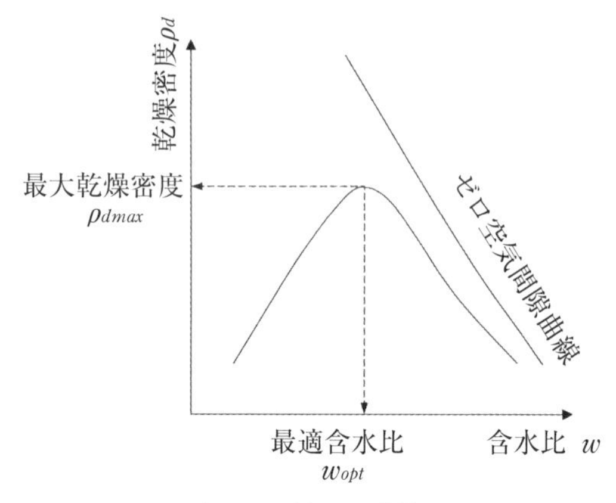

図 3.1　締固め曲線

乾燥密度は，最適含水比より乾燥側では増加し，湿潤側では低下する。この理由は以下の通りである。土が不飽和状態にある場合，土中の水は表面張力の作用で図 3.2 のグレー部分に示すように土粒子間の接点に鼓状に懸架された形で集まり（これを懸架水と呼ぶ），メニスカスを形成する。メニスカスは，細管内の液体の中央部分が管壁に沿う部分に比べて盛り上がったり，下がったりしてできる曲面のことをいう。懸架水は，その表面張力により土粒子を互いに引き付ける粒子間結合力を発生させ，粒子間には粒子の移動を妨げる摩擦力が発生する。この作用によって，土の締固めを行っても土粒子の相互移動が起こりにくくなるため，土はあまり締め固まらない。

粒子間結合力は，含水比が増加し土粒子間に懸架される水の量が増えるにしたがって小さくなる。このため，含水比が大きくな

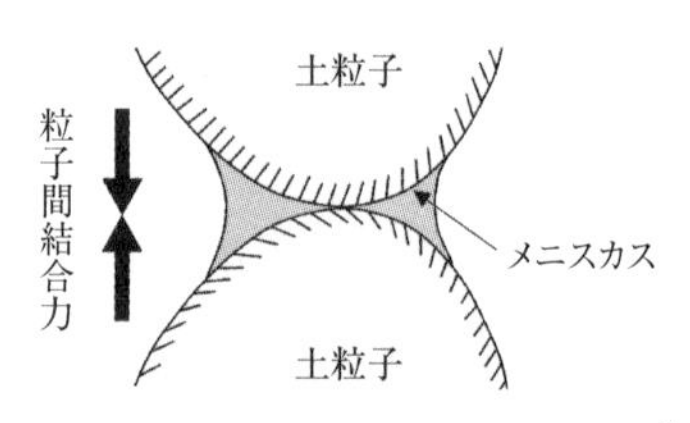

図 3.2　土粒子間に懸架される水[1)]

るにつれて締固めに対する抵抗力が減り，乾燥密度が大きくなる。

さらに含水比が大きくなり飽和度が高くなると，締固めのために加えた力の一部は間隙水に受け持たれることで土粒子の移動が起こりにくくなる。含水比が大きくなるほどこの現象が顕著になるため，乾燥密度が低下する。

3.3　締固め試験

3.3.1　締固め試験の方法

プロクター（R. R. Procter）は，1930年代にアースダムの施工における経験に基づき，土の締固め特性を明らかにするとともに，それらを施工の過程で有効に活用していくことを提案した。世界各国で採用されている締固め試験の方法は，プロクターの方法を基本にしたものである。我が国においても，JIS A 1210「突固めによる土の締固め試験方法」に規定された方法が用いられている。

突固めによる土の締固め試験では，図3.3に示すモールドと呼ばれる金属製の容器に試料を入れ，図3.4に示すランマーを既定の高さから繰返し自由落下させることで突固めて締固めを行う。試料の含水比を6～8段階変化させ締固めることで得られる，締固め土の乾燥密度と含水比の関係から締固め曲線を描く。

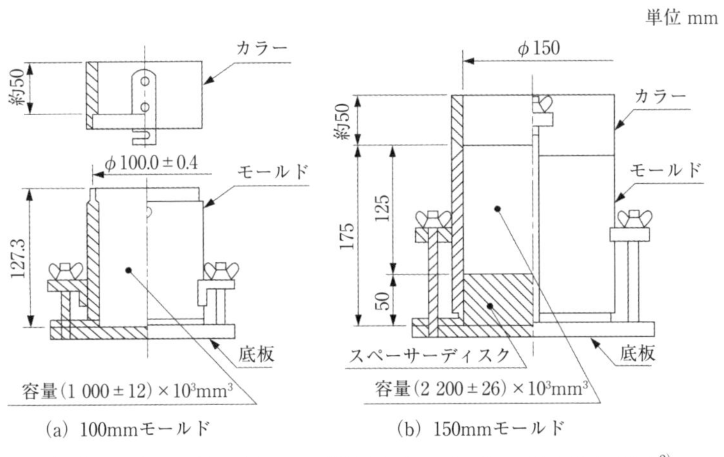

図3.3　モールド，カラー，底板及びスペーサーディスクの例[2)]

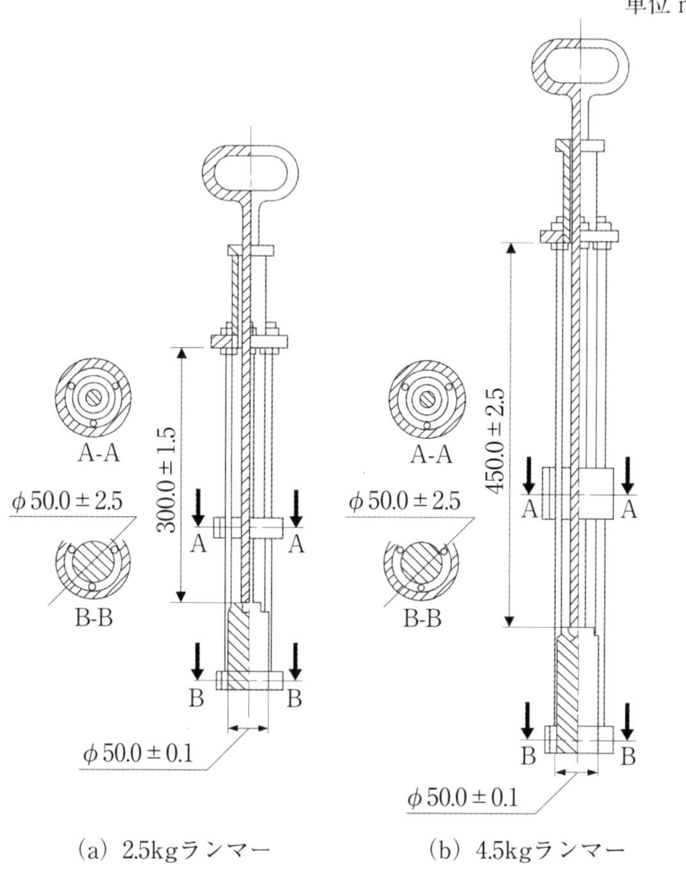

(a) 2.5kgランマー　　(b) 4.5kgランマー

図 3.4　ランマーの例 [2)]

JIS A 1210 に規定された試験方法には，表 3.1 に示すようにランマーやモールドの種類，突固めの回数などの試験方法により A ～ E の 5 種類，表 3.2 に示すように試料の準備方法により a ～ c の種類がある。試験の実施に際しては，造成される構造物や土の種類などに応じてこれらのいずれかの試験法を選択して採用する。

表3.1　突固め方法の区分[2)]

呼び名	ランマー質量 kg	ランマー落下高 m	モールド内径 mm	モールド容積 mm^3	突固め層の数	1層あたりの突固め回数	試料の最大粒径 mm
A	2.5	0.3	100	1000×10^3	3	25	19
B	2.5	0.3	150	2209×10^3	3	55	37.5
C	4.5	0.45	100	1000×10^3	5	25	19
D	4.5	0.45	150	2209×10^3	5	55	19
E	4.5	0.45	150	2209×10^3	3	92	37.5

表3.2　試料の準備方法及び使用方法

呼び名	試料の準備方法及び使用方法
a	乾燥法で繰返し法
b	乾燥法で非繰返し法
c	湿潤法で非繰返し法

突固め試験では式（3.1）で定義される締固め仕事量 E_c(kJ/m^3) で締固めエネルギーを定義している。

$$E_c = \frac{W_R \cdot H \cdot N_B \cdot N_L}{V} \tag{3.1}$$

ここに，W_R：ランマー重量（kN），H：ランマー落下高（m），N_B:突固め層の数，N_L:各層の突固め回数，V:モールド容積（m^3）である。

呼び名A，Bは，プロクターによって提案されたStandard Procterと呼ばれる方法であり，$E_c \fallingdotseq 550$kJ/m^3 に相当する。一方，呼び名C，D，EはModified Procterと呼ばれ，$E_c \fallingdotseq 2500$kJ/m^3 に相当する。いずれの方法を採用するかは，構造物の種類や重要度により決定する。例えば，道路土工においては，路体や路床の締固めではA，B法が，高い安定性を得るために十分な締固めが要求される路盤の締固めでは呼び名C，D，E法が用いられる。また，A法とB法，C～E法の使い分けは試料土の最大粒径による。

突固めによる締固め試験によって得られた含水比と乾燥密度の関係（締固め曲線）の例を図 3.5 に示す。

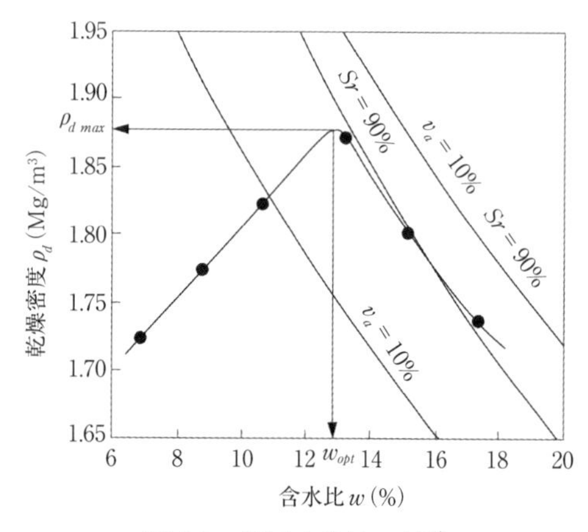

図 3.5　締固め曲線の例 [3)]

各含水比における締め固まった土の状態を理解するために，含水比 w と飽和度 S_r や空気間隙率 v_a の関係を示した飽和度一定曲線や空気間隙率一定曲線が描かれることが望ましい。飽和度一定曲線は飽和度 S_r が一定となる乾燥密度 ρ_d と含水比 w の関係を描くものであり，式（3.2）で求められる。

$$\rho_d = \frac{m_s}{V} = \frac{\rho_s \cdot V_s}{V_s + V_v} = \frac{\rho_s}{1+\dfrac{V_v}{V_s}} = \frac{\rho_s}{1+e} = \frac{\rho_s}{1+\dfrac{\rho_s w}{\rho_w S_r}} = \frac{\rho_w}{\dfrac{\rho_w}{\rho_s}+\dfrac{w}{S_r}} \quad (3.2)$$

ここに，m_s：土粒子の質量（Mg），V：土の体積（m^3），V_s：土粒子の体積（m^3），V_v：土の間隙体積（m^3），e：土の間隙比，w：土の含水比（%），ρ_w：水の密度（Mg/m^3），ρ_s：土粒子の密度（Mg/m^3）である。

また，空気間隙率一定曲線は空気間隙率 v_a が一定となる乾燥密度と含水比の関係を描くもので，飽和度の代わりに空気間隙率で表した式（3.3）で求められる。

$$\rho_d = \frac{1 - \dfrac{v_a}{100}}{\dfrac{\rho_w}{\rho_s} + \dfrac{w}{100}} \rho_w \tag{3.3}$$

土が飽和状態である S_r=100%，v_a=0% の乾燥密度と含水比の関係を**ゼロ空気間隙曲線**（zero air voids curve）と呼ぶ。

【例題 3.1】

ある土を表3.1のA法で締め固めたところ，表3.3の結果を得た。モールドの質量は4530g，土粒子の密度が2.650 Mg/m^3 であった。

表 3.3　締固め試験結果

含水比(%)	9.1	14.1	18.7	22.7	26.5	30.6	35.8
(モールド＋土の質量)(g)	6068	6219	6368	6465	6418	6368	6318

(1)　締固め曲線とゼロ空気間隙曲線を描き，最適含水比と最大乾燥密度を求めよ。

(2)　飽和度 90% の線と空気間隙率 10% の曲線を図中に描け。

（解答例）

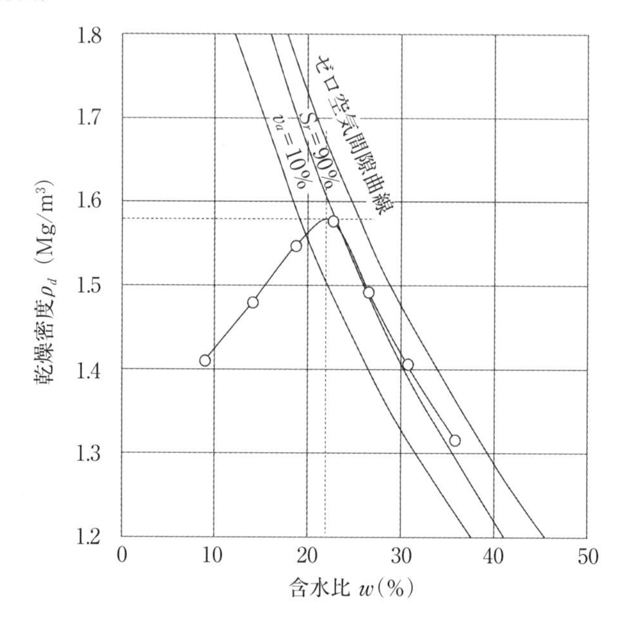

最大乾燥密度　ρ_{dmax}=1.580Mg/m^3, 最適含水比　w_{opt}=22.0%

【例題 3.2】

表 3.1 の A 法と E 法の締固め仕事量をそれぞれ求めよ。

（解答例）

$$\text{A法}\quad E_c = \frac{2.5\times 9.81\times 0.3\times 25\times 3}{1000\times 10^{-6}} = 552\text{kJ/m}^3$$

$$\text{E法}\quad E_c = \frac{4.5\times 9.81\times 0.45\times 92\times 3}{2209\times 10^{-6}} = 2482\text{kJ/m}^3$$

3.3.2　締固め曲線に及ぼす影響因子

締固め曲線は土の種類，締固めエネルギー等によって異なる。図 3.6 に 5 種類の土の粒径加積曲線とその締固め曲線を示す。一般に，粒度の良い砂質系の土ほど締固め曲線は鋭く立った形状を示し，左上方に位置する。このため，最大乾燥密度は高く，最適含水比は低くなる。これに対し，細粒分が多い土ほど締固め曲線はなだらかな形状を示し，右下方に位置する。このため，最大乾燥密度は低く，最適含水比は高くなる。

締固め曲線の形の違いは，土の構造と粘性が深く関わっている。一般に，砂質土は粒子同士が接する単粒構造をつくり，粘性は極めて小さいため，間隙比は細粒土と比べて小さく土粒子は移動しやすくなる。結果として，締固め曲線は鋭く立ち，最適含水比も低くなる。一方，細粒土は蜂巣構造や綿毛構造といった間隙比の大きな構造を作りやすく，粘性を有する場合が多いため，含水比の変化に対する土粒子の移動が鈍くなる。結果として，締固め曲線はなだらかになり，最適含水比も高くなる。

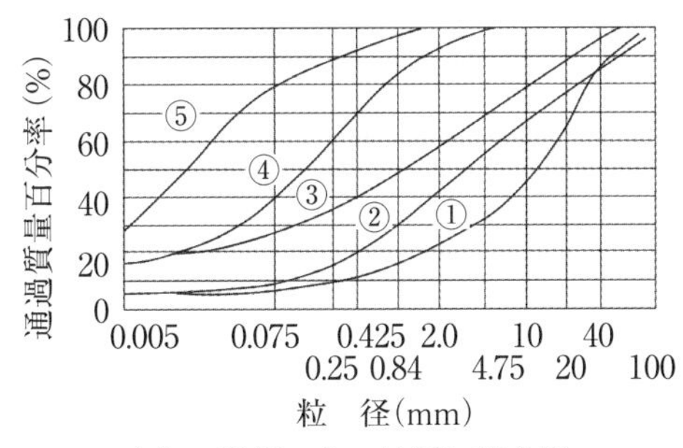

(a) 5種類の土の粒径加積曲線

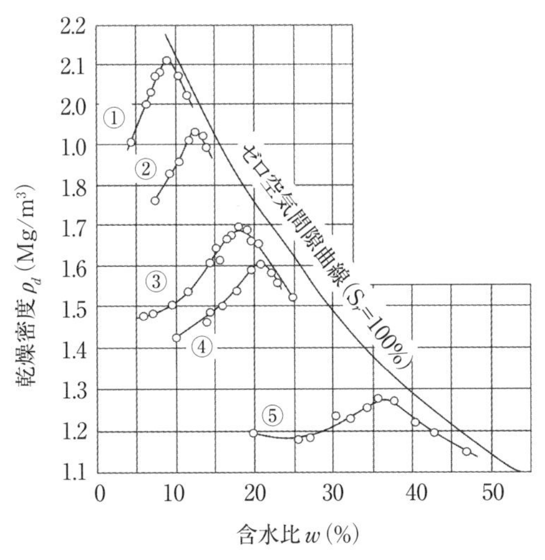

(b) 5種類の土の締固め曲線

図3.6　土質による締固め曲線の違い [1)]

同じ土を用いても締固めエネルギーによって締固め曲線は異なる。図 3.7 に 1 層当たりの突固め回数を変えることで締固めエネルギーを変えた場合の締固め曲線を示す。一般に締固めエネルギーを大きくすることで，同じ含水比での土の乾燥密度が高くなる。低い含水比で飽和度が高くなり，早く締固め曲線のピーク状態に近くなるため，締固め曲線は左上方に移動し，最大乾燥密度は高く，最適含水比は低くなる。

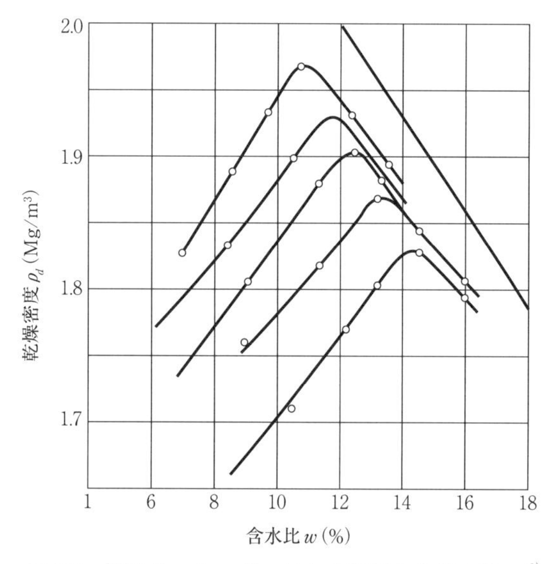

図 3.7　締固めエネルギーによる締固め曲線の違い [2)]

3.3.3　締固めによる土の力学的性質の変化

土は適切に締め固めることによって，強度や剛性が大きく，透水係数は小さくなり，安定した地盤を構築することができる。図 3.8 は締め固めた土の試験で得られた工学特性と含水比の一般的な関係を示している。土を締め固めると，土が密になる効果と粒子間結合力で土の強度や剛性は大きくなり，圧縮性や透水係数は小さくなる。締め固めた土の強度や剛性は最適含水比より低い含水比で最大となり，圧縮性は最適含水比より低い含水比で最大となる。水浸によって飽和度が上昇すると乾燥側の強度や剛性は大きく低下し，圧縮性は増加するため，強度や剛性は最適含水比で最大となり，圧縮性は最適含水比で最大となる。透水係数は飽和供試体で求めるのが一般的であり，最適含水比より高い含水比で最小となる。

多くの土では最適含水比より含水比が小さい範囲では，締固めエネルギーを大きくするほど乾燥密度が大きくなり，強度や剛性も増加する。含水比が最適含水比より大きくなると，締固めエネルギーを大きくすると最初は強度が増加するが，ある締固めエネルギーに達すると逆に強度が低下することがある。これは**オーバーコンパクション**（over compaction）と呼ばれており，締固めによる土の構造の変化や粒子破砕などが原因で生じる現象である。

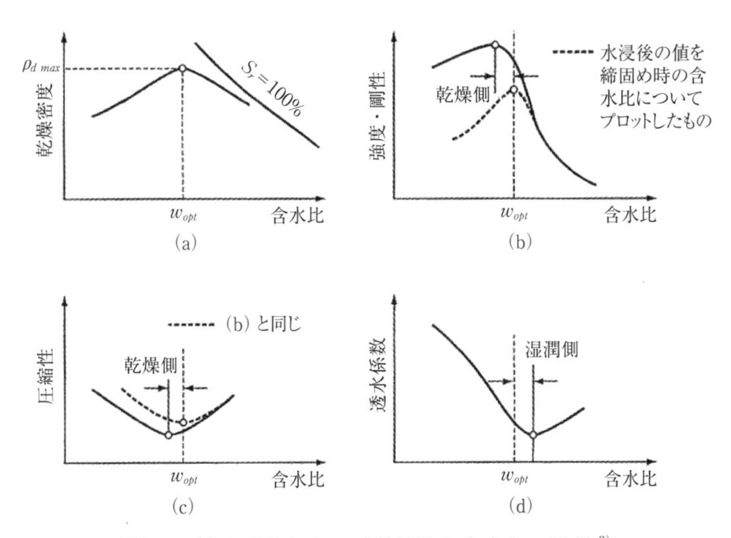

図 3.8　締め固めた土の工学特性と含水比の関係[3)]

3.4　現場での締固め

3.4.1　転圧

道路，鉄道，アースダム，河川堤防などの土構造物の造成では，図 3.9 に示すようにまき出した土をブルドーザーなどである程度の厚さに敷き均し，ローラーやランマー，タンパーなどの締固め機械が走行することによって締め固めるという工程になる。この現場での締固め作業を**転圧**（roller compaction）と呼ぶ。

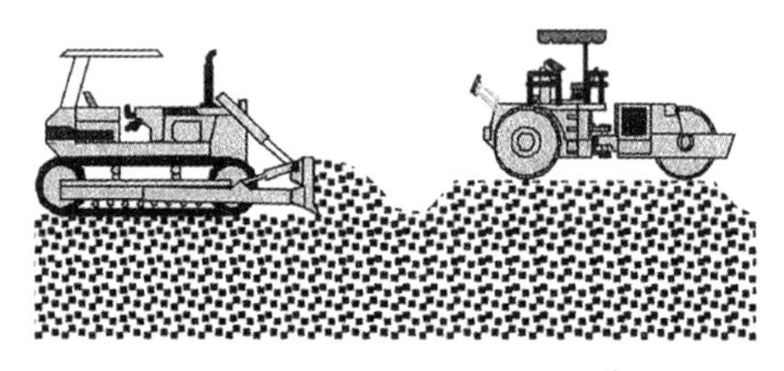

図 3.9　敷き均し，締固め施工[1)]

転圧によって所定の品質を持った土構造物を作るには，締固め機械の種類，まき出し厚，転圧回数，含水比などの施工条件を適切に設定したうえで，造成された地盤が所定の品質を有していることを確認するための施工管理が必要である。

3.4.2　施工管理方法

締固め工事において，盛土が所定の品質を有することを確認するために施工管理を行う。土の締固め管理には締固めた土の品質を乾燥密度などで管理する方法（品質規定方式）と，施工方法を規定する方法（工法規定方式）がある。

品質規定方式では，盛土の締固めの程度を評価するために，利用する予定の土を用いた室内での突固めによる締固め試験によって求めた最大乾燥密度（ρ_{dmax}）を基準にして，現場で測定された締固め土の乾燥密度（ρ_d）との関係から式（3.4）より，**締固め度**（degree of compaction）D_c（%）を求める。

$$D_c = \frac{\rho_d}{\rho_{dmax}} \times 100 \tag{3.4}$$

管理基準値としての締固め度の値は造成する構造物ごとに設定されるが，通常は90%や95%以上が採用されることが多い。

本来，締固めによって造成される地盤に要求される機能は，密度ではなく，強度や支持力，透水性などの工学特性である。このため，密度と工学的特性の関係を把握した上で管理する締固め度を設定するか,直接工学的特性で管理することが望ましい。また,同じ締固め度であっても最適含水比の乾燥側に比べ湿潤側の強度や剛性は大きく低下するので，含水比も併せて管理する必要がある。

工法規定方式では，あらかじめ試験施工を行って施工機械の機種，まき出し厚，転圧回数などを決めておき，現場においてはこの施工法が履行されていることを確認することで，施工管理を行う。

【例題3.3】

【例題3.1】において，「締固め度を95%以上とする」と規定されている場合の目標乾燥密度を求めよ。

(解答例)

$$\frac{\rho_d}{1.580}\times 100 \geq 95 \quad \text{より，} \rho_d \geq 1.501\mathrm{Mg/m^3}$$

演習問題

【問題 3.1】

最適含水比とは何か。また，最適含水比と一般的な土の強度，圧縮性，透水性との関係について説明しなさい。

【問題 3.2】

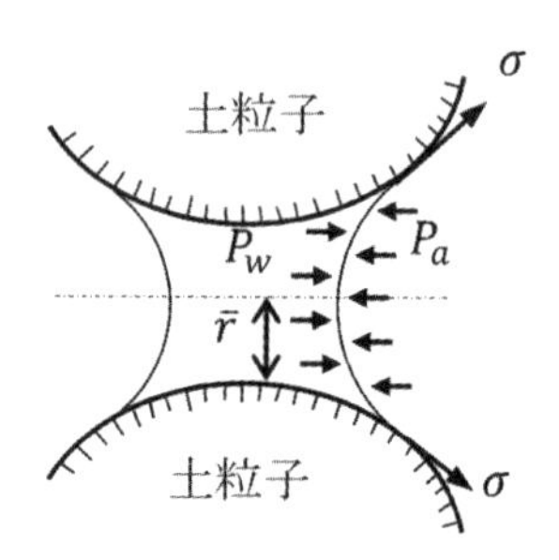

締固め曲線が上に凸の形状になる理由を力の釣り合いの観点から説明しなさい。ただし，土粒子間のメニスカスは，右図に示すような円筒状（半径:$\bar{r}$）に形成されていると仮定するものとする。図中の σ は表面張力，P_a は空気圧力，P_w は水膜圧である（$P_a>P_w$）。

【問題 3.3】

ある土の突固め試験を実施したところ下表の結果を得た。この表から，締固め曲線とゼロ空気間隙曲線を描き，最適含水比と最大乾燥密度を求めなさい。ただし，モールドの容積は $1000 \times 10^3 mm^3$，質量は 2500g であり，土粒子の密度は 2.65 Mg/m^3 とする。

含水比（%）	16.1	20.8	23.5	26.2	29.5
試料とモールドの質量（g）	4001	4153	4235	4319	4289

【問題 3.4】

現場密度試験において，含水比 8% の土を 4630g 掘り出した試験孔に，乾燥密度が 1.51 Mg/m^3 となる試験砂を満たしたところ 3256g 必要であった。このとき，現場の土の締固め度を求めなさい。ただし，掘り出した土の最大乾燥密度は 2.05 Mg/m^3 とする。

【問題 3.5】

現場で土を締固める機械の種類を調べ，造成される構造物や土の種類との関連性，および各機械の締固め機構を説明しなさい。

引用文献

1）地盤工学会土の締固め編集委員会：地盤工学・実務シリーズ 30　土の締固め, 地盤工学会, 2012.4.

2）地盤工学会　室内試験規格・基準委員会：地盤材料の方法と解説［第一回改訂版］, 地盤工学会, 2020.12.
3）澤孝平編著：地盤工学（第２版・新装版］, 森北出版, 2020.10.

参考文献

河上房義・森芳信・柳沢栄司：土質力学　第８版, 森北出版, 2012.9.
三田地利之：土質力学入門, 森北出版, 2013.5.
常田賢一・小田和弘・佐野郁夫・澁谷啓・新納格：土質力学, 理工図書, 2010.4.
菊本統・西村聡・早野公敏：図説わかる土質力学, 学芸出版社, 2015.12.
内山久雄監修・内村太郎著：ゼロから学ぶ土木の基本　地盤工学, オーム社, 2013.2.
赤城知之・吉村優治・上俊二・小堀滋久・伊東孝：土質工学, コロナ社, 2001.9.

第4章　土中水の物理

4.1　はじめに

湿潤（不飽和）土中において，土の間隙構造に影響を受けながら空気と間隙水の表面に働く表面張力は土の保水性や不飽和浸透流に影響を与える。また飽和土中の水は，静止状態では間隙水圧として土の強度に影響を与え，流動状態では浸透力として土の強度に影響を与える。土中内の水理学を理解することは第12章で紹介される地盤汚染問題では汚染流体の物質移動現象を説明する上でも，たいへん重要である。本章では，まず土の保水メカニズムについて解説したのち，土中の基礎水理学と浸透力によって生じる力学現象について学習する。

4.2　土中水の毛管上昇 [1)]

図4.1（a）のように水の表面では水分子に働く合力が，垂直方向の内部に向って働くので，容器に入っている水は図4.1（b）のように液表面が収縮し，容器に調和するように最小の面積を占めようとする傾向がある。土が飽和状態にあればもちろん水分は連続しているが，部分的に間隙が満たされているときは，水は隣り合う粒子の吸着水の間に図4.1（c）に示すような不連続なくさびを形成する。そして空気と水の境界には**表面張力**（surface tension）なる引張り力が働き，これが**毛管現象**（capillarity）の原因となる。

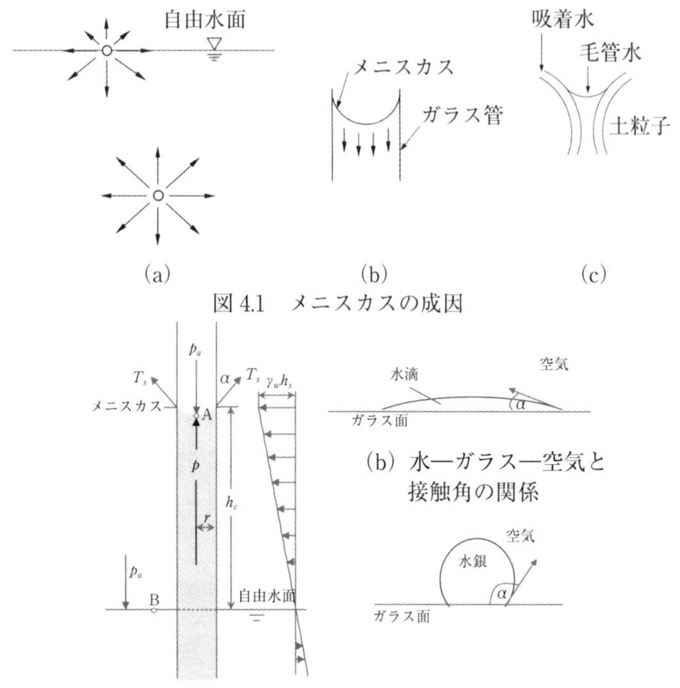

図 4.1　メニスカスの成因

(b) 水—ガラス—空気と接触角の関係

(a) 毛管上昇高周辺の圧力　(c) 水銀—ガラス—空気と接触角の関係

図 4.2　毛管上昇水における応力関係

図 4.2 に示すように毛細管の半径を r，毛管上昇の高さを h_c，大気圧を p_a，メニスカスのすぐ下の水中の A 点の圧力を p，表面張力を T_s，管の表面との接触角を α とすれば，毛細管の中の水の表面に働く釣合いから次の式が成り立つ。

$$\pi r^2 p_a = \pi r^2 p + 2\pi r T_s cos\alpha$$

$$p - p_a = -\frac{2T_s cos\alpha}{r} \tag{4.1}$$

また，図中に示す自由水面上の B 点には A 点ともに大気圧 p_a が働いている。A 点と B 点の圧力の間には次の関係がある。

$$p - p_a = -h_c\gamma_w = S \tag{4.2}$$

ここに，γ_w：水の単位体積重量，h_c：毛管上昇高（capillary height）である。

この圧力 S をマトリックポテンシャル[2)] または**サクション**

(suction)という。前者は負の値を示し，後者は絶対値で示される。特に粘性土の場合マトリックポテンシャルは，数オーダーにわたって変化するため縦軸には対数が取られることがある。図4.3は，典型的な水分特性曲線の概念図である。吸水過程と排水過程では，水分特性が異なる。これは複雑な間隙構造によって引きこされるインクビン効果[2)]によるものであり，ヒステリシスと呼ぶ[2)]。

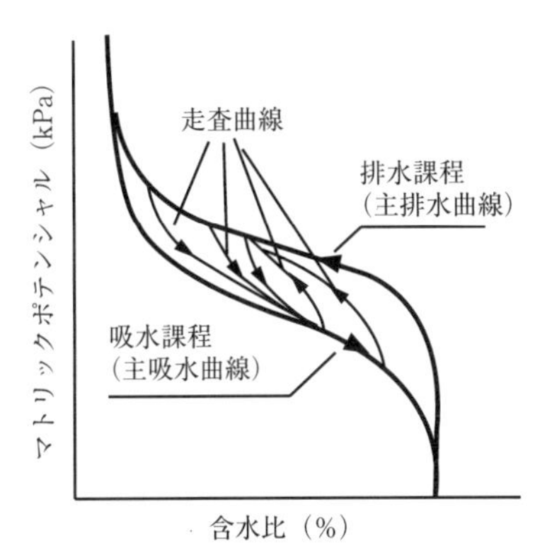

図4.3　水分特性曲線のヒステリシスと走査曲線[3)]

式（4.1）と式（4.2）は等しいので

$$h_c\gamma_w = \frac{2T_s cos\alpha}{r}$$

$$\therefore h_c = \frac{2T_s}{r\gamma_w}cos\alpha \tag{4.3}$$

T_sの値は温度が上昇するとわずかに減少する。温度25度では72.0 mN/mであるから毛管上昇高は

$$h_c = \frac{2\times 72.0\times 10^{-3}}{r\times 9.81\times 10^3}cos\alpha = \frac{14.7\times 10^{-6}}{r}cos\alpha \tag{4.3a}$$

とあらわされる。水のガラスに対する接触角は8～9°であるが，比重が13.6の水銀のガラス面に対する接触角はおよそ130～140°であり[4)]，メニスカスは水の場合と反対の形に生じる。

実際の土の間隙は，粒子の形状と大きさ，そしてその空間分布の影響を有する複雑な多孔質構造である。このような構造の下部に常に水が接した状態を維持すると，土中内に生じる毛管力によって吸水された水の重力と毛管力が釣り合うまで吸水される。式（4.3）において，$2r$ は間隙の大きさを意味することから，間隙が小さい箇所ほど保水しようとする力（すなわち毛管力）が作用している。したがって，試料上部では水は小さい間隙にだけ入り，比較的大きい間隙は空気で満たされたままという状況が生じる。以上より，それらの状態と時間の経過に伴う毛管上昇の高さの関係は図 4.4 に示すとおりである。

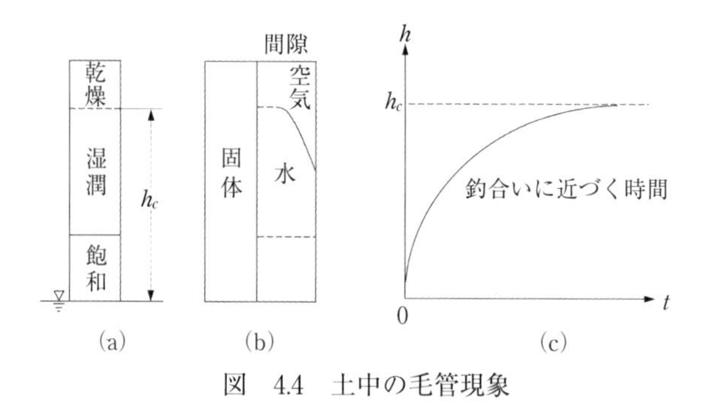

図　4.4　土中の毛管現象

土粒子の大きさを有効径 D_{10} で代表させると，近似的に次の関係がある。

$$h_c = \frac{C}{eD_{10}} \tag{4.4}$$

ここに，C：粒子の形と表面の状態によって定まる定数で 1.0 ～ 5.0 × 10^{-5}m^2 の値である。式（4.4）は，有効径が減少するほど，また間隙比が小さいほど，毛管上昇高は増加することを意味している。

4.3　地中の平衡含水比

土中には，土の種類と地下水位の深さによってある平衡した含水比が存在し，これを**平衡含水比**（equilibrium water content）という。これはその土について，サクションと含水比の関係を実験的に求めておけば簡単に見出される。土のサクションの水柱高さと含水比の関係は図 4.5 に示すように，地中の任意の点の地下水面からの高さとその高さにおけるその点の平衡含水比との関係にほかならない。

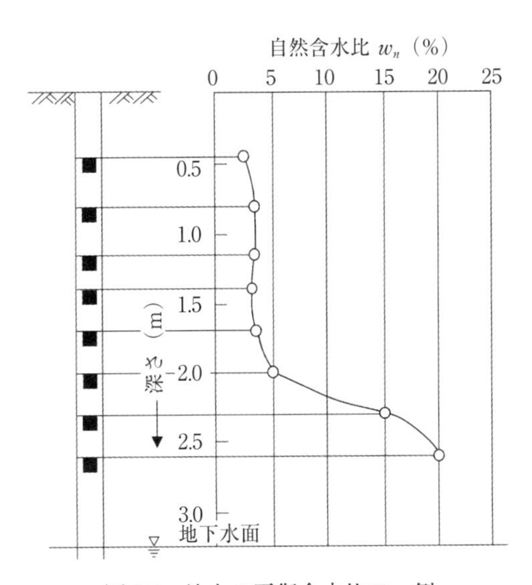

図 4.5　地中の平衡含水比の一例

地中では，その点の土自体のサクション（S）は，式（4.2）の他に，その点より上の土の自重が関係し，式（4.5）で表される。符号が反対であることに注意されたい。

$$S = -h_c \gamma_w + CP \tag{4.5}$$

ここに，P：その点より上の土被り圧，C：土中の間隙水に伝達される比率で，砂では 0，飽和粘土では 1.0 の値となる。

4.4　ダルシー則と透水係数

近年，地盤工学の研究においてX線CT法（コンピュータ断層法）[5]を用いて土中内部を可視化し，その内部挙動を観察することができるようになってきた[6]。図4.6（a）は，X線CT法を用いて砂の内部構造を可視化した3次元画像であり，図4.6（b）は図4.6（a）の矢印方向に垂直な断面の2次元断面画像（黒：土粒子，白：間隙）である。水は土の断面中の複雑な形状を有する間隙の部分（図4.6（b））を移動するため，土中の水の速度は間隙中の速度を求めるべきである。しかしながら，土の間隙の大きさは土粒子よりも小さく，間隙中の流速を測定することは困難なため，一般に土中の速度は土の単位面積当たりの流速が用いられる。これをダルシー流速と呼ぶ。

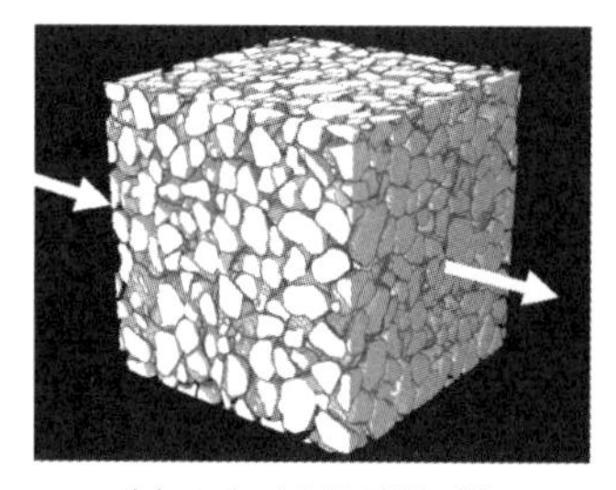

（a）3次元土粒子群画像

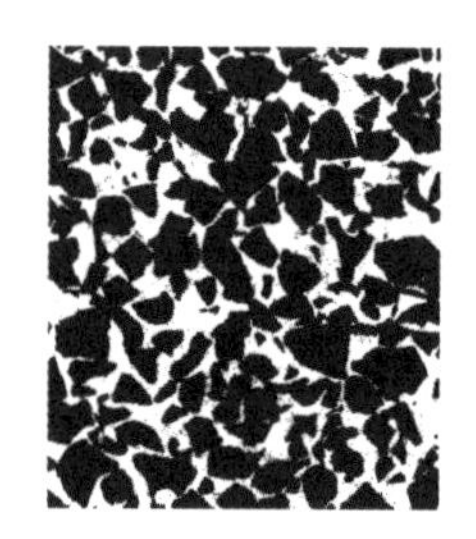

（b）断面画像（黒：土粒子，白：間隙）

図4.6　X線CTにより再構成された土粒子群画像とその断面画像

長さLの管に土の試料を収め，図4.7のように試料の前後に水頭を与えると，水頭差$H=H_1-H_2$は試料を通過するため費され，$-\dfrac{dh}{dl}$は試料の任意点における**動水勾配**（hydraulic gradient）である。図のような水平透水の場合には，$-\dfrac{dh}{dl}$は試料のすべての点において一定であってH/Lに等しい。

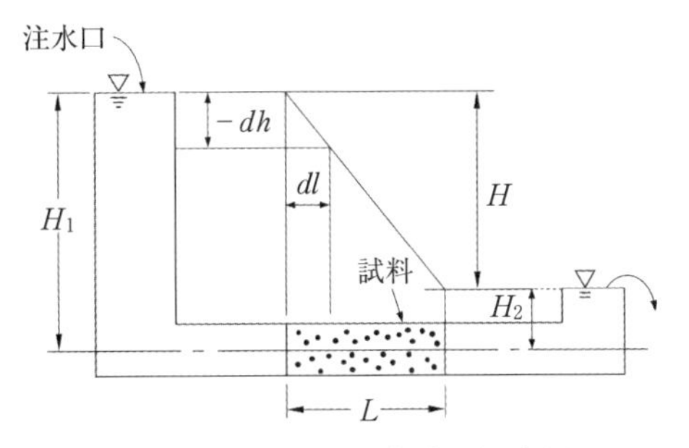

図4.7　ダルシーの実験の概念図

ダルシー（Darcy,1856年）[7] によると，この場合の水の浸透流速は次の式で表される。

$$v = -k\frac{dh}{dl} = k\frac{H}{L} = ki \tag{4.6}$$

ここに，k：**透水係数**（coefficient of permeabilityあるいはhydraulic conductivity），i：**動水勾配**（hydraulic gradient）である。

式（4.6）を**ダルシーの法則**（Darcy's law）といい，土中の水の透水に関する問題の経験的基本式として古くから用いられている。

透水試験に使用している供試体の透水方向に対して垂直な面の断面積をA，その間隙比をeとすると土粒子の単位面積について

$$A=1+e$$

と書くことができる。また流量は連続の式によって，試料の任意の断面についても，かつ試料の前後についても等しいので

$$Av = A_p v_p$$

$$\therefore (1+e)v = ev_p$$

$$\therefore v_p = \frac{1+e}{e}v = \frac{v}{\dfrac{n}{100}} \tag{4.7}$$

ここに，A_p：間隙の面積，v_p：間隙中を流れる水の実流速，n：間隙率である。

ダルシーの法則に従うと，時間tの間に断面積Aを通過する

全浸透流量 q は次の式で表される。

$$q = Akit \tag{4.8}$$

動水勾配 i が小さい場合には間隙中の水の流れは**層流**（laminar flow）[8] であり，ダルシーの式は信頼すべき結果を与えるが，動水勾配の限界の値は図 4.8 のように試料の相対密度によって異なる。

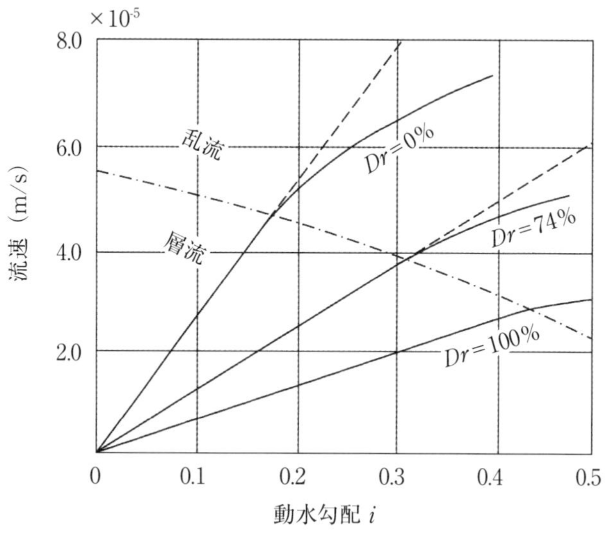

図 4.8　浸透水の層流と乱流の限界

【例題 4.1】

図 4.9 に示すような地中の幅 6 m の砂層に地下水が流れている。100 m の距離をおいて水頭を測定したら，ある基準線から測って 30 m と 27 m であった。砂の透水係数が 5×10^{-4} m/s である場合，層流として流量を計算せよ。

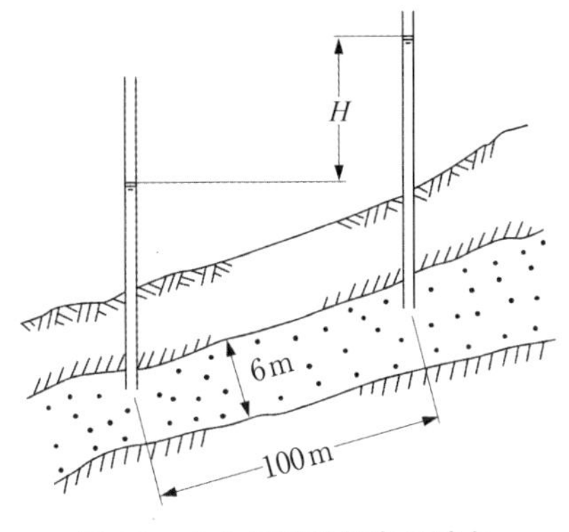

図 4.9　ある傾斜地盤内の透水

（解答例）

(a) 式 (4.8) より 1 m奥行について毎分当たりの流量は

$$q = 6 \times 1 \times 0.0005 \times \frac{30-27}{100} = 0.00009 \mathrm{m^3/s/m}$$

$$= 0.00009 \times 60 = 0.0054 \mathrm{m^3/min/m}$$

4.5　透水係数に影響する要素

4.5.1　透水係数のモデル

円管を流れる流量は**ポアズイユの法則**（Poiseulle's law, 1840 年）により次の式で表される[8]。

$$q = \frac{\gamma_w R^2}{8\eta} iB \tag{4.9}$$

ここに，q：単位時間における流量，R：管の内半径，η：水の粘性係数，i：動水勾配，B：管の内断面積である。

円管の場合，動水半径を考える必要がある。管路または溝において，流体が流れている断面積を B とし，断面周辺のうち流体が固体壁に接触している部分の長さ（浸辺長）を l とすると，動水半径 r_h は

$$r_h = \frac{B}{l}$$

と定義される。円管の場合，

$$r_H = \frac{\pi R^2}{2\pi R} = \frac{R}{2}$$

であるから式（4.9）は

$$q = \frac{1}{2}\frac{\gamma_w r_H^2}{\eta} iB$$

となる。この式を任意の形の管の場合に対し一般化すれば

$$q = C_p \frac{\gamma_w r_H^2}{\eta} iB \tag{4.10}$$

となる。ここに，C_p：管の形に関係する定数である。

土の場合，断面積 A に間隙率を乗じた面積部分に水が流れる。いわゆる有効面積を考える必要があり

$$q = C_p \frac{\gamma_w R_H^2}{\eta} i \frac{n}{100} A \tag{4.11}$$

と書ける。ここに，n：間隙率，A：試料の全断面積である。したがって，動水半径は，土質力学的な表し方を用いると

$$R_H = \frac{\text{間隙の断面積} \times \text{長さ}}{\text{間隙の周辺長} \times \text{長さ}} = \frac{\text{間隙の体積}}{\text{間隙の表面積}} = e\frac{V_s}{A_s}$$

ここに，V_s：土粒子の全体積，A_s：土粒子の全表面積である。いま D_e を土全体の粒子に対する体積 / 表面積の比を持つ球の有効直径とすれば，

$$R_H = e\frac{\frac{\pi}{6}D_e^3}{\frac{\pi}{4}D_e^2} = e\frac{2}{3}De \tag{4.12}$$

となる。また$n/100 = e/(1+e)$であるから

$$q = C_p \frac{\gamma_w}{\eta} e^2 \frac{D_e^2}{36} \frac{e}{1+e} iA$$

$$= \frac{C_p}{36} D_e^2 \frac{\gamma_w}{\eta} \frac{e^3}{1+e} iA$$

$$\therefore \quad k = \frac{q}{iA} = CD_e^2 \frac{\gamma_w}{\eta} \frac{e^3}{1+e} \tag{4.13}$$

ここに，C：粒径その他に関係する定数で**形状係数**（shape factor）である。

この式によって土の透水係数は，土の種類とその密度状態（つまり間隙比 e），浸透水の単位体積重量（γ_w）と粘性（η）によって変わることが分かる。これらの要素を次に説明する。

4.5.2　土の粒度[9)]

土中の水の平均流速または透水係数は，粒径や間隙比を使った式がいくつか提案されている[9)]。例えば，Hazen[10)] は，有効径として通過質量百分率10%の粒径を用いて，式（4.14）のような式を提案している。式（4.14）中の C は，単位長さおよび単位時間当たりの定数である。

$$k(\mathrm{m/s}) = CD_{10}^2 \tag{4.14}$$

ここに，C：100 ～ 150，D_{10}：有効径（m）である。

4.5.3　浸透水の性質[9)]

透水係数 k は水の単位体積重量 γ_w に比例し，水の粘性係数 η に反比例する。温度が変わっても γ_w はほとんど変わらないが η は相当に変化するから，日本の標準温度（15℃）の値に修正するには，次の換算を行わねばならない。

$$k_T : k_{15} = \eta_{15} : \eta_T$$

$$k_{15} = \frac{\eta_T}{\eta_{15}} k_T \tag{4.15}$$

ここに，k_T：任意の温度における透水係数，k_{15}：標準温度（15℃）における透水係数である。

$\eta_\mathrm{T}/\eta_{15}$ の値は図 4.10 によって求められる。

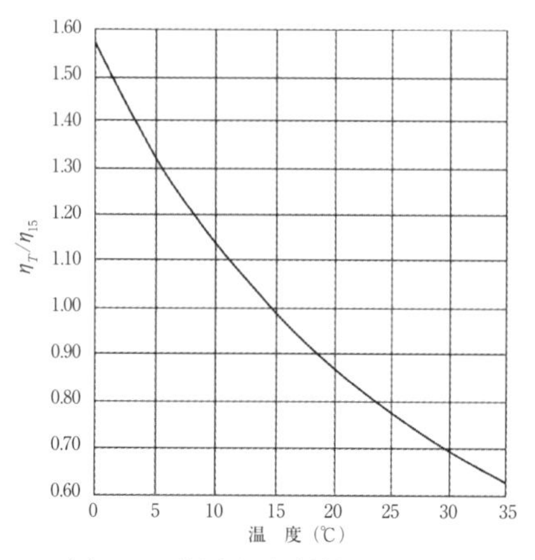

図 4.10　温度比と粘性比の関係

4.5.4　間隙比と透水係数の関係

土の構造と間隙を異にする 2 つの場合について，透水係数の比は次の式で表される。

$$k_1 : k_2 = \frac{c_1 e_1^3}{1+e_1} : \frac{c_2 e_2^3}{1+e_2} \tag{4.16}$$

砂の場合には近似的に次の関係が成り立つことが経験的に分かっている[9), 11)]。

$$k_1 : k_2 = \frac{e_1^3}{1+e_1} : \frac{e_2^3}{1+e_2} \tag{4.17}$$

または

$$k_1 : k_2 = \frac{e_1^2}{1+e_1} : \frac{e_2^2}{1+e_2} \tag{4.18}$$

あるいは

$$k_1 : k_2 = e_1^2 : e_2^2 \tag{4.19}$$

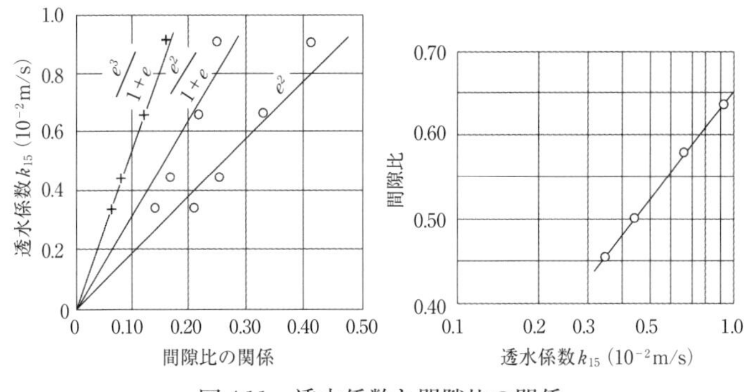

図4.11　透水係数と間隙比の関係

測定した透水係数は図4.11に示すような関係で示される。

4.5.5　土の構造

土のミクロな堆積構造を土の構造といい，粘土質の土ではかく乱の影響により透水係数は次のように変わる。

$$k_d > k_u$$

ここに，k_d：乱した土の透水係数，k_u：自然状態の乱さない土の透水係数である。

また異方性の自然土層について，水平方向と鉛直方向とでも透水係数は異なり，次の関係が一般的に認められている。

$$k_H > k_V$$

ここに，k_H：水平方向の透水係数，k_V：鉛直方向の透水係数である。

図4.12にそれらの関係の2例が示されている。

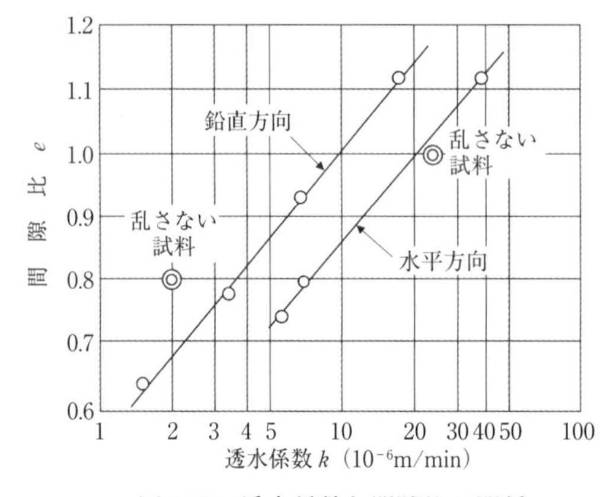

図 4.12　透水係数と間隙比の関係

4.5.6　飽和度と透水係数の関係

土中の間隙に空気がある場合は透水係数は小さくなる。また水中に空気が溶けていると，透水試験の途中に減圧したり，温度上昇した場合に，空気が水中から遊離して不飽和土の状態になる。図 4.13 は飽和度と透水係数の関係の一例である。不飽和状態における浸透現象は，その土の水分特性（図 4.3）によって決まることが知られており，各飽和度における透水係数は不飽和透水係数と呼ばれる。不飽和浸透流に関する水理学は，ダルシー則に立脚した不飽和浸透流方程式によって説明される。本章では飽和浸透流を対象とするため，不飽和土の力学及び水理学の詳細は参考文献を参照されたい [12]。

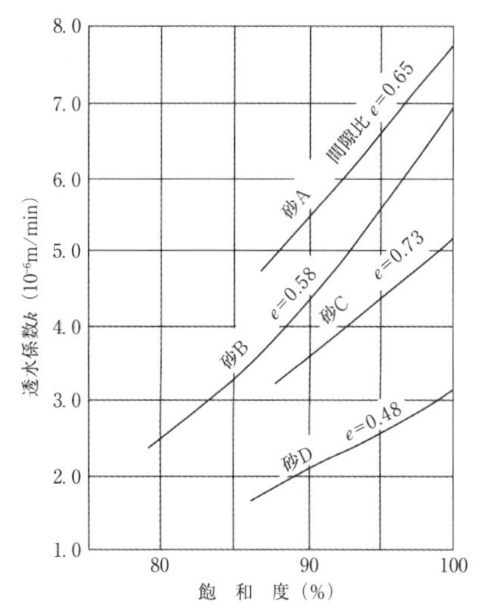

図4.13　砂の透水係数に及ぼす飽和度の影響

【例題4.2】

砂の有効径が0.3mmであった。透水係数を推定せよ。

（解答例）

式（4.14）により

$$k = CD_{10}^2 = 100\times(0.3\times10^{-3})^2 = 9\times10^{-6} m/s$$

【例題4.3】

砂の透水試験を行い表4.1のような結果を得た。この砂の間隙比0.502に対する透水係数 k_{15} を推定せよ。

（解答例）

式（4.17）を用い，推定した透水係数の値を15℃に対する換算値と $e^3/(1+e)$ を計算し，これを図4.11のようにとりまとめ，$e=0.502$のとき，$(e^3/(1+e)=0.0842)$ となることから k_{15}=0.00040 m/sを得る。表4.2は，表4.1に基づいて15℃における透水係数と式（4.17）から得られる間隙比の関係を示している。

表 4.1　間隙比と透水係数と温度の関

e	k_T (m/s)	T（℃）
0.639	1.09×10^{-3}	28.5
0.578	8.23×10^{-4}	29.0
0.458	4.27×10^{-4}	29.0

表 4.2　15℃における間隙比と透水係数

e	k_{15} (m/s)
$\frac{0.639^3}{1+0.639} = 0.159$	$1.09 \times 10^{-3} \times 0.725 = 7.90 \times 10^{-4}$
$\frac{0.578^3}{1+0.578} = 0.122$	$8.23 \times 10^{-4} \times 0.717 = 5.90 \times 10^{-4}$
$\frac{0.458^3}{1+0.458} = 0.0659$	$4.27 \times 10^{-4} \times 0.717 = 3.06 \times 10^{-4}$

表 4.3　試料の透水係数を求める試験法と試料の関係

<table>
<tr><td></td><td colspan="11">10^{-11}　10^{-10}　10^{-9}　10^{-8}　10^{-7}　10^{-6}　10^{-5}　10^{-4}　10^{-3}　10^{-2}　10^{-1}　10^{0}</td></tr>
<tr><td>透水性</td><td colspan="2">実質上不透水</td><td colspan="2">非常に低い</td><td colspan="2">低い</td><td colspan="2">中位</td><td colspan="3">高い</td></tr>
<tr><td>対応する土の種類</td><td colspan="2">粘土（C）</td><td colspan="4">微細砂，シルト，砂—シルト—粘土混合土（SF）（S-P）（M）</td><td colspan="3">砂および礫（GW）（GP）（SW）（SP）（G-F）</td><td colspan="2">清浄な礫（GW）（GP）</td></tr>
<tr><td>透水係数を直接測定数方法</td><td colspan="2">特殊な変水位透水試験</td><td colspan="3">変水位透水試験</td><td colspan="2">定水透水試験</td><td colspan="3">特殊な変水透水試験</td><td></td></tr>
<tr><td>透水係数を間接的に測定する方法</td><td colspan="3">圧密試験結果から計算</td><td colspan="3">なし</td><td colspan="5">清浄な砂および礫は，粒度と間隙比から計算</td></tr>
</table>

4.6　土の透水性を評価する試験方法

透水係数を求める試験方法には実験室内における方法と現場における方法とがある。土の種類によって試験結果の信頼性が異なるので，それぞれ適応した方法を選ばねばならない。また土の種類と透水係数の大きさの関係もこれまでの経験によって概ね分かっており，それらの関係は表 4.3 のとおりである。

4.6.1　実験室における透水係数の測定

現場から採取した土の試料の透水係数を実験室で測定する方法はいろいろあるが，一般的に用いられる代表的なものを次に述べる。本章では試験法の原理だけを述べるが，実際の透水試験器には，試料を飽和させるための付属装置がついている[9]。なお，定水位および変水位透水試験の方法はJGS -0311[9]に規定されている。

定水位透水試験（constant head permeability test）は図4.14のような装置によるものである。注水口と排水口の水位差をHとし，注水口に十分に水が供給される状態を作ることによって，Hが一定の値を保つことができる。このことから定水位透水試験と呼ばれ，主に砂質土の透水試験を評価する場合に適用される。時間tの間に流出した水の全量をQとすれば，Qは排水口から越流してくる水を測定することで求めることができ，最終的にダルシーの法則により透水係数は容易に求められる。

$$Q = kiAt \tag{4.20}$$

$$\therefore \quad k = \frac{q}{Ait} = \frac{q}{A\dfrac{H}{L}t} \tag{4.21}$$

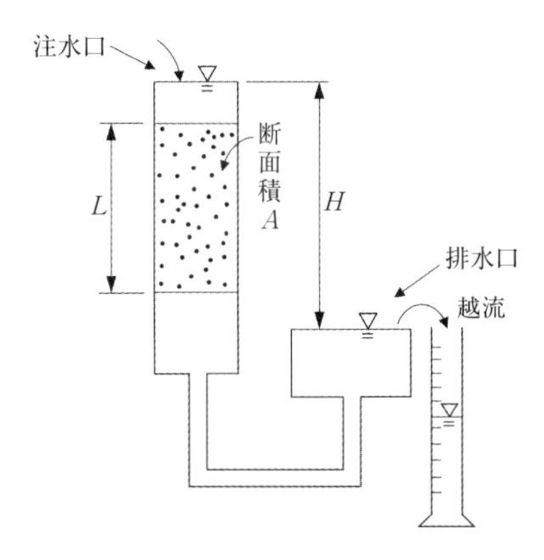

図4.14　定水透水試験概念図

変水位透水試験（falling head permeability test）は図 4.15（a）または（b）のような装置によって行うものである。この方法による透水係数を求める計算式は，次のようにして導くことができる。

垂直管（スタンドパイプ）における水の減少量 adh はダルシーの法則による土の浸透水量に等しいので，微小時間 dt について次の関係が成り立つ。

$$-adh=kA\frac{h}{L}dt$$

$$k\frac{A}{L}dt=-a\frac{dh}{h}$$

左辺を 0 から t まで，右辺を H_1 から H_2 まで積分すると

$$\int_0^t k\frac{A}{L}dt=-\int_{H_1}^{H_2} a\frac{dh}{h}$$

最終的に常用対数を用いて透水係数 k は，

$$k=2.3\frac{a}{A}\frac{L}{t}log_{10}\frac{H_1}{H_2} \tag{4.22}$$

よってこの試験では，ある適当な水頭 H_1, H_2 と，それだけの水頭が減少するに要する時間 t とを測定すればよい。

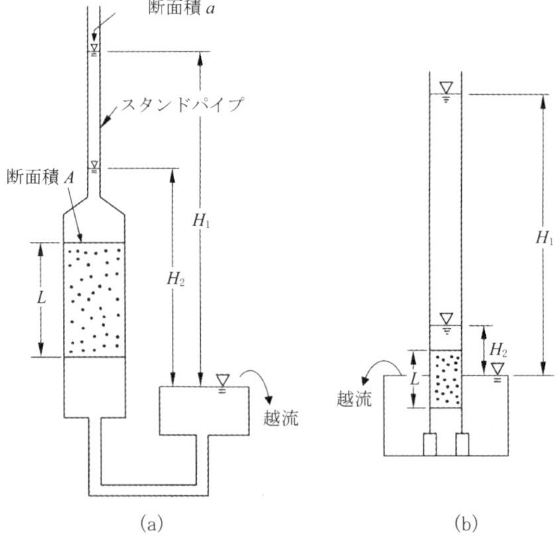

図 4.15　変水透水試験概念図

【例題 4.4】

定水位透水試験を断面積 30cm^2，高さ 25cm の砂の試料について行い，40cm の水頭差のもとで水 200cm^3 が流出するのに 116 秒要した。土粒子密度は 2.65Mg/m^3，その砂の乾燥質量は 1320g であったとして，次の値を求めよ。

(a)　ダルシー則による流速

(b)　土粒子間の実浸透流速

(解答例)

(a) 式 (4.21) によりダルシーの透水係数は

$$k=\frac{Q}{Ait}=\frac{Q}{A\dfrac{H}{L}t}=\frac{200}{30\times\dfrac{40}{25}\times 116}=3.59\times 10^{-4}m/s$$

ダルシー則より，

$$v=ki=0.0359\times\frac{40}{25}=5.74\times 10^{-4}m/s$$

(b)　試料の間隙率を求めるため

試料の体積 = 30 × 25 = 750cm^3

土粒子の体積 = $\dfrac{1320}{2.65}$ = 498cm^3

$$\therefore\quad 間隙率 n=\frac{750-498}{750}\times 100=33.6\%$$

よって，土粒子間の実浸透速度は

$$v_p=\frac{0.0574}{0.336}=1.71\times 10^{-3}m/s$$

【例題 4.5】

変水位透水試験器によって土の透水試験を行った。

試料の径 5cm，長さ 8cm，スタンドパイプの内径が 2cm であり，6 分間に水頭が 100cm より 50cm に下った。この土の透水係数を求めよ。

(解答例)

式（4.22）により

$$k = 2.3\frac{\frac{\pi 2^2}{4}\times 8}{\frac{\pi 5^2}{4}\times 6\times 60}log_{10}\frac{100}{50}$$

$$= 8.2\times 10^{-3}\times log_{10}2.0$$

$$= 2.5\times 10^{-5}m/s$$

4.7　井戸とボーリングによる現場透水試験

在来から行われている現場透水試験の代表的なものは，地下水位以下に達する井戸から水を汲み出し，地下水位を観測する方法である。

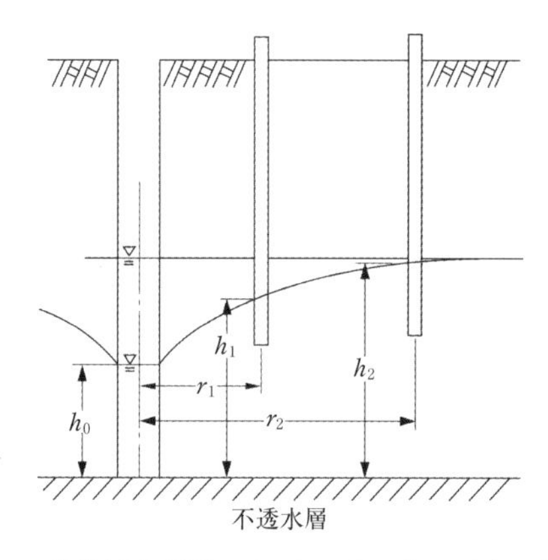

図 4.16　現場透水試験における地下水の分布の概念図

図 4.16 のように不透水性地盤に達する試験井戸を掘り，この井戸の中心から r_1, r_2　…なる距離に水位観測用のボーリングを行い，井戸から単位時間に Q なる水を汲み上げ，井戸とボーリング孔内の水位を h_1, h_2…とすれば，r の値が十分に大きいところでは，

$$i=\frac{dh}{dr}\quad (dh\text{ は正})$$

であるから，ダルシー則より浸透流速は

$$v=k\frac{dh}{dr}$$

となり，単位時間当たりの流量は

$$Q=2\pi rhv=2\pi rhk\frac{dh}{dr}$$

となる。

$$\therefore hdh=\frac{Q}{2\pi k}\frac{1}{r}dr$$

左辺を h_1 から h_2 まで，右辺を r_1 から r_2 まで積分して，透水係数が得られる。

$$h_2^2-h_1^2=\frac{Q}{\pi k}log_e\frac{r_2}{r_1}$$

$$\therefore k=\frac{Q}{\pi(h_2^2-h_1^2)}log_e\frac{r_2}{r_1}$$

$$=2.3\frac{Q}{\pi(h_2^2-h_1^2)}log_{10}\frac{r_2}{r_1} \qquad (4.23)$$

ただし，この方法による透水係数は水平方向の値である。

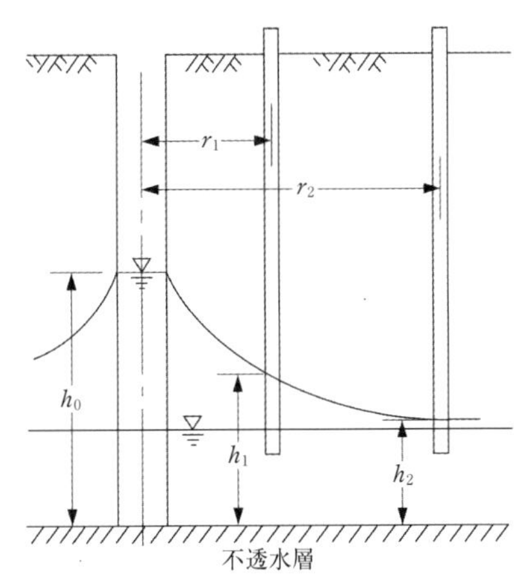

図 4.17　現場透水試験における地下水の分布の概念図

図 4.17 に示すように，地下水位より上まで井戸に水を注入し，地下の定常流の上面を観測する方法も行われる。この場合も透水係数は式（4.23）によって計算される。

4.8　異なる層から成る土の透水係数

透水係数の異なる層から成る土の全体の透水係数は，通常次に述べる方法で計算されている。

いま，$k_1, k_2, \cdots, k_n$ を各層の透水係数，$d_1, d_2, \cdots d_n$ をそれぞれの層の厚さ，D を層の全厚とする。

4.8.1　水の流れが層に平行の場合

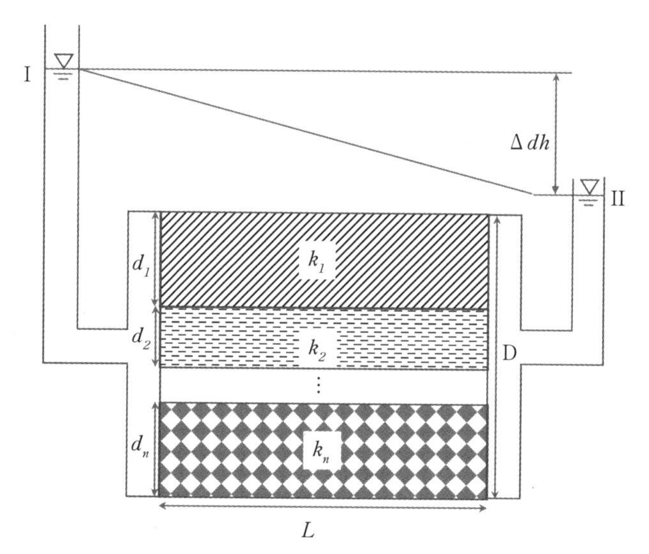

図 4.18　n 層の成層地盤に対し，層に平行な方向から水が流入する概念図

図 4.18 のように，水の流れが層に平行の場合には動水勾配は各層に共通であるから，ダルシー則より

$$q = k_H iD = k_1 \frac{dh}{L} d_1 + k_2 \frac{dh}{L} d_2 + \cdots + k_n \frac{dh}{L} d_n$$

となる。ここに，k_H:層全体としての水平方向の透水係数である。

$$\therefore \quad k_H = \frac{1}{D}\sum_1^n k_i d_i \qquad (4.24)$$

4.8.2　水の流れが層に垂直の場合

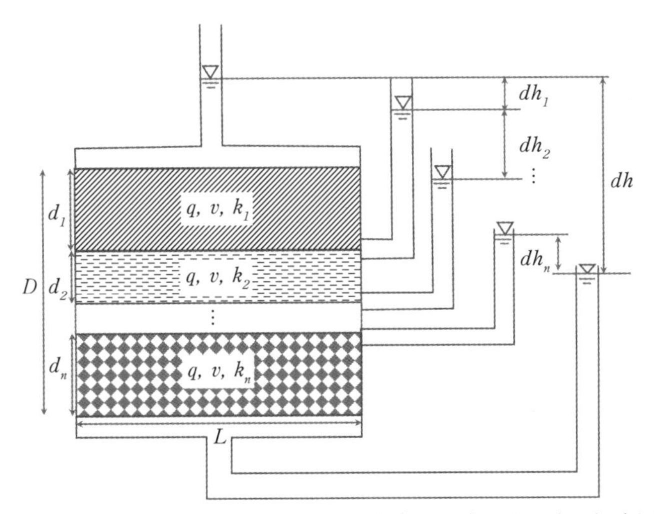

図4.19　成層地盤に対し，層に垂直な方向から水が流入する概念図

図4.19のように水の流れが層に垂直の場合は，dh を全損失水頭とすれば，単位面積について連続の法則により

$$q = k_v iL = k_v \frac{dh}{D} L = k_1 \frac{dh_1}{d_1} L = k_2 \frac{dh_2}{d_2} L = \cdots = k_n \frac{dh_n}{d_n} L$$

となる。ここに，k_v：層全体としての鉛直方向透水係数である。

また，$dh = Di = d_1 i_1 + d_2 i_2 + \cdots + d_n i_n$ であるから，

$$\therefore dh = d_1 \frac{k_v}{k_1}\frac{dh}{D} + d_2 \frac{k_v}{k_2}\frac{dh}{D} + \cdots + d_n \frac{k_v}{k_n}\frac{dh}{D}$$

$$\therefore k_v = \frac{D}{\dfrac{d_1}{k_1} + \dfrac{d_2}{k_2} + \cdots + \dfrac{d_n}{k_n}} = \frac{D}{\sum_1^n (d_i/k_i)} \qquad (4.25)$$

4.9　流線網（flow net）と浸透圧

流線網（flow net）とは，地盤中の2次元浸透流の状態を流線と等ポテンシャル線の2組の曲線群で網目状に示したものである[13]。

均一等方性地盤中では，流線と等ポテンシャル線は直交する性質を使用して，対象地盤内の浸透水量，流速，任意の位置における水頭を求めることができる。図 4.20（a）のように，透水性の地盤のなかばまで不透水の矢板を打込み，矢板の片側に水を溜めると，水は矢板より下方の土中を浸透して地表面に流出する。いまこの土層中に図 4.20（b）のような幅 dx，高さ dz，奥行き 1 なる微小六面体を考え，水の流れが xz 面内に二次元的に生じるもの（v_y=0）とすると，

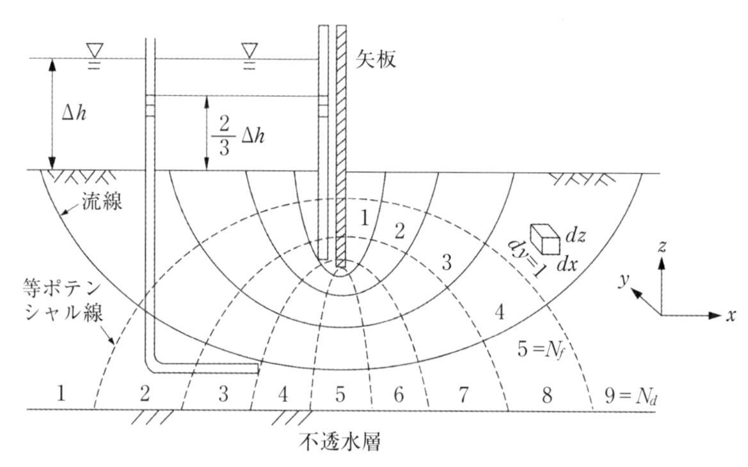

（a） 矢板によって仕切られた地盤中の浸透流のフローネット

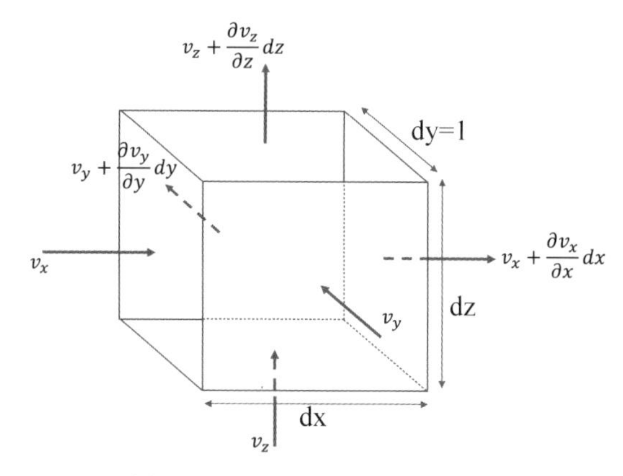

（b） 微小六面体に作用する浸透流

図 4.20　流線網

流入速度の成分：v_x, v_z

流出速度の成分：$v_x + \frac{\partial v_x}{\partial_x}dx, v_z + \frac{\partial v_z}{\partial_z}dz$

となる。次に単位時間内にこの六面体に流入する水量は

$$v_x dzdy + v_z dxdy$$

であり，流出する水量は

$$v_x dzdy + \frac{\partial v_x}{\partial_x}dxdzdy, v_z dxdy + \frac{\partial v_z}{\partial_z}dzdzdy$$

である。

連続の法則により流入，流出水量は等しいから

$$v_x dzdy + v_z dxdy = v_x dzdy + \frac{\partial v_x}{\partial_x}dxdzdy + v_z dxdy + \frac{\partial v_z}{\partial_z}dzdxdy$$

$$\therefore \quad \frac{\partial v_x}{\partial_x} + \frac{\partial v_z}{\partial_z} = 0 \tag{4.26}$$

ダルシー則によれば

$$v_x = ki_x = -k\frac{\partial h}{\partial x} \tag{4.27}$$

$$v_z = ki_z = -k\frac{\partial h}{\partial z} \tag{4.28}$$

であり，$\Phi = -kh$ なる速度ポテンシャル（velocity potential）を導入すると

$$v_x = \frac{\partial \Phi}{\partial x}, v_z = \frac{\partial \Phi}{\partial z}$$

$$\therefore \quad \frac{\partial^2 \Phi}{\partial x^2} + \frac{\partial^2 \Phi}{\partial z^2} = 0 \tag{4.29}$$

式（4.29）は二次元の**ラプラス方程式**（Laplace's equation）といわれ，一定の厚さの導体の板の中を流れる電流の式と同じ形である[14)]。その解は2組の直角に交わる曲線で表され，これらの曲線群を**流線網**（flow nets）という。このうち1組の曲線を**流線**（stream lines），他の1組の曲線群を**等ポテンシャル線**（equipotential lines）といい，等ポテンシャル線に沿う各点では土中の水頭が深さによらず一定である。

水頭の損失は土と水の摩擦によって流線に沿って起こり，土の骨格に対してこの摩擦力が働く。流れの方向に沿って土に働くポ

テンシャルの差は**浸透水圧**（seepage pressure）と呼ばれる。長さ L の区間に h の損失水頭があれば，単位体積の土に及ぼす浸透水圧 p_s は次の式で表される。

$$p_s = \frac{\gamma_w hA}{LA} = \gamma_w i \tag{4.30}$$

ここに，A：断面積，i：動水勾配である。

4.10　流線網の描き方と流量及び揚圧力の計算

透水量や土中の任意の点の浸透水圧を求めるためには流線網を利用すると便利である。流線網はフォルヒハイマー（Forchheimer）[15), 16)] が提案したもので，4.7 で説明したように流線と等ポテンシャル線が直交し，かつ格子網の中に内接円が作図できるように描くことに留意しながら基本的に試行錯誤で作図する。

流線網による四辺形の大きさが少しずつ変わり，かつ流線と等ポテンシャル線がほぼ直交するように描くのが，この方法の条件である。この四辺形は正方形ではないが，横と縦の長さがほぼ等しく，その内部で内接円が描けるような四辺形である。そのため試みに描いた図を次第に修正して，この条件に合うようにする。図 4.21 は描き方を示した一例である。図 4.22（a）は，図 4.21 と 4.22 はダムの形が違うため流線網の完成形，図 4.22（b）は貯水側からの流水側の流量を制御するための矢板を打設した場合の流線網を示している。このように流線網が描けたら，次のようにして透水量を求めることができる。

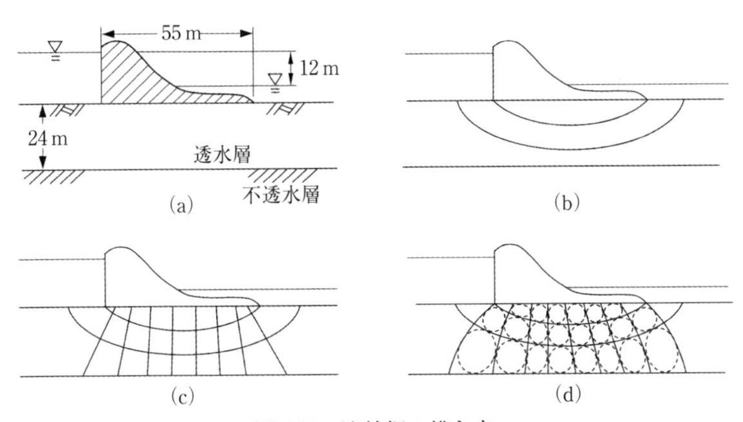

図 4.21　流線網の描き方

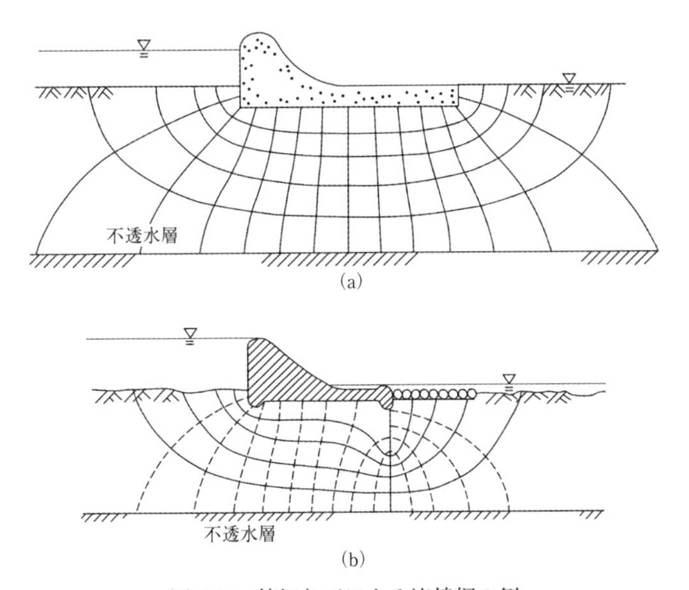

図 4.22　締切り工による流線網の例

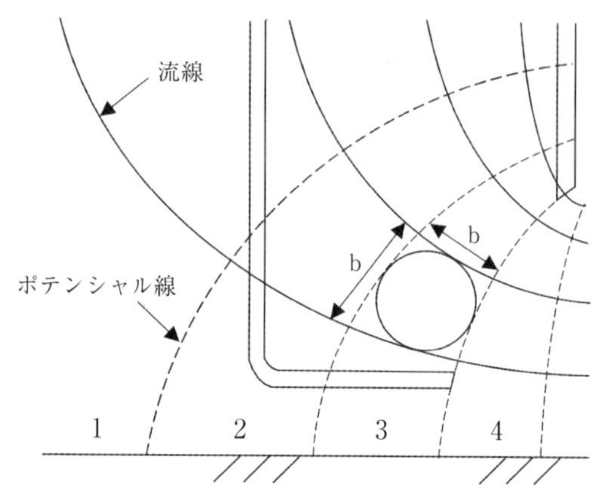

図 4.23　流線網を使った流量の算出方法

いま透水層が流線により N_f 個の層に，また等ポテンシャル線によって N_d 個に分けられたとすれば，上下流の水位差 H は水が N_d 個の四辺形を通過するときに失われる。よって 1 四辺形（各要素）あたりの損失水頭は H/N_d であるから，図 4.23 のように各要素の高さと幅を b とすれば，動水勾配 i は

$$i=\frac{\Delta h/N_d}{b}\left(=\frac{\text{各要素の水頭差}}{\text{各要素の浸透距離}}\right)$$

よって 1 四辺形を通る流量は，単位長さの奥行きについて

$$\Delta q=kiA=k\left(\frac{\Delta h/N_d}{b}\right)\times(b\times 1)=k\left(\frac{\Delta h}{N_d}\right)$$

つまり，流線網によって作図された各要素の一辺の高さと幅は，要素ごとに異なっても上式のように相殺されることがわかる。したがって，透水層全体の流量は

$$q=k\left(\frac{\Delta h}{N_d}\right)\times N_f=k\Delta h\left(\frac{N_f}{N_d}\right) \tag{4.31}$$

このように，流線網による透水量の計算には流線網で分けられる層の数が必要であって，透水層の実際の寸法は必要でない。また等ポテンシャル線は，ダム底面に働く**揚圧力**（uplift）の計算

にも応用できる。例えば，ダム底面の揚圧力 p は，上流側から下流側に向って，１本の等ポテンシャル線を横切る毎に，$\Delta h/N_d$ ずつ全水頭が減少することから決定できる。ベルヌーイの定理を用いて，

$$\frac{p}{\rho_w g}+z+\frac{v^2}{2g}=\Delta h-\frac{N_f\Delta h}{N_d}$$

p は着目点に作用する水圧，z は着目点の基準線からの高さ，N は上流側から着目点までの等ポテンシャル線の数である。左辺第３項 $\left(\frac{v^2}{2g}\right)$ は速度水頭であるが，土中の流速が小さいことから，一般に土質力学では速度水頭は考慮しないため，

$$p=\rho_w g\left(\Delta h-\frac{N_f\Delta h}{N_d}-z\right) \tag{4.32}$$

と表せる。水は流れる方向に向かって，エネルギー失いながら移動していく。つまり，等ポテンシャル線を跨ぐごとに，全水頭差が徐々に小さくなっていくと考えればよい。

【例題 4.6】

図 4.24 に示す砂層の奥行き d = 100 m に対する浸透する水量を求めよ。ただし，透水係数を 1.67×10^{-6}m/s とする。また，A，B，C 3点の揚圧力を求めよ。

(解答例)

式（4.31）において

$$N_f=3,\quad N_d=10$$

全水頭差（Δh）は 12m であるから

$$q=k\Delta h\left(\frac{N_f}{N_d}\right)=1.67\times10^{-6}\times12\times\frac{3}{10}\times100=6.0\times10^{-4}\mathrm{m^3/s}$$

つぎに揚圧力を求める。

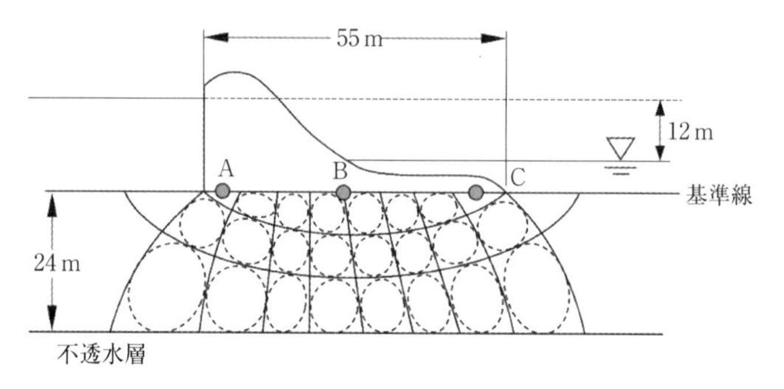

図 4.24　例題 4.6 に関する流線網

基準線上の A 点，B 点，C 点（z=0）は，それぞれ 1 つ目，5 つ目，8 つ目の等ポテンシャル線を通過している。またA点とC点は，各ポテンシャル線の中間点に存在している。重力加速度(g)を 9.81 m/s^2，水の密度を 1.0 Mg/m^3 とすると，式（4.32）より，

A 点　$p_A = 9.81 \times 1 \times (10 - 1.5) \times 12/10 = 100.1\mathrm{kN/m^2}$

B 点　$p_B = 9.81 \times 1 \times (10 - 5) \times 12/10 = 58.9\mathrm{kN/m^2}$

C 点　$p_C = 9.81 \times 1 \times (10 - 8.5) \times 12/10 = 17.7\mathrm{kN/m^2}$

となる。

4.11　クイックサンド

図 4.25（a）のような装置により，砂の底部に加わる水頭を次第に増加すると，図 4.25（b）に示すように動水勾配がある大きさになって砂は噴き出し，流出量は急激に増大する。この現象を**クイックサンド**（quick sand）[17)]または**噴砂**（boiling）[18)] という。

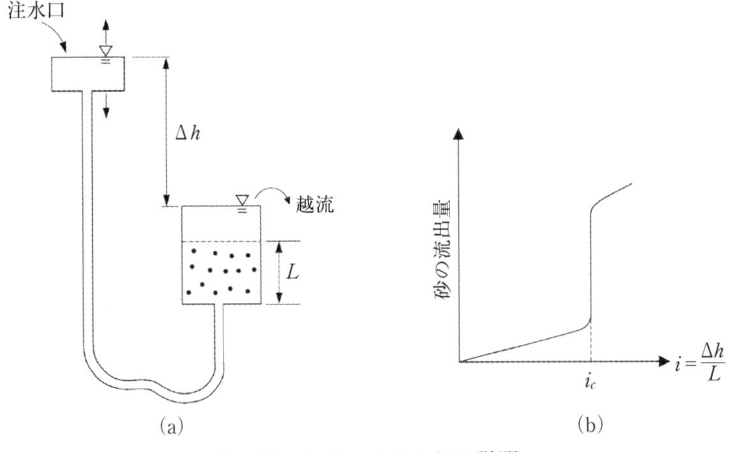

図 4.25　クイックサンドの説明

実際的な例として図 4.26 のような矢板の先端の深さにおいて，土粒子が流れによって受ける浸透圧力は次式で表される。

$$p_s = \frac{\gamma_w H}{2}$$

ここに，p_s：浸透圧力，H：矢板の前後の水頭の差である。

一方，砂の水中の垂直圧は矢板の根入り深さ d において単位面積当り

$$\gamma' d = (\gamma_{\text{sat}} - \gamma_w)\, d = \left(\frac{G_s + e}{1+e}\gamma_w - \gamma_w\right) d \tag{4.33}$$

であるから，鉛直方向の力の釣合いが破れクイックサンドが起きる条件は，矢板先端において

$$\frac{1}{2}\gamma_w H \geqq \gamma' d = \frac{G_s - 1}{1+e}\gamma_w d \tag{4.34}$$

$$\frac{H}{d} \geqq \frac{2(G_s - 1)}{1+e} = i_c \tag{4.35}$$

ここに, i_c：**限界動水勾配**（critical hydraulic gradient）である。式 (4.35) で分かるように水頭差（H）が大きく, 矢板の根入れ（d）が浅く，砂粒子の比重（Gs）が小さく，間隙比（e）が大きいほどクイックサンドは起きやすい。実際の安定計算では，矢板から

$d/2$の幅について，有効重量$W'=\frac{1}{2}dh_a\gamma'$と揚圧力$U=\frac{1}{2}dh_a\gamma_w$の大きさを比べ安全率として求める。

$$F_s=\frac{i_c}{i}=\left(\frac{\frac{G_s-1}{1+e}}{\frac{H}{d}}\right) \tag{4.36}$$

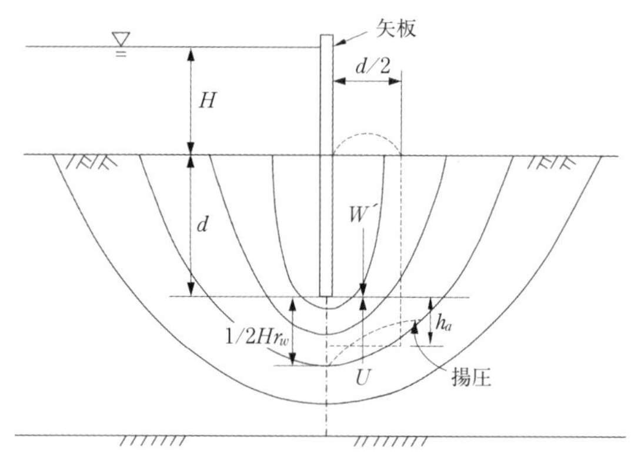

図 4.26　限界動水勾配における矢板によって仕切られた地盤中の浸透流の流線

クイックサンドが起きると，図 4.27 に示すように砂層中に砂の流れがパイプ式に進行する。これを**パイピング**（piping）といい，この現象を防ぐためには，最小限度として大きな安全率$(F_s)=8\sim12$が必要とされる。

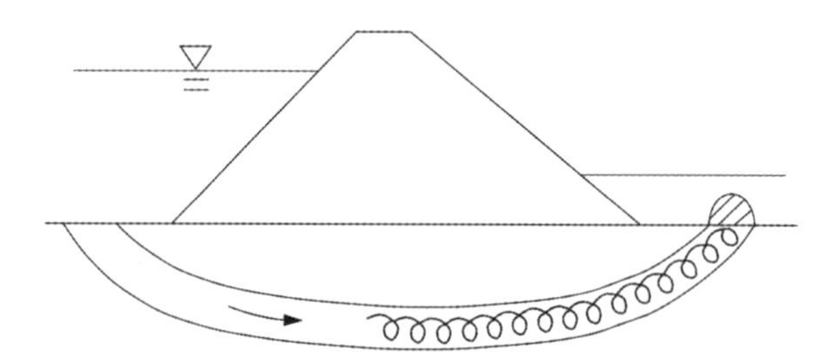

図 4.27　堤体下部で発生するパイピングの模式図

豪雨によって急激に河川の水位が上昇し，堤内地側にパイピング現象の痕跡が見られることがある[19), 20)]。このような現象の数値シミュレーションが可能となってきており[21), 22), 23)]，今後クイックサンドやパイピングの力学モデルの体系化が進むことが期待される。

【例題 4.7】

砂の粒子の比重が 2.66，ゆるい状態での間隙率 45%，密な状態での間隙率が 37% であるとき，この砂の限界動水勾配を求めよ。

（解答例）

ゆるい状態と密な状態の間隙比はそれぞれ

$$e_{max} = \frac{\dfrac{n}{100}}{1 - \dfrac{n}{100}} = \frac{0.45}{0.55} = 0.82$$

$$e_{min} = \frac{0.37}{0.63} = 0.59$$

よって，それぞれの状態に対し限界動水勾配は式（4.36）により，

$$i_c = \frac{2(G_s - 1)}{1 + e} = \frac{2(2.66 - 1)}{1.82} = 1.82$$

および

$$i_c = \frac{2 \times 1.66}{1.59} = 2.09$$

演習問題

【問題 4.1】

右図において砂がボイリングを起こすときの h の値を求めよ。ただし，砂の比重は2.65，間隙比は 0.65，水の単位体積重量は 9.8 kN/m³ である。

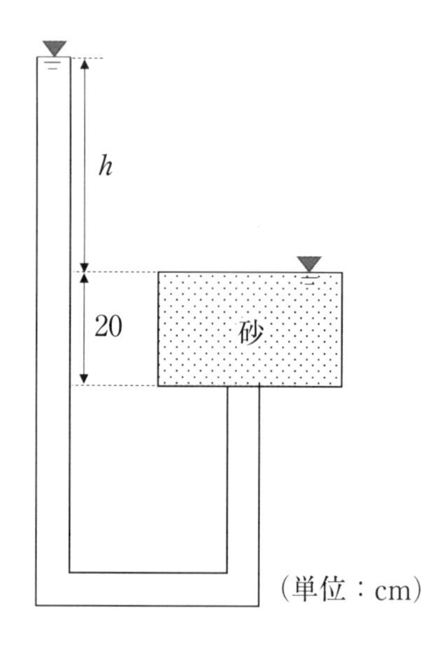

【問題 4.2】

有効径 0.075mm，間隙比 0.67 の砂層中の毛管上昇高さを計算せよ。

【問題 4.3】

下図において，全水頭，圧力水頭，位置水頭の分布を示し，実流速を求めよ。

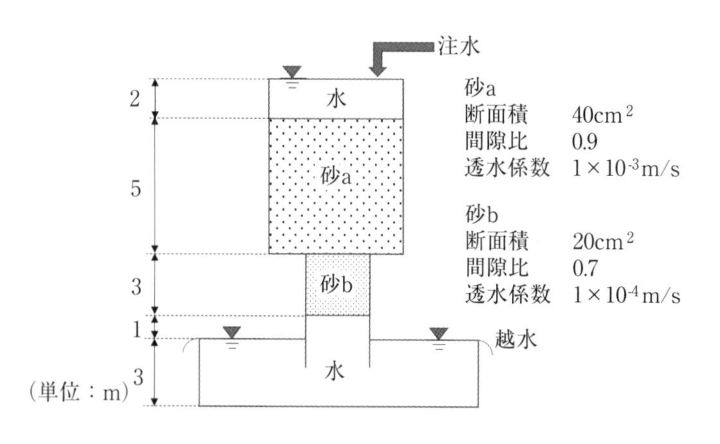

引用文献

1）ダニエル・ヒレル著／岩田進午・内嶋善兵衛監訳，環境土壌物理学，8章土壌水の含有量とポテンシャル，（2006）.
2）ダニエル・ヒレル著／岩田進午・内嶋善兵衛監訳，環境土壌物理学，6章土壌水の含有量とポテンシャル，（2006）.
3）（公社）地盤工学会，地盤材料試験の方法と解説—二分冊の1，第7章土の保水性試験，2009.
4）Alfred H. Ellison, R. B. Klemm, Anthony Max Schwartz, L. S. Grubb, and Donald A., Contact angles of mercury on various surfaces and the effect of temperature, Petrash Journal of Chemical & Engineering Data 1967 12（4）, pp. 607-609, DOI: 10.1021/je60035a037
5）山岸 一郎，荒舘 博，平尾 芳樹，X線コンピュータ断層法（XCT），BME，3巻，2号，pp. 6-12，1989.
6）肥後陽介・高野大樹・椋木俊文：X線CTから見る土質力学，2.X線CTの概要と研究動向，地盤工学会誌，Vol.65，No.10，pp.41~48，2017.
7）Darcy, H.（1856）. Les fontaines publiques de la ville de Dijon. Paris: Dalmont.
8）禰津家久，冨永晃宏『水理学』第9章「層流と乱流」朝倉書店，2000.
9）（公社）地盤工学会，地盤材料試験の方法と解説—二分冊の1，第6編　透水試験・圧密試験，JGS 0311-2009.
10）Hazen, A.（1917）, “Volume II State Sanitation: A Review of the Work of the Massachusetts State Board of Health, Volume II”, Harvard University Press, pp.232-248.
11）地盤工学会（編），土質試験 基本と手引き，第11章 土の透水試験 2010.
12）地盤工学会不飽和地盤の挙動と評価編集委員会，不飽和地盤の挙動と評価，地盤工学会，2005.

13) 田中，勉，景山，敏一，浸透流問題における各種数値解析法とフローネット法，神戸大学農学部研究報告，21巻2号，pp. 157-169，1995.

14) 松浦 武信／高橋 宣明／吉田 正広／小島 紀男，物理・工学のためのラプラス方程式の解法，1997.

15) Forchheimer, P., Wasserbewegung durch Boden, Z. Ver. Deutsch. Ing. 45, pp. 1782-1788, 1901.

16) Whitaker, S. The Forchheimer equation: a theoretical development. Transport in Porous media, 25(1), pp. 27-61, 1996.

17) 半沢 秀郎，Undrained Strength and Stability Analysis for a Quick Sand, 土質工学会論文報告集，20巻，2号，pp. 17-29, 1980.

18) 西 尾 邦 彦，ボイリング現象のメカニズムに関する研究，日本林学会誌，60巻，9号，pp. 327-333，1978.

19) 岡村 未対，堤体表面形状変化に基づく河川堤防のパイピング進行度評価，AI・データサイエンス論文集，1巻，J1号，pp. 429-436，2020.

20) 西村柾哉，前田健一，櫛山総平，泉典洋，& 齊藤啓. (2017). 異なる基礎地盤特性の堤防の噴砂動態・パイピング挙動と漏水対策型水防工法の効果，河川技術論文集，第23巻，pp. 381-386，2017.

21) 田端 幸輔，福岡 捷二，準二次元非定常浸透流解析に基づいたパイピングによる堤防破壊危険度の評価法，土木学会論文集B1（水工学），2017，73巻，4号，pp. I_1327-I_1332

22) 藤澤 和謙，村上 章，西村 伸一，土の内部で生じる土粒子侵食の解析手法，農業農村工学会論文集，77巻，2号，pp. 191-199，2009.

23) 藤澤和謙；村上章；西村伸一. 侵食速度を用いた土粒子流亡によるパイピングの進展解析. 応用力学論文集，2009，12：pp. 395-403.

第5章　土の圧密

5.1　はじめに

土が内部の間隙水を徐々に排出しながら時間をかけて圧縮していく現象を**圧密**（consolidation）と呼ぶ。本章では，飽和状態を想定した土の圧密過程を測定する**圧密試験**（consolidation test）の概要を説明し，圧密沈下量などを計算するのに必要な地盤定数を解説する。さらに，**圧密沈下**（consolidation settlement）が時間とともに増加していく現象を土の**圧密理論**（consolidation theory）を通して理解し，圧密沈下量の計算方法を学ぶ。

5.2　土中の有効応力

図5.1のように容器の中に土を入れ，これに深さhだけ水を入れた場合，土の表面から深さdのAB面に働く全垂直応力（全応力）σは，水の単位体積重量と土の飽和単位体積重量をそれぞれをγ_wとγ_{sat}とすると，以下の式になる。

$$\sigma = \gamma_w \cdot h + \gamma_{sat} \cdot d \tag{5.1}$$

しかし，土の代わりに大きな鉄の粒子と水を用いた場合を考えてみるとわかるように，土を圧縮するのは水の重量には関係がなく，土粒子間に働く圧力であるため，全応力は図5.2のように2つの圧力に分けて考えることができる。

$$\sigma = \sigma' + u_w \tag{5.2}$$

ここにu_wは水の重量による圧力で水圧，σ'は土粒子間に働く圧力で**有効応力**（effective stress）という。有効応力σ'は，次式のように**全応力**（total stress）から水の重量による水圧u_wを差し引いたものである。

$$\sigma' = \sigma - u_w = \gamma_w \cdot h + \gamma_{sat} \cdot d - \gamma_w (h + d) = (\gamma_{sat} - \gamma_w) d \tag{5.3}$$

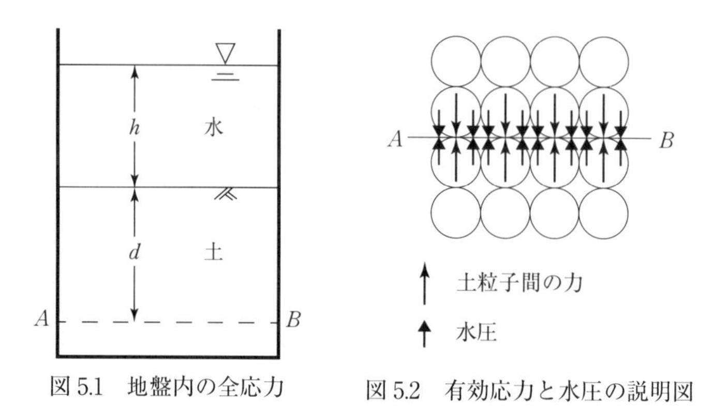

図 5.1　地盤内の全応力　　図 5.2　有効応力と水圧の説明図

【例題 5.1】

図 5.3 に示す 3 種類の実験を行う。それぞれの条件において砂層内の AB 面における有効応力を求めよ。ただし，砂の飽和単位体積重量γ_{sat}を 19kN/m^3，透水係数 k を 10^{-5}m/s, 容器の断面積を 3cm^2 とする。水の単位体積重量γ_wを 9.8kN/m^3 とする。

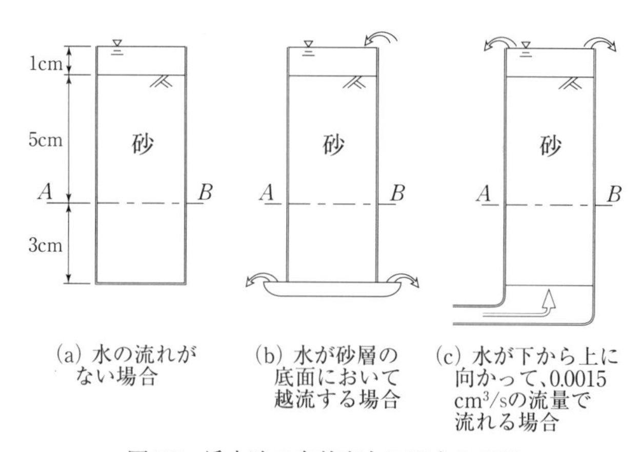

図 5.3　透水時の有効応力に関する例題

(解答例)

(a) AB 面での全応力は (9.8 × 0.01) + (19 × 0.05) =1.048kN/m^2 であるから，これから間隙水圧 9.8 × 0.06=0.588kN/m^2 を差し引いて 0.460kN/m^2 を得る（図 5.4 (a)）。

(b) この条件では，砂層の上面から下面に向かって浸透流が発生している。砂層の上面の水圧が 9.8 × 0.01=0.098kN/m^2 であり，砂層の下面は自由水面となるので水圧は 0 となる。AB 面の水圧は，砂層上面の水圧（9.8 × 0.01=0.098kN/m^2）と砂層下面の水圧（0kN/m^2）を線形補間した値となる。つまり，砂層の上面から 5cm（下面から 3cm）の位置にあるので，AB 面の水圧は 0.098kN/m^2 × 3/(5+3)=0.037kN/m^2 となる。したがって，その面の有効応力は AB 面での全応力から水圧を引いて、1.048 − 0.037=1.011kN/m^2 となる（図 5.4（b））。

(c) 動水勾配を i とすると，ダルシ―の法則より流速 $v=k \times i$ となり，流量 $q=A \times v$ であるので

$$0.0015[\mathrm{cm^3/s}]=3[\mathrm{cm^2}]\times 10^{-5}[\mathrm{m/s}=10^{2}\mathrm{cm/s}]\times i$$

したがって，i=0.5 となる。さらに，砂層の上下面の水頭差 H は $i \times L$=0.5×8=4.0cm となる。

なお，この例題は有効応力の理解のために設けたものであり，透水がある条件での有効応力の計算には注意が必要である。詳しくは第 4 章「土中の水理」を参照するとよい。この場合には，砂層の下面から上面に向かって浸透流が発生している。したがって，砂層の下面には浸透流を発生させる水圧が発生しており，その水圧の大きさは砂層の上面の全水頭（＝位置水頭＋圧力水頭＝8cm ＋1cm）＋砂層上下面の水頭差 4cm に相当する。つまり，砂層下面の水圧は 9.8 ×(0.08＋0.01＋0.04)=1.274kN/m^2 となる。ここで AB 面の水圧は，砂層上面の水圧（9.8×0.01=0.098kN/m^2）と砂層下面の水圧(1.274kN/m^2)を線形補間した値となる。つまり，9.8 ×0.01＋(1.274－0.098)×5/8=0.833kN/m^2 となり，AB 面における有効応力は 1.048－0.833=0.215kN/m^2 となる（図 5.4（c））。

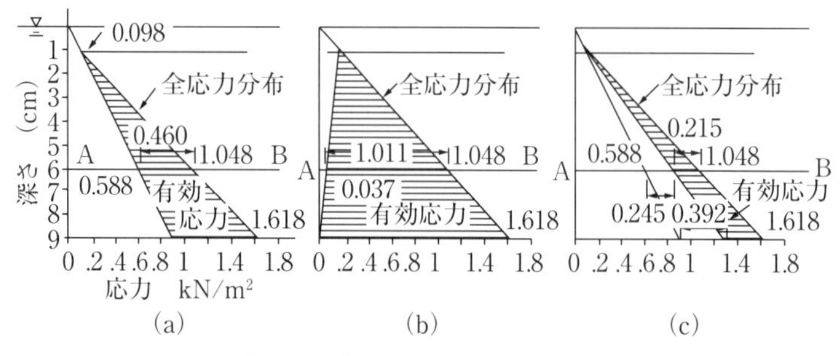

図 5.4　全応力，有効応力および水圧の鉛直分布

5.3　土の圧密試験

5.3.1　実験装置と試験結果の一例

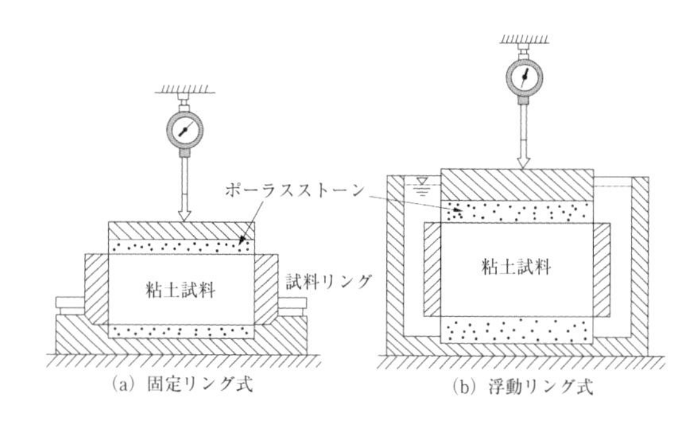

図 5.5　圧密試験装置

圧密試験は，図 5.5 に示すような圧密試験装置に，円板状の供試体を円筒状の容器に収め，これに**圧密圧力** p (consolidation pressure) を加えて経過時間と沈下量の関係を調べるものである。荷重の与え方によって段階載荷型と連続載荷型に分類され，それぞれの代表的なものに「土の段階載荷による圧密試験方法（JIS A 1217:2009)」と「土の定ひずみ速度載荷による圧密試験方法（JIS A 1227:2009)」がある。表 5.1 と図 5.6 には，土の段階載荷による圧密試験方法で得られた圧密試験結果の一例（土質試験基本と手引き[1]より）を示す。

表 5.1　圧密試験結果 [1)]

時間 t (min)	$\sqrt{t}$ (min)	圧密圧力 p (kN/m^2)							
		9.8	19.6	39.2	78.5	157	314	628	1256
0	0.00	0.046	0.096	0.177	0.343	0.774	1.852	3.456	4.995
6s	0.32	0.058	0.125	0.230	0.463	0.900	2.000	3.600	5.200
9	0.39	0.061	0.127	0.238	0.480	0.920	2.040	3.630	5.220
12	0.45	0.064	0.130	0.243	0.490	0.945	2.070	3.660	5.270
18	0.55	0.067	0.132	0.253	0.510	0.970	2.110	3.700	5.320
30	0.71	0.069	0.136	0.263	0.532	1.020	2.188	3.767	5.408
42	0.84	0.072	0.138	0.270	0.547	1.055	2.250	3.820	5.470
1min	1.00	0.075	0.141	0.278	0.565	1.100	2.309	3.885	5.557
1.5	1.22	0.077	0.143	0.286	0.582	1.154	2.400	3.969	5.659
2	1.41	0.078	0.146	0.290	0.593	1.194	2.473	4.033	5.736
3	1.73	0.079	0.148	0.295	0.607	1.250	2.579	4.127	5.840
5	2.24	0.081	0.152	0.300	0.625	1.320	2.730	4.250	5.960
7	2.65	0.082	0.153	0.303	0.635	1.350	2.780	4.300	6.030
10	3.16	0.083	0.155	0.305	0.641	1.400	2.850	4.370	6.100
15	3.87	0.084	0.157	0.308	0.650	1.440	2.930	4.420	6.150
20	4.47	0.085	0.159	0.311	0.658	1.472	2.994	4.502	6.196
30	5.48	0.086	0.160	0.315	0.668	1.513	3.053	4.564	6.250
40	6.32	0.087	0.162	0.317	0.675	1.540	3.091	4.605	6.287
1h	7.75	0.088	0.163	0.320	0.685	1.580	3.140	4.660	6.336
1.5	9.49	0.089	0.165	0.322	0.696	1.620	3.186	4.714	6.381
2	11.0	0.091	0.167	0.325	0.703	1.647	3.217	4.749	6.413
3	13.4	0.092	0.170	0.331	0.712	1.681	3.260	4.829	6.483
6	19.0	0.094	0.172	0.334	0.734	1.745	3.330	4.872	6.521
12	26.8	0.096	0.175	0.338	0.755	1.801	3.396	4.938	6.529
24	37.9	0.096	0.177	0.343	0.774	1.852	3.456	4.995	6.535

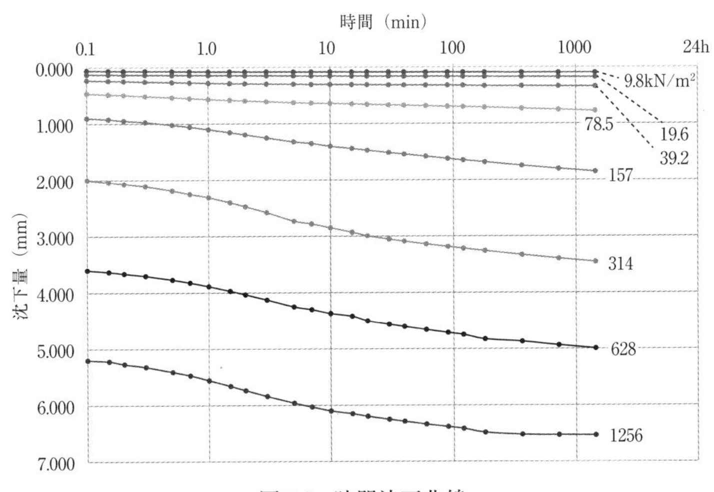

図 5.6　時間沈下曲線

圧密試験のデータは表5.2に示すように整理したのち，圧密沈下量の計算に必要な地盤定数を求める。

表5.2　圧密試験データの解析

試験データの整理	得られる数値
間隙比 e と圧密圧力 p e-log$p$ 曲線	圧密降伏応力 p_c 地中の間隙比 e 圧縮指数 C_c
時間 - 沈下曲線 d-$\sqrt{t}$ 曲線または d-log$t$ 曲線	圧密係数と平均圧密圧力（c_v と $\bar{p}$） 体積圧縮係数と平均圧密圧力（m_v と $\bar{p}$） 一次圧密比と平均圧密圧力（r と $\bar{p}$） 透水係数と平均圧密圧力（k と $\bar{p}$）

5.3.2　最終沈下量の計算

土の圧密挙動において間隙比（土粒子の体積を1とした時の水と空気の体積を合わせた間隙の体積比）は重要な指標であり，各圧密圧力における最終間隙比を以下の式により求める。

$$e=\frac{H-H_s}{H_s}=\frac{H}{H_s}-1 \tag{5.4}$$

ここに，e：間隙比，H：各圧密圧力 p における供試体の最終厚さ（$=2D$：圧密試験装置の排水距離を D とした場合）である。

H_s は供試体の固体部分の厚さであり，以下の式により求める。

$$H_s=\frac{m_s}{G_s \cdot A \cdot \rho_w} \tag{5.5}$$

ここに，G_s：土粒子の比重，A：供試体の断面積，ρ_w：水の密度，m_s：供試体の乾燥質量である。

m_s は，圧密試験が終ってから次式で計算する。

$$m_s=\frac{m}{1+w/100} \tag{5.6}$$

ここに，m：試験終了時の供試体の湿潤質量，w：含水比（%）である。

圧密試験から得られた圧密圧力 p と間隙比 e の関係を両算術目盛のグラフにすると，通常図5.7のようになる。この曲線の傾きは次式で表される。

$$a_v = \frac{e_1 - e_2}{p_2 - p_1} = \frac{\Delta e}{\Delta p} \tag{5.7}$$

ここに，a_v：圧縮係数（m^2/kNなど，面積／力），e_1とe_2：それぞれ圧密開始時と終了時の間隙比，p_1とp_2：それぞれ圧密開始時と終了時の圧密圧力である。

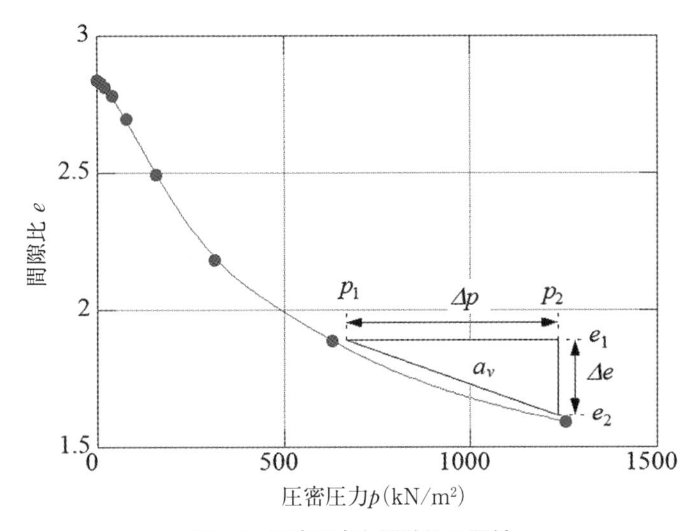

図5-7　圧密圧力と間隙比の関係

次に圧密圧力の増加に対する体積減少の割合は，間隙比eと圧縮係数a_vを用いて表すことができる。（図5.7）。

$$m_v = \frac{\Delta V/V}{\Delta p} = \frac{\Delta V_v}{V\Delta p} = \frac{e_1 - e_2}{1 + e_1}\frac{1}{p_2 - p_1} = \frac{a_v}{1 + e_1} \tag{5.8}$$

ここに，m_v：**体積圧縮係数**（m^2/kNなど，面積／力）（coefficient of volume compressibility），V：供試体の初期体積（m^3など），ΔV：供試体の体積変化量（m^3など），ΔV_v：供試体中の間隙の体積変化量（m^3など），Δp：圧密圧力の変化量（kN/m^2など）$= \Delta p'$である。

ここで一次元的な圧密挙動を仮定すると，供試体の体積変化は供試体の高さの変化となり，以下の式で表される。

$$m_v = \frac{\Delta H/H}{\Delta p} = \frac{1}{H}\frac{\Delta H}{\Delta p} \tag{5.9}$$

ここに，H：供試体の高さ（m など），ΔH：供試体の高さの変化量（m など）である。

$$\Delta H = m_v \cdot \Delta p \cdot H = \frac{a_v}{1+e_1} \cdot \Delta p \cdot H \tag{5.10}$$

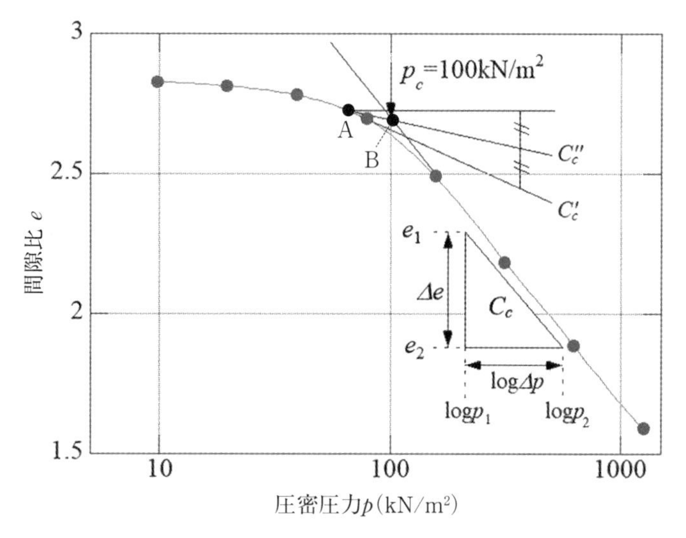

図 5.8　片対数軸による圧密圧力と間隙比の e-logp 曲線
（図 5-7 と同じデータ）

通常，圧密圧力と間隙比の関係は，図 5.8 のように圧密圧力を対数軸で表示して取りまとめる。これは e-log$p$ 曲線が正規圧密領域において直線関係を示すためである。

e-log$p$ 曲線の直線部分の傾きは図 5.8 のように以下の式で計算される。

$$C_c = \frac{e_1 - e_2}{\log p_2 - \log p_1} = \frac{e_1 - e_2}{\log(p_2/p_1)} \tag{5.11}$$

ここに，C_c：**圧縮指数**（無次元）(compression index) である。

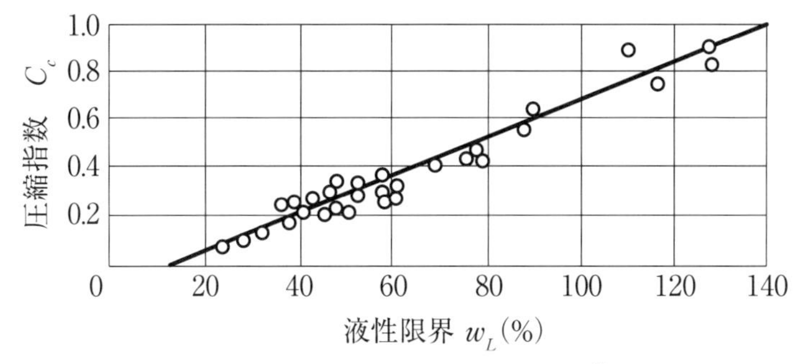

図 5.9　液性限界と圧縮指数の関係[2)]

圧縮指数 C_c は，スケンプトン（Skempton, 1944 年）により示される次式を用いて経験的に推定することができる（図 5.9）。

乱さない試料　$C_c = 0.009(w_L - 10)$　　(5.12)

乱した試料　$C'_c = 0.77C_c = 0.007(w_L - 10)$　　(5.13)

ここに，w_L：液性限界（%）である。

この式は実験とよく合うことが認められているが，地域によって定数に若干の相違がある。

式（5.11）で示す圧縮指数 C_c と式（5.7）に示す圧縮係数 a_v および式（5.9）に示す体積圧縮係数 m_v の関係を考えると，正規圧密領域における最終沈下量 S_f は，以下の式で計算できる。

$$e_1 - e_2 = C_c \log(p_2/p_1)$$

$$a_v = \frac{e_1 - e_2}{p_2 - p_1} = \frac{C_c}{p_2 - p_1} \log(p_2/p_1)$$

$$m_v = \frac{a_v}{1 + e_1} = \frac{C_c}{(p_2 - p_1)(1 + e_1)} \log(p_2/p_1)$$

$$S_f = \frac{e_1 - e_2}{1 + e_1} \cdot H = m_v \cdot \Delta p \cdot H = \frac{a_v}{1 + e_1} \cdot \Delta p \cdot H = \frac{C_c}{1 + e_1} \cdot \log(p_2/p_1) \cdot H$$

(5.14)

【例題 5.2】

粘土層の厚さが 3m，間隙比が 1.4，液性限界が 60%，粘土層上の載荷圧力が 100kN/m^2 から 152kN/m^2 に増えるときの最終沈下量を求めよ。

(解答例)

式（5.12）により，$C_c = 0.009 \cdot (60-10) = 0.45$

よって，最終沈下量は式（5.14）により以下になる。

$$S_f = \frac{0.45}{1+1.4} \times \log\left(\frac{152}{100}\right) \times 3 = 0.102\text{m} = 10.2\text{cm}$$

5.3.3　圧密降伏応力

e-log$p$ 曲線を用いて，供試体が土中で受けていた圧密圧力，すなわち**圧密降伏応力** p_c（consolidation yield stress）を次のような図式解法によって求める。

図 5.8 のように圧縮指数 C_c の値を用いて，$C_c' = 0.1+0.25C_c$ なる勾配を持つ直線と圧縮曲線の接点 A を決定する。この点 A を通って $C_c''=C_c'/2$ なる勾配をもつ直線と圧縮曲線の正規圧密領域の最急勾配部の延長線との交点 B の横座標を圧密降伏応力とするものである。この方法は三笠法と呼ばれ，別法としてキャサグランデ（Casagrande）法がある。p_c の大きさは，過去に受けた荷重，過去に受けた乾燥の程度や**年代効果**（aging）の作用の程度によっても異なる。

現在の土被りから計算される地中で粘土が受けている圧力を**先行圧密圧力**（pre-consolidation pressure）といい p_0 で表す。

圧密降伏応力 p_c と先行圧密圧力 p_0 と比較して，$p_0=p_c$ の場合は**正規圧密**（normal consolidation）状態と呼び，$p_0<p_c$ の場合は**過圧密**（over-consolidated state）状態と呼ぶ。また，これら二つの状態の粘土をそれぞれ**正規圧密粘土**（normally consolidated clay）と**過圧密粘土**（overconsolidated clay）と呼ぶ。この過圧密の程度を p_c/p_0 の値で表し，**過圧密比** OCR（overconsolidation

ratio）という。一般的に過圧密粘土は，正規圧密粘土と比べて密であり，せん断強さも大きい。また，正規圧密状態において，圧密に寄与する応力は，荷重により増加した応力から p_c の値を差し引いた応力となる。

5.3.4　構造物直下および複数層の圧密沈下量

圧密沈下量の計算は，最終沈下量を求める行程と，経過時間と沈下量の関係を求める行程とがある。いずれの場合でも，圧密層の載荷前後における有効応力の変化を求めることが必要である。特に過圧密粘土のように，荷重によって弾性的な沈下を起こす場合には，以下で述べる圧密沈下量に第8章で述べる弾性沈下量を加える必要がある。

(1) 構造物直下における圧密圧力の考え方

粘土層中の圧密圧力は，圧密を生じる粘土層の中央で考えることが一般に行われる。圧密前後の圧密圧力（有効応力）は次のとおりである。

(a) 圧密粘土層の上にある土被りによる有効応力 p_1 と

(b) 地盤上に築造される構造物によって生じる有効応力の増分量 Δp を計算し，$p_2 = p_1 + \Delta p$ を算出する。有効応力の増分 Δp は，理論的には第8章で述べるブシネスク（Boussinesq）の式やウエスタガード（Westergaard）の式などによって求めるが，略算法として図5.10に示す2：1分布法も用いられる。2：1分布法によれば載荷重の強さを p とすると，地表面から z の深さにおける有効応力の増分 Δp は，以下となる。

$$\Delta p = p(BL)/\left[(B+Z)(L+Z)\right] = p/(1+Z/B)(1+Z/L) \tag{5.15}$$

しかし，第8章を学習した後では，理論式による増加応力の計算を行うことが望ましい。本章の例題では2：1分布法を用いる。

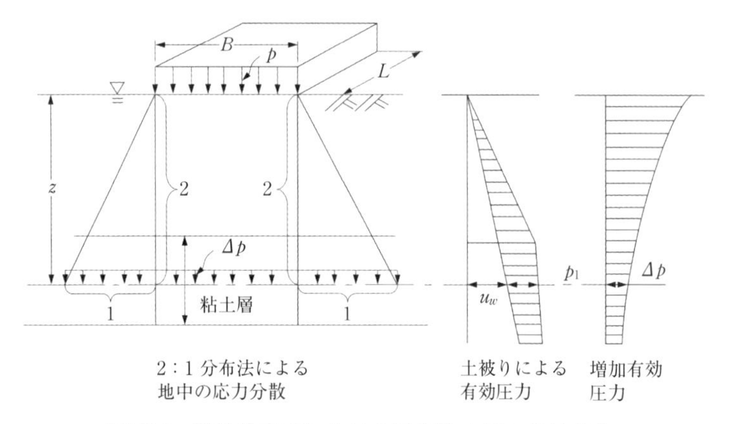

図 5.10　構造物直下における圧密粘土層の有効応力

(2) 複数層で構成される場合の最終沈下量

粘土層が複数の n 層に分かれている場合は，式（5.14）に含まれる Δp_i と m_{vi} などを各層に分けて決定し，各層の圧密沈下量 S_{fi} を次式によって求める。H_i は i 番目の圧密粘土層の厚さである。

$$S_{fi}=\frac{e_{i1}-e_{i2}}{1+e_{i1}}\cdot H_i=m_{vi}\cdot\Delta p_i\cdot H_i=\frac{a_{vi}}{1+e_{i1}}\cdot\Delta p_i\cdot H_i$$
$$=\frac{C_{ci}}{1+e_{i1}}\cdot\log(p_{i2}/p_{i1})\cdot H_i \tag{5.16}$$

すなわち，各層毎に沈下量 S_f, S_{f2}, S_{f3}, …，S_{fn} を計算すれば，全沈下量 S はそれらの和として求められる。

$$S=S_{f1}+S_{f2}+\cdots+S_{fn} \tag{5.17}$$

【例題 5.3】

図 5.11 に示すような載荷重による地盤の最終沈下量を計算せよ。なお，載荷重の奥行は 2m であり，地盤は基礎底面まで飽和状態にあるものとし，粘土の圧縮指数を 0.45 とする。

(解答例)

載荷前の粘土層の中央高さにおける有効応力は

$$p_1=(16\times1+20\times2+14\times1)-(9.8\times3)=40.6\text{kN/m}^2$$

次に載荷による増加圧力は式（5.15）と根切りによる荷重の軽減を考え

$$\Delta p=\frac{100-16\times 1}{(1+3/2)^2}=13.4\mathrm{kN/m^2}$$

$$p_2=p_1+\Delta p=40.6+13.4=54.0\mathrm{kN/m^2}$$

よって，正規圧密状態における最終沈下量は式（5.14）により

$$S_f=\frac{0.45}{(1+1.0)}\log\left(\frac{54.0}{40.6}\right)\times 2=0.055\mathrm{m}=5.5\mathrm{cm}$$

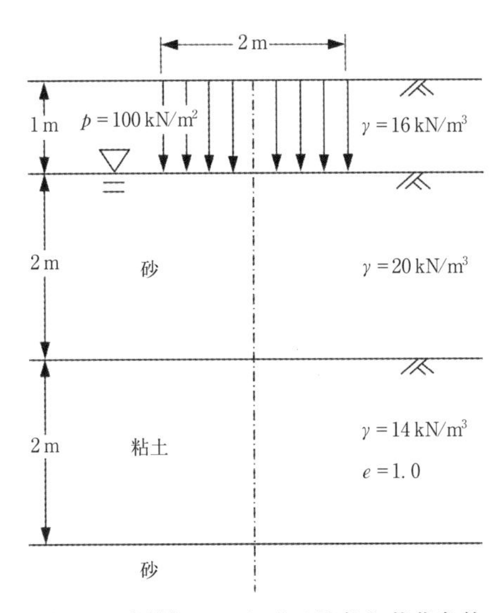

図5.11　例題5.3における地盤と載荷条件

5.4　土の圧密理論

5.4.1　圧密現象のモデルと仮定

圧密とは，飽和した粘土が有効応力の増加により水を徐々に排出しながら圧縮する現象をいい，経過時間とともに沈下量が変化する非定常の問題である。

テルツァギー（Terzaghi，1923 年）は圧密現象を説明するため図 5.12 のようなモデルを考えた。このモデルでは，土粒子による土の骨組をスプリング，土中の間隙水をシリンダー中の水，載荷重を錘と考える。

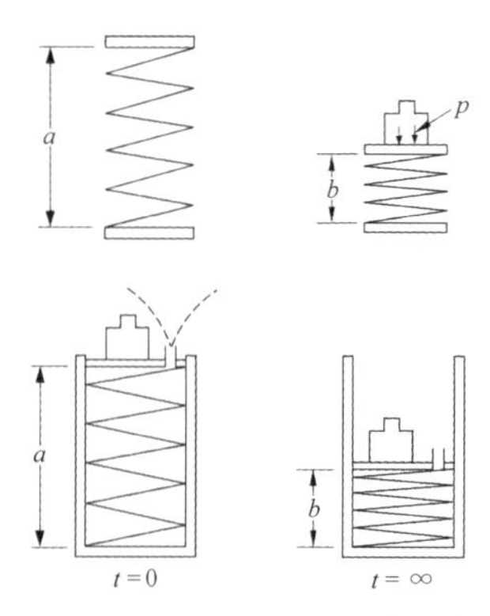

図 5.12　テルツァギーによる圧密現象の模型化

いま，シリンダーの内部は水で満たされているものとし，上部に p なる圧力が加わると，内部の水は小穴を通じて外部に排出される。そのとき，圧力 p により生じるシリンダー内の水圧の大きさとその時間的な減少割合は，小穴の大きさによって変化する。これは実際の土において透水係数に相当するものである。

上部に圧力 p が加わった瞬間にはスプリングは変形することなく，シリンダー中の水には $\Delta u=p$ となる水圧が生じる。この静水圧より大きい水圧増加量を過剰水圧といい，テルツァギーによって初めて与えられた重要な考え方である。この過剰水圧は，**過剰間隙水圧**（excess pore water pressure）と呼ばれる。ついでシリンダー中の水分が排水されるに従いスプリングの変形が起こり，圧力pの一部を有効応力としてスプリングが支持することになり，過剰間隙水圧はその分だけ減少する。最後に過剰間隙水圧は0になり，スプリングは圧力pの全量を有効応力として負担することになる。その状態は図5.13に示すように，粘土層の水の排出が終り，圧密が完了したときに相当する。

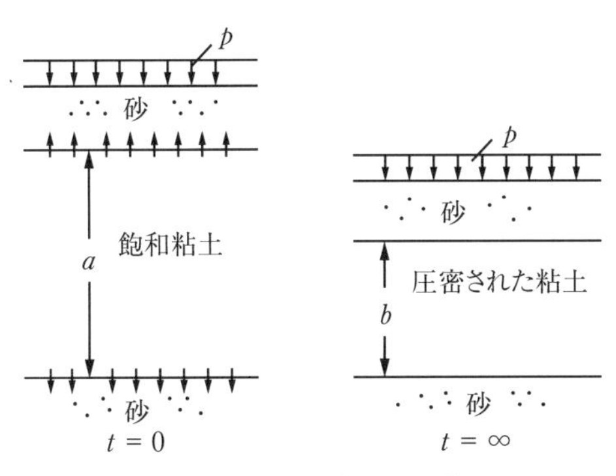

図5.13　圧密前後の状態

テルツァギーによる圧密理論では，次の仮定を行っている。

(a) 土は均一である。

(b) 土の間隙は水で完全に飽和されている。

(c) 土粒子および水の圧縮量は無視できる。

(d) 土中の水の排出は一次元的に行われ，かつダルシーの法則が成り立つ。

(e) 土の圧縮も一次元的である。

(f) 透水係数は圧力の大きさに関係なく一定である。

(g) 小さい供試体で示される土の性質は，実際の地盤の性質と同じである。

(h) 圧密圧力と間隙比は，微小変形の範囲で直線関係にある。

5.4.2　圧密方程式

圧密の最終沈下量のみを計算するには5.3の知識で足りるが，

圧密量の時間的な関係を調べるには，粘土層中の過剰間隙水圧の時間的変化を解析することが必要になる。

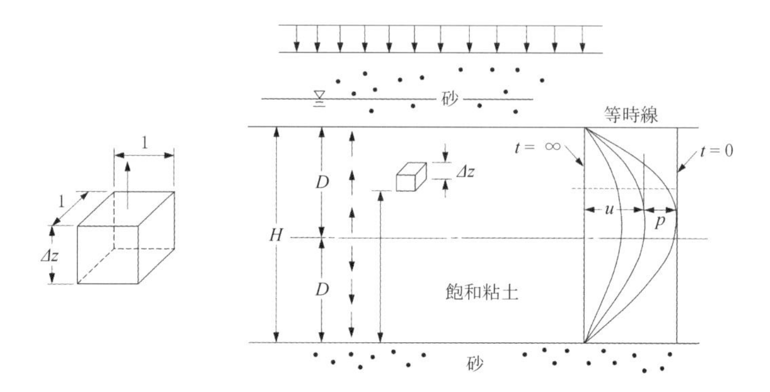

図 5.14　圧密の進行による間隙水圧と有効応力の相対的な割合の変化

ここでは圧密現象の時間的な変化を表現する圧密方程式を 1）質量保存則，2）間隙水と土骨格の構成式，3）力のつり合い式から導出する。

(1) 質量保存則

図 5.14 に示すような断面積 A で厚さ Δz の土要素の一次元的な圧密を考える。土要素の下面における間隙水の流速を v とすると，土要素の上面における間隙水の流速は（$v+\partial v/\partial z \Delta z$）と表せるので，$\Delta t$ の間に土要素から流出する間隙水の流量 ΔV_w は以下のようになる。

$$\Delta V_w = \left(v + \frac{\partial v}{\partial z}\Delta z\right)A\Delta t - vA\Delta t = \frac{\partial v}{\partial z}\Delta z \cdot A \cdot \Delta t$$

また，Δt の間に土要素の初期体積（$V=A\cdot\Delta z$）が ΔV だけ変化し，体積ひずみ（$\varepsilon=\Delta V/V$）が $\Delta\varepsilon$ 生じるとすると，$\Delta\varepsilon=(\partial\varepsilon/\partial t)\Delta t$ であるので，体積変化量 ΔV を次のように表すことができる。

$$\Delta V = V\Delta\varepsilon = \frac{\partial \varepsilon}{\partial t}\Delta t \cdot A \cdot \Delta z$$

土粒子および水の圧縮性を無視すると，流出した水の分だけ土要素の体積が圧縮することになるので$\Delta V_w = \Delta V$となり，質量保存則として以下の式が得られる。

$$\frac{\partial \varepsilon}{\partial t} = \frac{\partial v}{\partial z} \tag{5.18}$$

(2) 間隙水と土骨格の構成式

土要素内の間隙水の流速を表す式として，ダルシーの法則を用いる。透水係数をk，動水勾配をi，全水頭をh，水の単位体積重量をγ_wとすると，間隙水の流速vは次式で表される。

$$v = k \cdot i = k\left(-\frac{\partial h}{\partial z}\right) = -\frac{k}{\gamma_w} \cdot \frac{\partial u}{\partial z} \tag{5.19}$$

ここで，全水頭hのうち位置水頭と静水圧の和は常に一定であることから，uの値は過剰間隙水圧となる。

また，土骨格の変形を表す構成式として，式（5.9）でも示される体積圧縮係数m_vを用いた有効応力σ'と体積ひずみεの線形関係を利用する。

$$\varepsilon = m_v \cdot \sigma' \tag{5.20}$$

(3) 力のつり合い式

圧密過程においても，載荷圧pが有効応力σ'と間隙水圧uの和であるという有効応力の原理が成り立っている。圧密中の載荷圧pが一定であれば，有効応力と過剰間隙水圧の時間変化には$\frac{\partial \sigma'}{\partial t} = \frac{\partial (p-u)}{\partial t} = \frac{-\partial u}{\partial t}$の関係が成り立つ。したがって，式（5.20）の両辺をtで偏微分すると次式が得られる。

$$\frac{\partial \varepsilon}{\partial t} = m_v \frac{\partial \sigma'}{\partial t} = -m_v \frac{\partial u}{\partial t}$$

上式と式（5.19）を式（5.18）に代入すると

$$-m_v \frac{\partial u}{\partial t} = \frac{\partial}{\partial z}\left(-\frac{k}{\gamma_w} \cdot \frac{\partial u}{\partial z}\right)$$

$$\frac{\partial u}{\partial t} = \frac{1}{m_v} \frac{\partial}{\partial z}\left(\frac{k}{\gamma_w} \cdot \frac{\partial u}{\partial z}\right)$$

ここで，k/γ_wを一定と仮定すると

$$\frac{\partial u}{\partial t}=\frac{k}{m_v\cdot\gamma_w}\frac{\partial^2 u}{\partial z^2} \tag{5.21a}$$

$\dfrac{k}{m_v\cdot\gamma_w}=c_v$とおき，次の圧密の基本方程式を得る。

$$\frac{\partial u}{\partial t}=c_v\frac{\partial^2 u}{\partial z^2} \tag{5.21b}$$

ここに，c_v：**圧密係数**（coefficient of consolidation）である。

$$c_v=\frac{k(1+e)}{a_v\gamma_w}=\frac{k}{m_v\gamma_w}\ \text{（m}^2\text{/s または m}^2\text{/min，面積／時間）} \tag{5.21c}$$

この圧密の基本方程式は，熱伝導の基本方程式と同型であり，それぞれの主な要素は表5.3のように対比することができる。

表5.3　圧密理論と熱伝導理論の要素の比較

記号	圧密理論	熱伝導理論
u	間隙水圧	温度
t	時間	時間
k	透水係数	熱伝導係数
m_v	体積圧縮係数	比熱と単位体積重量の積
c_v	圧密係数	熱拡散係数

ここで，式（5.20）の両辺をzで偏微分すると

$$\frac{\partial \varepsilon}{\partial z}=m_v\frac{\partial \sigma'}{\partial z}=-m_v\frac{\partial u}{\partial z}$$

$$\frac{\partial u}{\partial z}=-\frac{1}{m_v}\frac{\partial \varepsilon}{\partial z}$$

式（5.18）に式（5.19）と上式を代入して整理すると

$$\frac{\partial \varepsilon}{\partial t}=\frac{1}{\gamma_w}\frac{\partial}{\partial z}\left(\frac{k}{m_v}\cdot\frac{\partial \varepsilon}{\partial z}\right)$$

が得られる。m_vとkが圧密とともに同程度に減少して，

$\dfrac{k}{m_v \cdot \gamma_w} = c_v$とおくことができれば，上式は

$$\frac{\partial \varepsilon}{\partial t} = c_v \frac{\partial^2 \varepsilon}{\partial z^2}$$

となり，これは三笠[3)]によって提案された式である。m_v と k を一定と仮定して，式（5.21）が導出されているのに対して，上式は m_v と k が圧密とともに同程度に減少していくことを仮定して導出されている。

5.4.3　圧密方程式の解

圧密の基本方程式を z=0 において t に無関係に u=0，z=2D において t に無関係に u=0，t=0 において z に無関係に u=u_i となる境界条件に対して解けば次の式を得る。詳細な導出過程を付録5.1に示す。

$$u = \sum_{n=1}^{n=\infty} \left(\frac{1}{D} \int_0^{2D} u_i \cdot \sin \frac{n\pi z}{2D} dz \right) \left(\sin \frac{n\pi z}{2D} \right) \exp\left[-\frac{1}{4} n^2 \pi^2 T_v \right] \tag{5.22}$$

ここに，u_i：初期間隙水圧である。

$$T_v = \frac{c_v}{D^2} t = \textbf{時間係数}（無次元）(time factor) \tag{5.23}$$

いま u_i=p= 一定とし，また式（5.22）において，自然数 n の値によって sin の値が正負と変わることを避けるため，$M = \dfrac{\pi}{2} n = \dfrac{\pi}{2} \cdot (2m+1)$（$m$= 整数）とおけば，上式は次のようになる。

$$u = \sum_{m=0}^{m=\infty} \frac{2p}{M} \left(\sin \frac{Mz}{D} \right) \exp\left[-M^2 T_v \right] \tag{5.24}$$

5.4.4　圧密度と圧密沈下量

圧密過程において，その最終沈下量に対する圧密の進行度合いを表す指標を**圧密度**（degree of consolidation）と呼ぶ。圧密度は，

任意の時間 t に z の位置において次の関係がある。

$$U_z = \frac{e_1 - e}{e_1 - e_2} = \frac{p'}{p} = 1 - \frac{u}{p} \tag{5.25}$$

ここに，U_z：圧密度，e_1 と e_2：それぞれ圧密開始時と終了時の間隙比である。

よって z の深さにおける圧密度は，式（5.24）を式（5.25）に代入して，時間係数の関数として表すことができる。

$$U_z = 1 - \sum_{m=0}^{m=\infty} \frac{2}{M}\left(\sin\frac{Mz}{D}\right)\exp\left[-M^2 T_v\right] = f(T_v) = f\left(\frac{c_v t}{D^2}\right) \tag{5.26}$$

また，任意の時間 t における層全体の圧密度，すなわち平均圧密度 U は式（5.25）に基づき次の式で表される。

$$U = 1 - \frac{\frac{1}{2D}\int_0^{2D} u\,dz}{\frac{1}{2D}\int_0^{2D} u_i\,dz} \tag{5.27}$$

u_i=p= 一定の場合には式（5.24）を代入すると上式は次のようになる。

$$U = 1 - \sum_{m=0}^{m=\infty} \frac{2}{M^2}\exp\left[-M^2 T_v\right] \tag{5.28}$$

圧密沈下量の計算には，この T_v と U の関係が必要であり，その関係は図 5.15 に示すような圧力分布と排水の条件によって定まる。例えば，粘土層の両端が排水層の条件（両面排水）において，載荷面積幅と粘土層厚の関係によって図 5.15（a）～（c），自重圧密の時には図 5.15（d）で示される過剰間隙水圧が発生する。また，粘土層の下面が不透水層の条件（片面排水）で，載荷面積幅に比べて粘土層厚が厚い場合には図 5.15（e），自重圧密の場合には図 5.15（f）のような過剰間隙水圧分布となる。ここで，図 5.15（a）～（d）の条件をケース 1，図 5.15（e）の条件をケース 2，図 5.15（f）の条件をケース 3 と称する。ケース 1 ～ 3 での T_v と U の関係は図 5.16 や表 5.4 によって表されているので，実

際の問題はすべて T_v の計算だけで解くことができる。

最終的に，経過時間 t における圧密沈下量 S は，最終沈下量 S_f と圧密度 U を用いて，以下の式で表される。

$$S = S_f \times U \tag{5.29}$$

つまり，式（5.14）により最終沈下量 S_f を計算し，式（5.23）を用いて経過時間 t における時間係数 T_v を計算し，図5.16や表5.4から T_v に対する圧密度 U を求め，式（5.29）を用いて圧密沈下量 S を計算する。

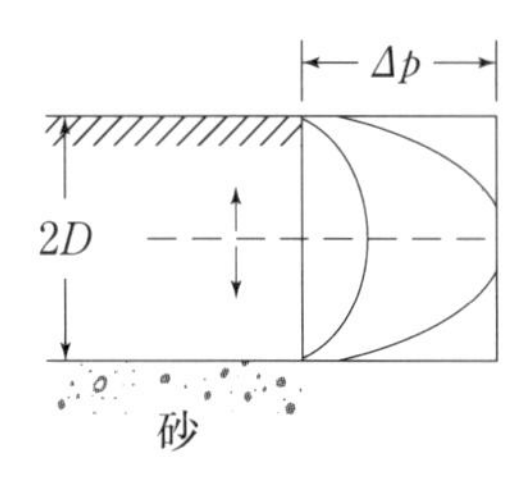

(a) 載荷面積の幅に比べて圧密層が薄いとき（両面排水）

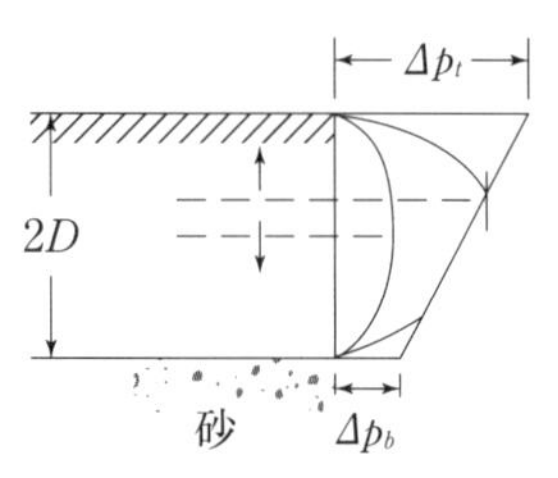

(b) 載荷面積の幅に比べて圧密層が厚いとき（両面排水）

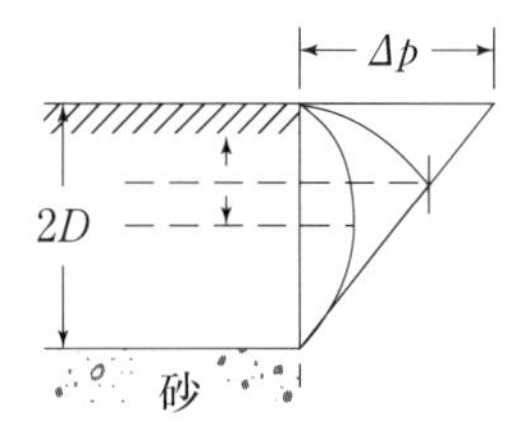

(c) 載荷面積の幅に比べて圧密層が非常に厚いとき（両面排水）

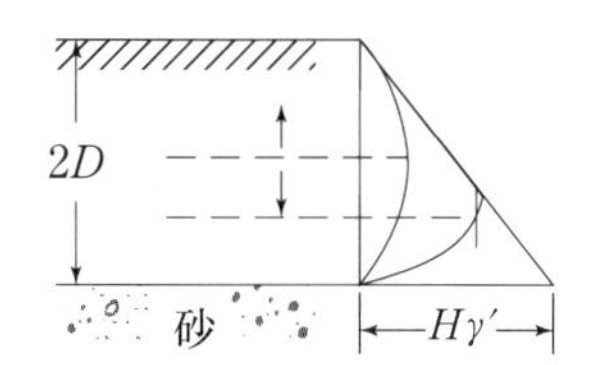

(d) 自重のみ作用するとき（両面排水）

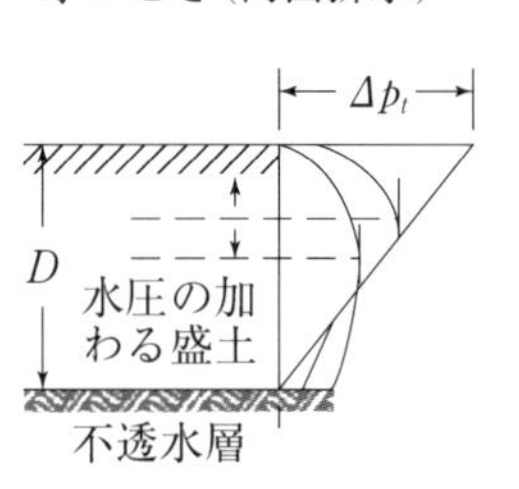

(c) 不透水層上に厚い圧密層があるとき

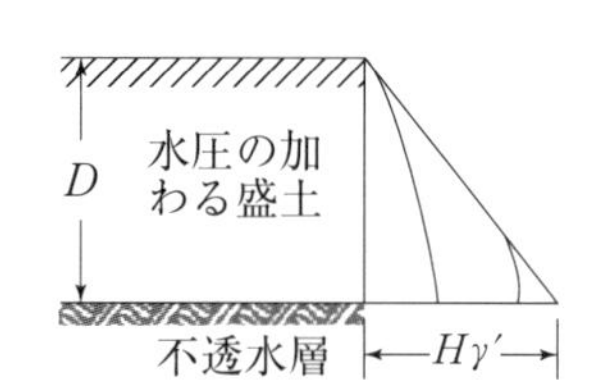

(f) 不透水層上に自重圧密層があるとき

Δp_t = 上部の圧密圧力，Δp_b = 底部の圧密圧力

図 5.15　圧密過程における過剰間隙水圧の分布

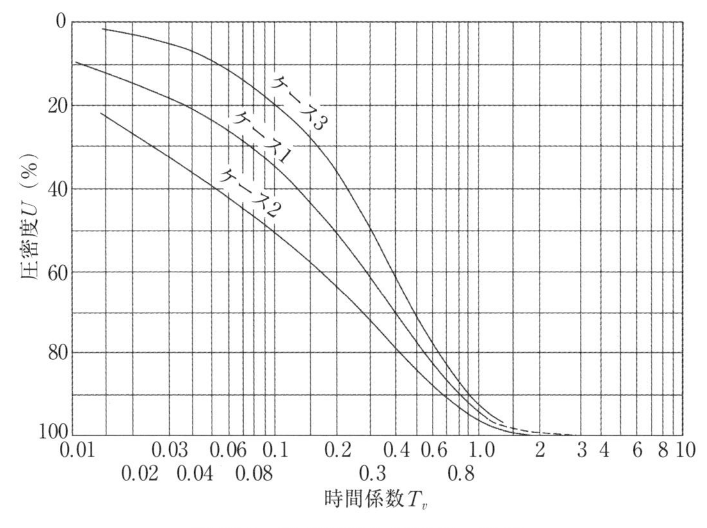

図 5.16　時間係数と圧密度の関係

表 5.4　各ケースにおける圧密度と時間係数の関係

圧密度 U	時間係数 T_v		
	ケース 1	ケース 2	ケース 3
0.1	0.008	0.047	0.003
0.2	0.031	0.100	0.009
0.3	0.071	0.158	0.024
0.4	0.126	0.221	0.048
0.5	0.197	0.294	0.092
0.6	0.287	0.383	0.160
0.7	0.403	0.500	0.271
0.8	0.567	0.665	0.440
0.9	0.848	0.940	0.720

5.4.5　沈下時間

沈下量が S となる時間 t を計算したい場合には，沈下量 S と最終沈下量 S_f から圧密度 $U=S/S_f$ を計算し，図 5.16 や表 5.4 に示す U-T_v 曲線から U に対する T_v を求め，時刻 t を式（5.30）から計算する。このとき計算しようとする粘土層の圧力分布および排水の境界条件が近似している条件を選定する。

$$t = \frac{D^2 \cdot T_v}{c_v} \tag{5.30}$$

ここで，D は粘土層の排水長であり，上下面が排水層のときは層厚 H の 1/2，上下面のうち片側一面が排水層のときは $D=H$ となる。一定の圧密度 U に達する圧密時間 t は，上式から圧密係数 c_v に反比例し，粘土層厚 H^2 に比例する。このように圧密時間が粘土層厚の 2 乗に比例する関係を **H^2 則**（law of H squared）という。また，この計算では t は載荷重の大きさには無関係であることが分かる。これは荷重が大きくなると全圧密量は大きくなるが，圧密が速くなることはない。これは重要な原理である。

また，圧密係数 c_v と層厚 H が異なる n 層からなる粘土層の場合には，ある 1 つの層の c_{v0} を基にした換算層厚 L を

$$L = H_1\sqrt{c_{v0}/c_{v1}} + H_2\sqrt{c_{v0}/c_{v2}} + \cdots + H_n\sqrt{c_{v0}/c_{vn}} \tag{5.31}$$

と表すことができる。この換算層厚 L と c_{v0} とから成る 1 層系として沈下速度の計算をすることができる。式（5.31）の導出過程を付録 5.2 に示す。

【例題 5.4】

厚さ 7.0m の飽和粘土層の上下が砂層であるとき，この粘土層の最終沈下量の 1/2 の沈下を生じるまでに要する日数を求めよ。ただし，圧密係数 $c_v=6.4 \times 10^{-4}\text{cm}^2/\text{s}$ とする。

（解答例）

両面排水であるためケース 1 に該当し，U=50% のとき T_v=0.197（図 5.16 と表 5.4），また，粘土層の排水長 $D=1/2 \times 700=350$cm であるから式（5.30）によって

$$t_{50} = \frac{350^2 \times 0.197}{6.4 \times 10^{-4}} = 3.771 \times 10^7[\text{s}] = 6.285 \times 10^5[\text{min}]$$

$$= 1.047 \times 10^4[\text{h}] = 436[\text{day}]$$

【例題 5.5】

厚さ 9.0m の飽和粘土層の上下面が砂層であり，粘土層の透水係数を 1.0×10^{-9}m/s，間隙比を 1.50，圧縮係数 a_v を 3.0×10^{-3}m^2/kN として，50% 圧密に要する日数を求めよ。

（解答例）

式（5.21c）により圧密係数を計算すると

$$c_v = \frac{k(1+e)}{a_v \cdot \gamma_w} = \frac{1.0 \times 10^{-9} \times (1+1.50)}{3.0 \times 10^{-3} \times 9.8} = 8.50 \times 10^{-8} \mathrm{m^2/s}$$

次に，両面排水であるためケース１に該当し，U=50% であるから T_v=0.197（図 5.16 と表 5.4），また粘土層の排水長 D=1/2 × 9.0=4.5m であるから式（5.30）により

$$t = \frac{D^2 \times T_v}{c_v} = \frac{(4.5)^2 \times 0.197}{8.50 \times 10^{-8}} = 4.693 \times 10^7 [\mathrm{s}] = 7.822 \times 10^5 [\mathrm{min}]$$
$$= 1.304 \times 10^4 [\mathrm{h}] = 543 [\mathrm{day}]$$

5.5　時間沈下曲線から得られる圧密定数

5.4.2 の圧密理論の導出過程において圧密係数 c_v や透水係数 k を導入した。粘土の圧密係数 c_v や透水係数 k は，5.3.1 で紹介した圧密試験で得られる時間沈下曲線を用いて求めるのが一般的である。時間沈下曲線からは，圧密圧力に対する圧密係数 c_v，一次圧密比 r，圧縮係数 a_v および透水係数 k が求められる。

5.5.1　圧密係数

圧密係数の求め方には２通りあり，その結果は通常若干異なるので平均をとることも行われる。

（1）$\sqrt{t}$ 法（square root of time fitting method）

テイラー（Taylor,1942 年）によって提案された方法で，経過時間 t から計算される $\sqrt{t}$ と圧密沈下量 S の関係を利用して，図 5.17 のようにして求める。最初に，圧密初期における時間沈下曲線の直線部の傾斜角 α を求めるとともに，圧密開始点 d_0 を求める。

次に，その圧密開始点から，以下の傾きα'を有するもう１つの直線を引き，時間沈下曲線との交点の読みを求める。

$$\tan\alpha' = 1.15 \cdot \tan\alpha$$

ここに，αとα'：それぞれ２つの直線部の傾斜角である。

この交点に対する時間と読みがそれぞれ 90% 圧密に対する$\sqrt{t_{90}}$およびd_{90}である。$\sqrt{t}$法の詳細な解説を付録 5.3 に示す。得られたt_{90}を用いて，圧密係数は式（5.32）で計算できる。

$$c_v = \frac{T_{v90}\overline{D}^2}{t_{90}} = \frac{0.848\overline{D}^2}{t_{90}} \tag{5.32}$$

ここに，D：供試体の排水長であり，圧密前後における供試体厚さの平均値の 1/2（ただし両面排水の場合）となる。

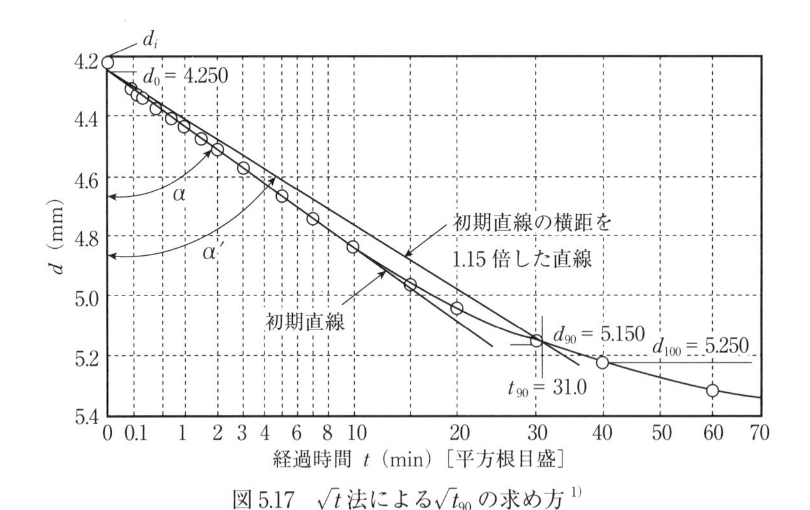

図 5.17　$\sqrt{t}$法による$\sqrt{t_{90}}$の求め方[1)]

(2) 曲線定規法

縦軸に圧密沈下量，横軸に対数目盛で時間をとると，時間沈下曲線が二次放物線になることを利用して圧密係数を決定する方法を**曲線定規法**（curve ruler method）と呼ぶ。

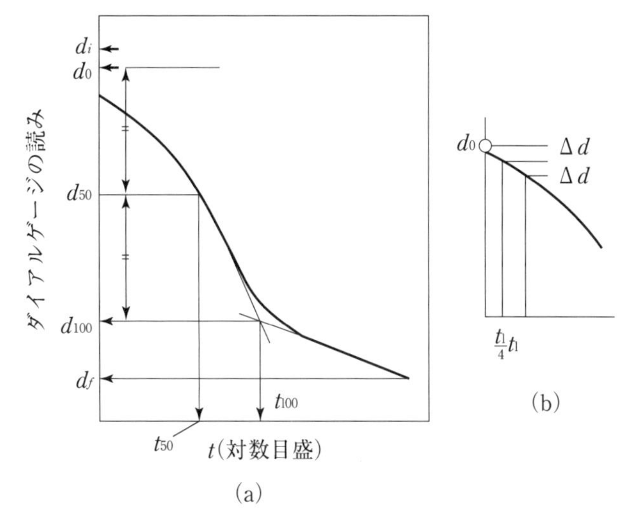

図5.18　曲線定規法による t_{100} の求め方

圧密沈下量と log$t$ の曲線には図5.18に示す2本の直線部分ができ，その交点が100% 圧密の時間 t_{100} と沈下量 d_{100} となる。さらに補正した始点の読みと d_{100} との中心点を求めて t_{50} を計算し，式（5.33）を用いて圧密係数を求めることができる。

$$c_v = \frac{T_{v50}\overline{D^2}}{t_{50}} = \frac{0.197\overline{D^2}}{t_{50}} \tag{5.33}$$

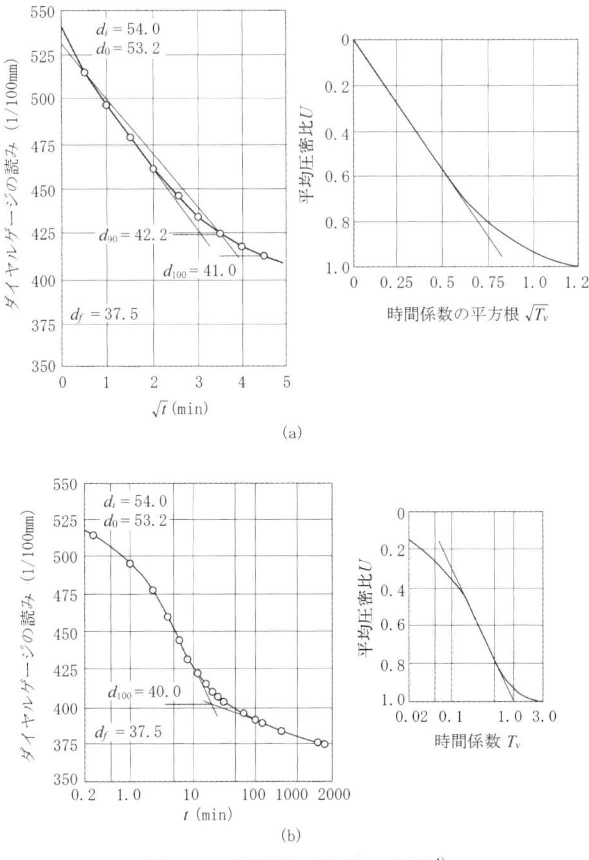

図 5.19　時間沈下曲線の実例 [4)]

【例題 5.6】

D=1.51cm として図 5.19（a）および図 5.19（b）の時間と沈下の関係によって圧密係数 c_v を求めよ。

（解答例）

（a）図 5.19（a）について $\sqrt{t_{90}} = 3.5[\sqrt{\text{min}}]$ であるから，式（5.32）により

$$c_v = \frac{0.848\overline{D^2}}{t_{90}} = \frac{0.848 \times 1.51^2}{3.5^2 \times 60} = 2.631 \times 10^{-3} \text{cm}^2/\text{s}$$

（b）図 5.19（b）について t_{100} と t_0 との中点 t_{50}=3.3min である

から式（5.33）によって

$$c_v = \frac{0.197\overline{D^2}}{t_{50}} = \frac{0.197 \times 1.51^2}{3.3 \times 60} = 2.269 \times 10^{-3} \mathrm{cm^2/s}$$

両者の平均をとると$c_v = 2.450 \times 10^{-3} \mathrm{cm^2/s}$となる。

5.5.2　透水係数

圧密係数c_vが求められると，間隙比eと圧縮係数a_vあるいは体積圧縮係数m_vを用いて，次式により透水係数kを計算することができる。

$$k = \frac{c_v \cdot a_v \cdot \gamma_w}{1+e} = c_v \cdot m_v \cdot \gamma_w \qquad (5.34)$$

しかし，この計算によるkは1×10^{-9}m/s 以下の透水係数でないと適合性が低い（表4.4参照）。

【例題5.7】

間隙比1.50，圧縮係数$0.38 \times 10^{-2} \mathrm{m^2/kN}$，圧密係数$2.45 \times 10^{-8} \mathrm{m^2/s}$であるとき，この粘土の透水係数を求めよ。

（解答例）

式（5.34）より

$$k = \frac{c_v \cdot a_v \cdot \gamma_w}{1+e} = \frac{2.45 \times 10^{-8} \times 0.38 \times 10^{-2} \times 9.8}{1+1.50} = 3.650 \times 10^{-10} \mathrm{m/s}$$

5.5.3　一次元圧密比

理論計算から求められたU-tまたはU-log t曲線では，曲線は無限に圧密度100%の水平線に近づくことになるが，実際の圧密試験では，時間が経過し過剰間隙水圧が0になっても，供試体の圧密は終らず，緩やかな勾配で継続する。これを**二次圧密**（secondary consolidation）という。二次圧密は，圧密圧力に適応するように土粒子が再配列をする結果，生じると考えられている。高圧縮性の粘土，雲母粒子を多量に含む土，破砕岩の盛土，有機質土において，二次圧密は著しい。

一次圧密量と全圧密量との比を一次圧密比 r といい，次の式で表す。

$$r=\frac{\frac{10}{9}(d_0-d_{90})}{d_i-d_f} \tag{5.35a}$$

または

$$r=\frac{d_0-d_{100}}{d_i-d_f} \tag{5.35b}$$

ここに，d_i：始点のダイアルゲージの読み，d_0：補正した始点の読み（圧密度 0% の読み），d_f：最終の読み（圧密試験では 24 時間載荷後の最終値），d_{90} と d_{100}：それぞれ理論上の 90% 圧密，100% 圧密の読みである。

圧密沈下量の計算において，二次圧密量をどのように取り扱うかについては，まだ十分確立された方法がないが，ごく実用的には次の計算法がある。

二次圧密過程においては，間隙比の変化と時間の対数がほぼ比例するため，**二次圧密係数** C_α（coefficient of secondary consolidation）を以下の式で定義する。

$$C_\alpha=-\Delta e/\Delta \log t \tag{5.36}$$

したがって，一次圧密が終った時間を t_1，二次圧密中の任意の時間を t_2 とすると，二次圧密による沈下量の大きさは次式で表される。

$$S=\frac{C_\alpha}{1+e}\cdot\log(t_2/t_1)\cdot H \tag{5.37}$$

【例題 5.8】

図 5.19（a）および図 5.19（b）によって一次圧密比 r を求めよ。

（解答例）

（a）式（5.35a）により

$$r=\frac{10}{9}\times\frac{532-422}{540-375}=0.74$$

（b）式（5.35b）により

$$r=\frac{532-400}{540-375}=0.80$$

両者の平均をとると0.77となる。

【例題5.9】

表5.1に示す圧密試験の結果を$\sqrt{t}$法で整理し，圧密圧力と間隙比，圧密係数，一次圧密比および透水係数の関係を図示せよ。ただし，供試体の質量は80.68g，その含水比は105.3%，断面積は28.27cm²，最初の厚さは2.0cm，土粒子の比重は2.67とする。

（解答例）

（1）圧密圧力pと間隙比eの関係

式（5.5）と式（5.6）式により

$$m_s=\frac{m}{1+w/100}=\frac{80.94}{1+1.053}=39.30\text{g}$$

$$H_s=\frac{m_s}{G_s\cdot A\cdot\rho_w}=\frac{39.30}{2.67\times28.27\times1}=0.521\text{m}$$

各圧密圧力における間隙比は，式（5.4）より表 5.5 のように計算できる。

表 5.5　圧密圧力と間隙比の関係

圧密圧力 (kN/m^2)	最終の読み (mm)	圧密量ΔH (cm)	供試体高さH(cm)	平均供試体高さ(cm)	間隙比 e $=H/H_s$-1
0	0.046		2.000		2.839
		0.0050		1.998	
9.8	0.096		1.995		2.829
		0.0081		1.991	
19.6	0.177		1.987		2.814
		0.0166		1.979	
39.2	0.343		1.970		2.782
		0.0431		1.949	
78.5	0.774		1.927		2.699
		0.1078		1.873	
157	1.852		1.819		2.492
		0.1604		1.739	
314	3.456		1.659		2.184
		0.1539		1.582	
628	4.995		1.505		1.889
		0.1540		1.428	
1256	6.535		1.351		1.593

(2) 圧密圧力 p と圧密係数 c_v の関係

式（5.32）により各圧密圧力における圧密係数は，表5.6のように計算できる。

表5.6　圧密圧力と圧密係数の関係

圧密圧力 p (kN/m^2)	平均圧密圧力 $\bar{p}$ (mm)	D^2 (cm^2)	t_{90} (min)	圧密係数 c_v (cm^2/d)
0				
	4.9*	0.9975	0.71	1714
9.8				
	13.9	0.9910	0.50	2418
19.6				
	27.7	0.9787	0.48	2488
39.2				
	55.5	0.9494	0.62	1868
78.5				
	111	0.8773	2.30	465
157				
	222	0.7562	3.18	290
314				
	444	0.6257	3.39	225
628				
	888	0.5099	2.49	250
1256				

*: この p は $\Delta p/2$ とする。

$$c_v = \frac{0.848\bar{D}^2}{t_{90}}\left[\frac{cm^2}{sec}\right] = \frac{50.88\bar{D}^2}{t_{90}}\left[\frac{cm^2}{min}\right] = \frac{1221\bar{D}^2}{t_{90}}\left[\frac{cm^2}{day}\right]$$

(3) 圧密圧力 p と一次圧密比 r の関係

式（5.35a）により各圧密圧力における一次圧密比は，表 5.7 のように計算できる。

表 5.7　圧密－圧力と一次圧密係数の関係

圧密圧力 p (kN/m^2)	平均圧密圧力 $\bar{p}$ (mm)	載荷重直前読み d_i (mm)	補正した読み d_0 (mm)	最終の読み d_f (mm)	圧密度90%読み d_{90} (mm)	圧密度100%読み d_{100} (mm)	一次圧密量 $\Delta H_1=d_{100}-d_0$ (mm)	圧密量 $\Delta H=d_f-d_i$ (mm)	一次圧密比 r
0									
	4.9	0.046	0.050	0.096	0.069	0.071	0.0211	0.0500	0.422
9.8									
	13.9	0.096	0.100	0.177	0.1320	0.136	0.0356	0.0810	0.439
19.6									
	27.7	0.177	0.180	0.343	0.2493	0.257	0.0770	0.1660	0.464
39.2									
	55.5	0.343	0.400	0.774	0.5420	0.558	0.1578	0.4310	0.366
78.5									
	111	0.774	0.783	1.852	1.21	1.257	0.4744	1.0780	0.440
157									
	222	1.852	1.852	3.456	2.5800	2.661	0.8089	1.6040	0.504
314									
	444	3.456	3.456	4.995	4.1463	4.223	0.7670	1.5390	0.498
628									
	888	4.995	4.995	6.535	5.6979	5.776	0.7810	1.5400	0.507
1256									

$d_{100}=10/9\times(d_{90}-d_0)+d_0$

(4) 圧密圧力 p, 体積圧縮係数 m_v と透水係数 k の関係

式 (5.7) と式 (5.34) により各圧密圧力における透水係数は，表5.8のように計算できる。

表5.8　圧密圧力，圧縮係数と透水係数の関係

圧密圧力 p (kN/m^2)	平均圧密圧力 $\bar{p}$ (mm)	圧力増分 Δp (kN/m^2)	圧縮ひずみ $\Delta\varepsilon=\Delta H/H \times 100\%$	体積圧縮係数 m_v (m^2/kN)	圧密係数 c_v (cm^2/d)	透水係数 k (m/s)
0						
	4.9	9.8	0.250	2.55E-04	1714	5.0E-09
9.8						
	13.9	9.8	0.407	4.15E-04	2418	1.1E-08
19.6						
	27.7	19.6	0.839	4.28E-04	2488	1.2E-08
39.2						
	55.5	39.3	2.21	5.63E-04	1868	1.2E-08
78.5						
	111	78.5	5.75	7.33E-04	465	3.9E-09
157						
	222	157	9.22	5.87E-04	290	1.9E-09
314						
	444	314	9.73	3.10E-04	225	7.9E-10
628						
	888	628	10.8	1.72E-04	250	4.9E-10
1256						

$\gamma_w = 9.81\mathrm{kN/m^3}$, $k = \dfrac{c_v \cdot m_v \cdot \gamma_w}{8.64 \times 10^8}$ [m/s]

以上の4組の関係を取りまとめると図5.20に示すようになる。

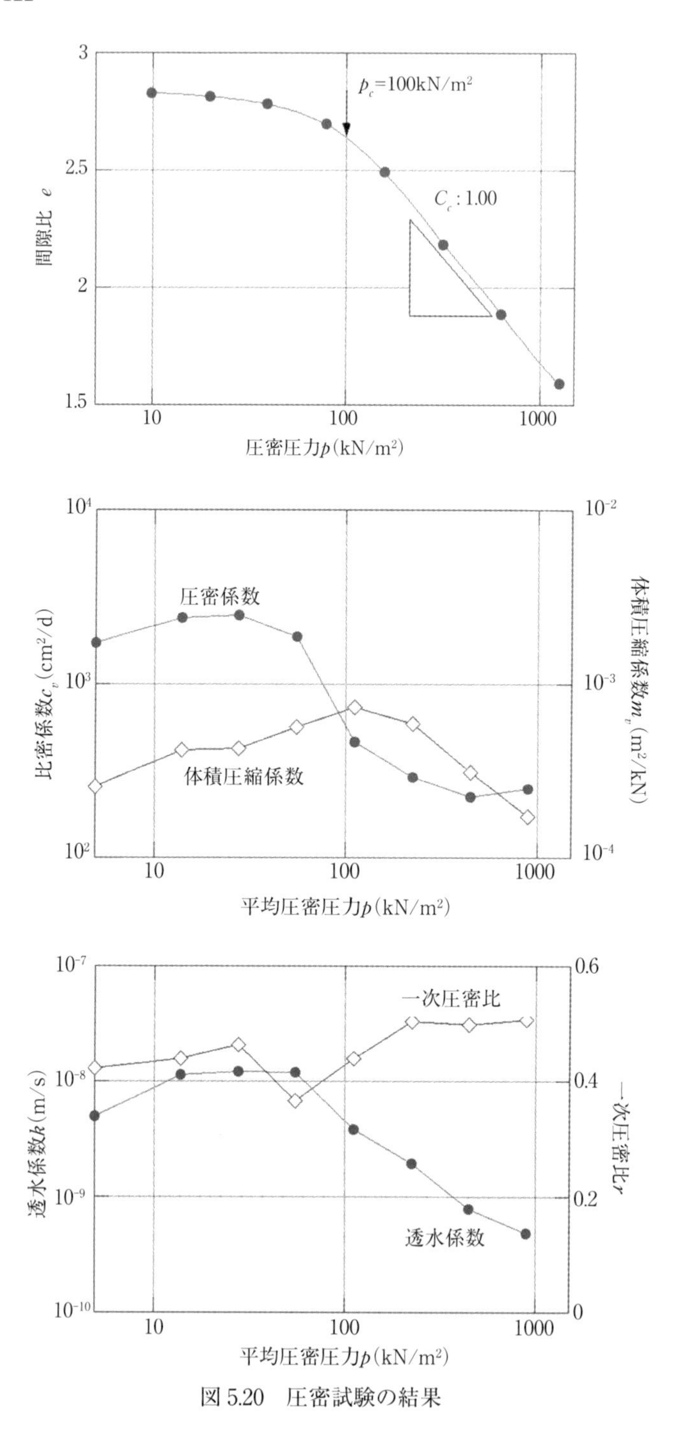

図 5.20　圧密試験の結果

【例題 5.10】

例題 5.9 の結果を用いて，この供試体の圧密降伏応力と圧縮指数を求めよ。

（解答例）

図 5.20 の図上に示した作図により p_c=100kN/m^2,

圧縮指数は式（5.11）により，右下がりの直線部から

$$C_c = \frac{2.492-1.593}{\log 1256 - \log 157} = \frac{0.899}{3.099-2.196} = 1.00$$

5.6　圧密促進工法

地盤上になるべく早く構造物を築造できるように，地中の粘土層の圧密を促進するいくつかの方法がある。

5.6.1　サンドドレーン工法

サンドドレーン工法（sand drain method）は，粘土層中に砂杭を打ってから盛土し，水平方向の排水を組み合わせて圧密を促進するもので，広く応用されている。この場合の圧密の基本方程式は次のようになる。

$$\frac{\partial u}{\partial t} = \frac{1}{m_v \cdot \gamma_w}\left[k_v \frac{\partial^2 u}{\partial z^2} + k_h \left(\frac{\partial^2 u}{\partial x^2} + \frac{\partial^2 u}{\partial y^2}\right)\right] \tag{5.38}$$

ここに，k_v と k_h: それぞれ鉛直と水平方向の粘土層の透水係数である。

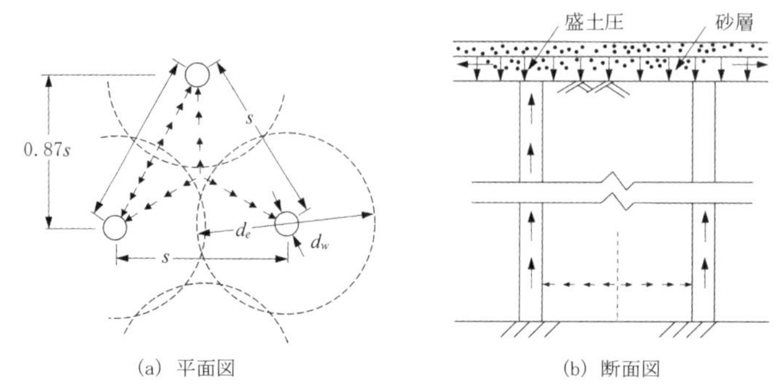

図 5.21　砂杭による排水の説明図（1 面排水の場合）

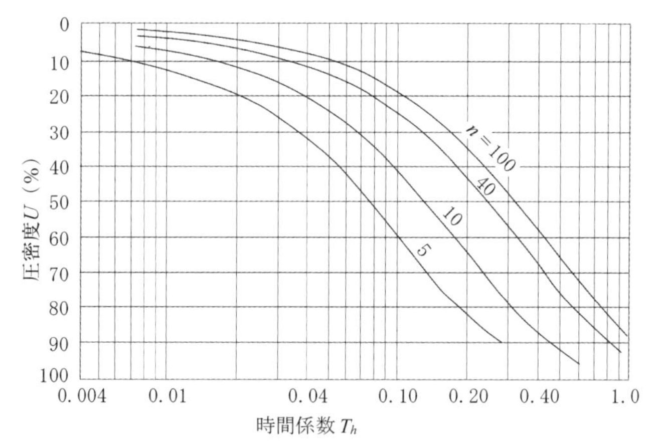

図 5.22　サンドドレーンによる水平方向の時間係数と圧密度の関係 [5)]

図 5.21 において砂杭 1 本あたりの有効直径 d_e と砂杭の直径 d_w との比を n とすると，圧密度 U と時間係数 T_h の関係は図 5.22 のようになる。ただし，時間係数は水平方向の排水に関するもので次の式で表される。c_h と k_h は，それぞれ水平方向の圧密係数と透水係数である。

$$T_h = \frac{c_h}{d_e^2} t = \frac{k_h \cdot t}{\gamma_w \cdot m_v \cdot d_e^2} \tag{5.39}$$

長さ方向に平行でいくつもの水みちをつけた幅数 cm の厚紙を地表面から粘土層に機械で打ち込み，砂杭と同じ効果を与えるカードボードウイックス排水工法に始まり，今ではカードボード（厚紙）に代えて種々の透水性の樹脂製不織布や天然織布を使うことが行われている。盛土荷重をかける必要のあることは，サンドドレーン工法と変らない。

5.6.2　プレローディング工法

プレローディング工法（preloading method）は，地盤上に盛土して直接荷重を加え，実際に沈下を促進するもので，図5.23に示すように盛土を除いた後では，計画した構造物を築造しても沈下量がごく少量ですむのがこの方法の原理である。盛土は間隙水圧が急激にあがって地盤が破壊しないように徐々に行わねばならない。

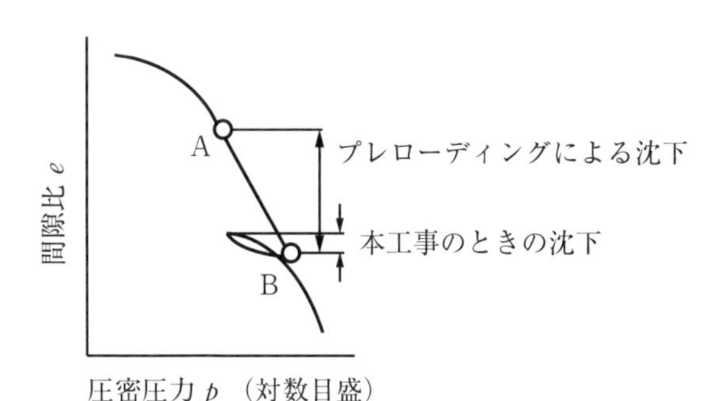

図5.23　プレローディングの効果

5.6.3　その他

（1）　真空排水

サンドドレーンの場合と同じように，図5.24に示すように粘土層中に砂杭を打ち，また地表面上に砂層を敷き，ある面積毎に，砂層に気密被覆を施してから真空によって脱水圧密させる方法で，サンドドレーンの場合と違って高い盛土を必要としないことが特長である。この方法は**大気圧工法**（atmospheric pressure loading method）や**真空圧密工法**（vacuum consolidation method）とも呼ばれる。

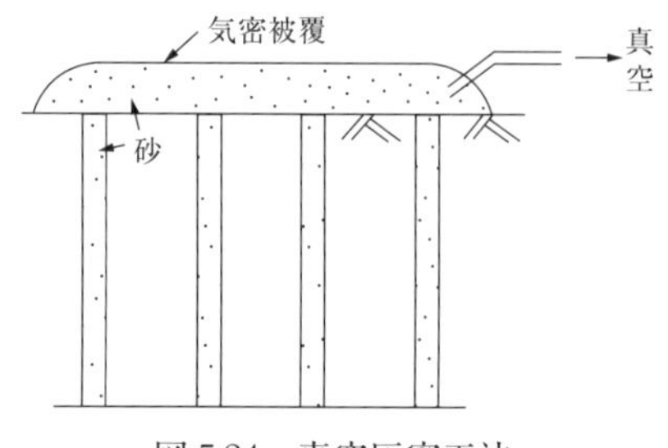

図 5.24　真空圧密工法

(2)　**地下水位低下工法** (groundwater lowering method)

粘土層より上の地下水位を低下させることにより，粘土層に作用する有効応力を増加させ圧密を促進する方法である。1m の地下水位の低下は，9.8kN/m^2 の有効応力の増加に相当する。

(3)　**電気浸透工法** (electro-osmosis method)

粘土粒子が負の電荷を帯びることを利用して，粘土層にある距離を隔てて陰陽両極棒を打ち込み，これに直流を与えて，間隙水を陰極側に移動させて脱水圧密させる方法である。

演習問題

【問題 5.1】

図のように粘土層内の土要素 A が（ア）の状態から（イ）→（ウ）→（エ）→（オ）の状況変化を受けた。縦軸に間隙比 e を，横軸に鉛直方向の有効応力 σ_v' の対数をとるとき，この過程における土要素 A の e と $\log\sigma_v'$ の関係を正しく描きなさい。なお，各段階ごとに粘土層の圧密は完了しているものとする。

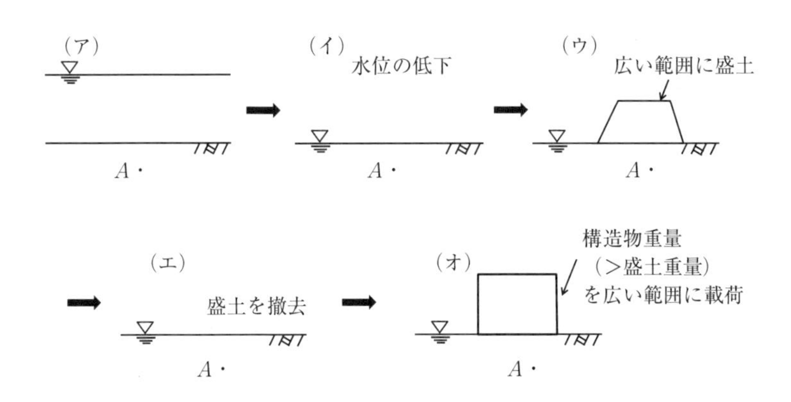

【問題 5.2】

図のような粘土層と砂層から構成される地盤がある。粘土層と砂層は，それぞれ水平かつ均質であり，図に示す間隙比の状態にある。この地盤に均一な盛土をしたところ，盛土荷重によって地盤沈下が生じた。十分に時間が経過して，沈下が収束した時，粘土層の間隙比は $e_{c1} = 1.44$，砂層の間隙比は，$e_{s1} = 0.76$ になった。地盤沈下が一次元的であるとして，盛土荷重による粘土層上面面の沈下量を計算しなさい。

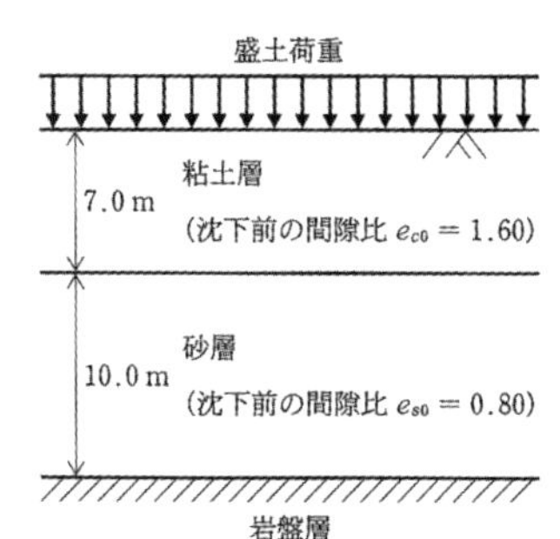

【問題 5.3】

図のような飽和正規圧密粘土層をもつ3つの地盤が，それぞれ一様な鉛直載荷重の下で圧密沈下を生じる。各地盤の最終沈下量と圧密に要する時間を比較しなさい。ただし，H を粘土層の厚さ，m_v を体積圧縮係数，k を透水係数とする。

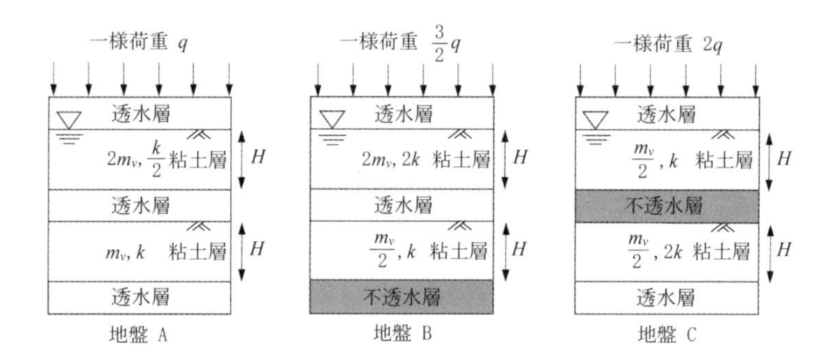

【問題 5.4】

図のような，それぞれ異なる体積圧縮係数 m_v と透水係数 k（m_0, k_0 は正の定数）をもつ厚さ H_0 の3種類の正規圧密粘土層が上下を砂層で挟まれた飽和地盤において，等分布荷重 p による一次元圧密現象を考える。粘性土の平均圧密度 U が 50% に達したとき，図 I，図 II，図 III の地表面沈下量及び経過時間をそれぞれ $S_{50\,\mathrm{I}}$，$S_{50\,\mathrm{II}}$，$S_{50\,\mathrm{III}}$ および $t_{50\,\mathrm{I}}$，$t_{50\,\mathrm{II}}$，$t_{50\,\mathrm{III}}$ とすると，その大小関係を示しなさい。

ただし，粘土層の一次元圧密における圧密係数 c_v は，$c_v=k/m_v\gamma_w$（γ_w は水の単位体積重量）であり，砂層の透水係数は粘土層と比べて十分大きく，体積圧縮係数は粘土層に比べて無視できるものとする。

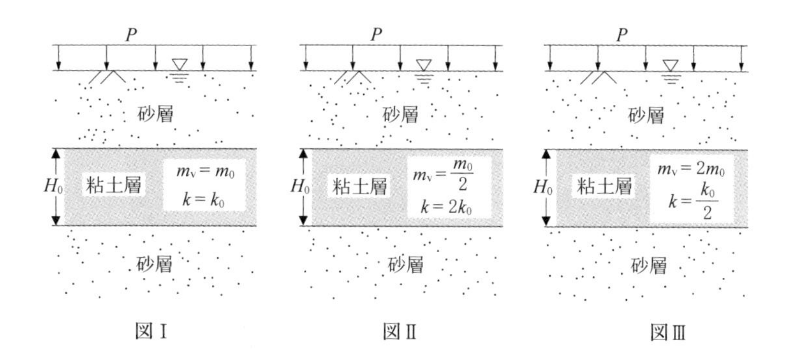

【問題5.5】

図に示すように，地表面が水平であり，一様で均質な飽和粘土地盤A～Dの地表面上に砂を用いて，それぞれの図に示した高さの盛土を行なった。このとき，A～Dが同じ平均圧密度に到達するまでの時間 t_A ～ t_D の大小関係を示しなさい。ただし，盛土前のA～Dはすべて同じ状態であり，圧密係数 c_v はそれぞれ図に示した値である。また，盛土の湿潤密度はすべて等しいものとする。

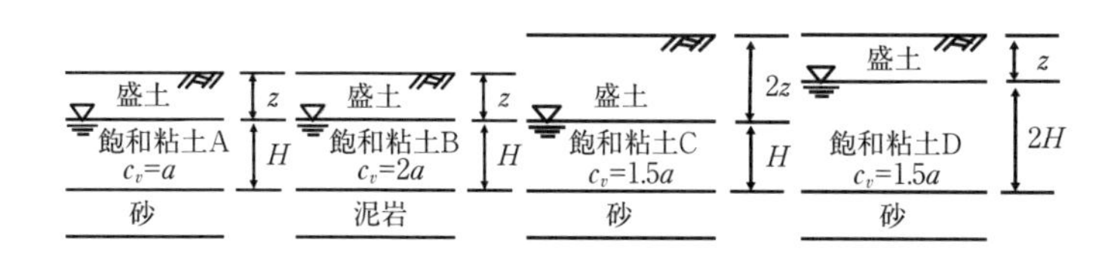

【問題5.6】

圧密に関する記述ア～オの正誤を答えなさい。

ア　テルツァギーの圧密理論では，水平地盤において圧縮変形と排水が鉛直方向に生ずることを前提としている。

イ　テルツァギーの圧密理論により導かれた式は，ラプラス方程式と同じ形をしている。

ウ　圧密試験時の沈下量を経過時間の常用対数に対してプロットすると，初期の部分は直線で近似できる。この特性を利用して圧密係数を求める方法を log$t$ 法という。

エ　圧密開始時（圧密度 0%）から圧密度 40% に達するまでの時間と，圧密度 40% から 80% に達するまでの時間は同一である。

オ　均質で水平な飽和粘土地盤の地表面に，一様な鉛直荷重を載荷する。鉛直荷重が同一であるとき，粘土層の厚さが 2 倍になれば，最終沈下量は 2 倍になり，同一の圧密度に達するまでの時間は 4 倍となる。

引用文献

1）（公益）社団法人地盤工学会：土質試験　基本と手引き
2）Skempton, A. W.: Notes on the compressibility of clays. Quart. Jour. Geol. Soc., London, Vol. 100, 1944.
3）三笠正人 : 軟弱粘土の圧密－新圧密理論とその応用－ , 鹿島出版会，1963.
4）Taylor, D. W.: Research on consolidation of clays. Dept. of Civil and Sanitary Engrg., MIT, 1942.
5）Barron, R. A.: Consolidation of fine-grained soils by drain wells. Trans. ASCE, No. 113, 1948.

参考文献

Boussinesq, J.: Application des potentials a I'etude de l'equilibre et du mouvement des solids elastiques, 1885.
Casagrande, A. & Fadum, R. E.: Notes on soil testing for engineering purposes. Soil Mech. No. 8, Publication from Graduate School of Engrg., No. 268, Harvard Univ., 1940.
Taylor, D. W.: Fundamentals of soil mechanics. Wiley-Interscience, New York, 1948.
Terzaghi, K.: Die Theorie der hydrodynamischen Spannungserscheinungen und ihr erdbautechnisches

Anwendungsgebiet. Proc. 1st Int. Congr. Applied Mechanics, Delft, 1923.

Westergaard, H. M.: A problem of elasticity suggested by a problem in soil mechanics. Soft material reinforced by numerous strong horizontal sheets. Contribution to the Mechanics and Solids, Stephen Timoshenko 60th Anniversary Volume, ed. by L. E. Grinter, Macmillan, New York, 1938.

第6章　土のせん断とせん断強さ

6.1　はじめに

土に外力が作用すると土の内部には応力が生じる。この応力と土が発揮する抵抗応力が釣り合っていとき土は安定を保つ。土の抵抗には限界があり，それを超えると土は壊れる。土の抵抗の限界を土の**せん断強さ**（shear strength）と呼び，それは土の工学的特性の重要な性質の一つである。土圧（第8章）や地盤の支持力（10章）の大きさもこの土のせん断強さに大きく影響される。この章では土要素に生じる応力の表し方と土のせん断強さについて説明する。

6.2　主応力とモールの応力円

地盤中の土要素に作用する応力状態は3次元で考える。実際に対象とする地盤構造物（盛土や堤防など）は奥行き方向に長いので，奥行き方向の応力やひずみを特に考慮せずに，奥行き方向に直交する平面ひずみ条件（2次元）で安定解析を行うことができる。したがって，ここでは土要素に作用する応力を2次元で考える。土塊が外力を受けると，図6.1（a）のように，土中の一点Oを通るA－A面に垂直な方向に圧縮応力，平行な方向にせん断

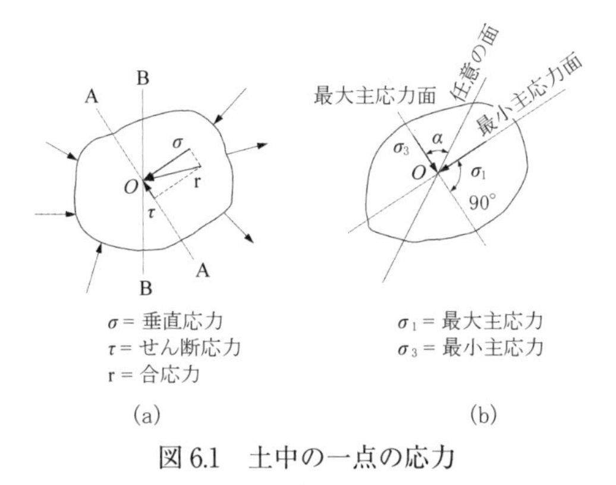

図6.1　土中の一点の応力

応力が作用する。これらの応力の大きさは，A－A 面と方向の違ったB－B 面に対してはその値が異なる。このようにしてO点を通るすべての面を考えると，図 6.1（b）のように，せん断応力がゼロとなる互いに直交する 2 つの面を見いだすことができる。それらの面にそれぞれ垂直な 2 つの応力は，他のいかなる面に対する垂直応力と比べても最大と最小の関係にある。大きい方の垂直応力を**最大主応力**（major principal stress）σ_1，小さいほうの垂直応力を**最小主応力**（minor principal stress）σ_3 といい，それぞれの応力が作用する面を**最大主応力面**（major principal plane）および**最小主応力面**（major principal plane）という。

両主応力および任意の面上の応力の相互関係は**モールの応力円**（Mohr's circle of stress）によって表すことができるσ_1 とσ_3 によるモールの応力円の組み立て方を説明すると次のとおりである。

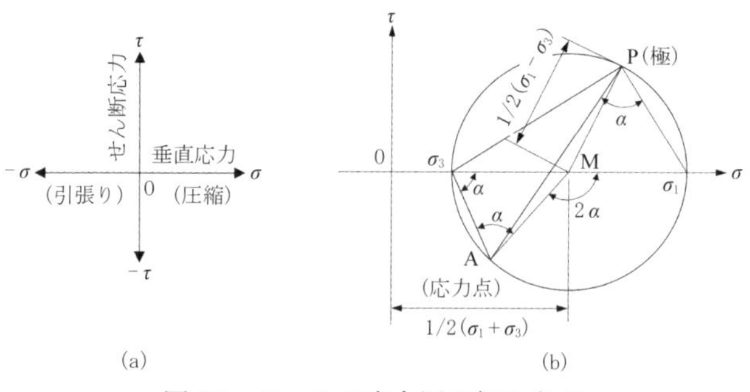

図 6.2　モールの応力円の組み立て

最初に応力の原点 O を中心に，図 6.2（a）に示すように垂直応力とせん断応力をそれぞれ横座標および縦座標にとる。普通，土の場合に問題にするのは圧縮応力であるので，横座標の原点より右側を圧縮応力，左側を引張応力とする。圧縮応力である前述の両主応力を図 6.2（b）に示すように σ 軸上にとり，$\sigma_1-\sigma_3$ の長さを直径とし M を中心点として円を描く。この円がモールの応力円である。$\sigma_1-\sigma_3$ の値を**偏差応力**（deviator stress）または軸差応力という。次にσ_1 の点およびσ_3 の点から，図 6.1（b）に対応させて最大，最小両主応力面に平行な直線を引いて得られる円上の点Pを**極**（pole）という。極を用いれば，ある面に作用する応力とその面の方向が分かっているとき，他の任意の面に作用する応力の値を幾何学的に求めることができる。図6.2（b）に示すように，極（点P）から図6.1（b）の任意の面に平行な線を引いて，モール円と交わる点Aはこの任意の面に働く応力（σ, τ）を表す。また，A点とσ_3点を結んで得られる直線がσ軸となす角αは，幾何学的に任意の面が最大主応力面となす角（PA線とPσ_1線とがなす角）を表す。このようにモールの応力円は物体中の応力状態を表現するために用いられる。

図6.2（b）から，円上の任意の点の応力は，次の式で表されることが容易にわかる。

$$\sigma = \frac{1}{2}(\sigma_1 + \sigma_3) + \frac{1}{2}(\sigma_1 + \sigma_3)\cos 2\alpha \tag{6.1}$$

$$\tau = \frac{1}{2}(\sigma_1 - \sigma_3)\sin 2\alpha \tag{6.2}$$

合応力rの最大主応力面となす角α，σおよびτの値との関係を調べると次のようになる。

$\sigma_{max} = \sigma_1$：$\alpha = 0°$ の場合，$\sigma_{min} = \sigma_3$：$\alpha = 90°$ の場合，
$\tau = 1/2(\sigma_1 - \sigma_3)$：$\alpha = 45°$ の場合，
$\tau_{min} = 0$：$\alpha = 0°$ または $90°$ の場合

【例題6.1】

ある物体または要素が，図6.3に示すような外力を受けるものとする。モールの応力円を用いて，A－A面上の垂直応力およびせん断応力を求めよ。

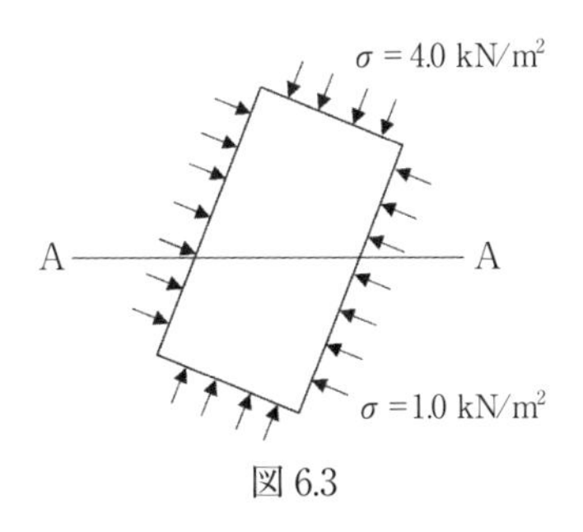

図6.3

（解答例）

外力が作用する2つの面は $\tau =$

0 であるから，4.0kN/m^2 が作用する面が最大主応力面，1.0kN/m^2 が作用する面が最小主応力面である。よって，図 6.4 において $\sigma_1 = 4.0$kN/m^2，$\sigma_{3} = 1.0$kN/m^2 の点をの軸上にとり，$\sigma_1 - \sigma_3$ の長さを直径として円を描けばモールの応力円を得る。次に，σ_1，σ_1 の両点から最小，最大両主応力面に平行な線を引いて点 P（極）を求め，点 P から A－A 面に平行な線を引いて得られる点 A がその面上の応力を示す。その応力は座標から，$\sigma = 3.7$kN/m^2, $\tau = 0.8$kN/m^2 である。

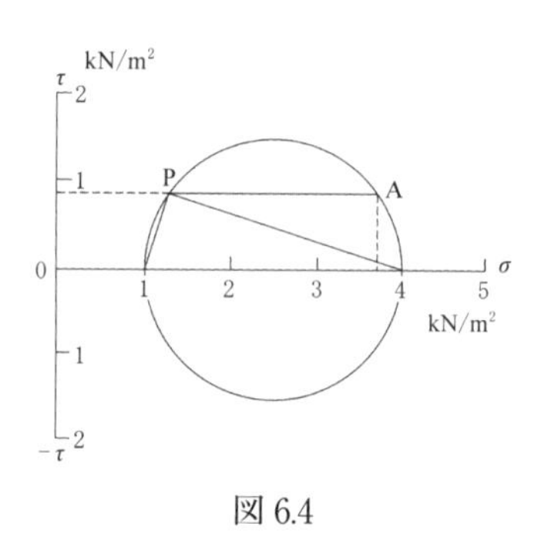

図 6.4

6.3　土のせん断抵抗と破壊規準

土の構造物が外力を受けると，土の内部に圧縮応力とせん断応力を生じる。このせん断応力によって内部のある面に沿ってすべりを起こし，破壊の原因となる。一方，せん断応力が生じると，その応力の大きさに応じてすべりに抵抗しようする力が生じる。これを**せん断抵抗**（shear resistance）という。外力によって土の内部に発生するせん断応力と，土の持つせん断抵抗とが釣り合いを保っているときは，土の構造物は安定を保っている。そして，土が破壊するときのせん断抵抗を**せん断強さ**（shear strength）という。

土のせん断強さは，**クーロンの破壊規準**（Coulomb's failure criterion，1779 年）として知られている次式で表される。

$$\tau_f = c + \sigma \tan\phi \tag{6.3}$$

ここに，τ_f：土のせん断強さ，c：粘着力（cohesion），σ：破壊面上に働く垂直応力，ϕ：**せん断抵抗角**（angle of shear resistance）または**内部摩擦角**（angle of internal friction）である。

また $\tan\phi$ を摩擦係数といい，c と ϕ それぞれを土の**強度定数**

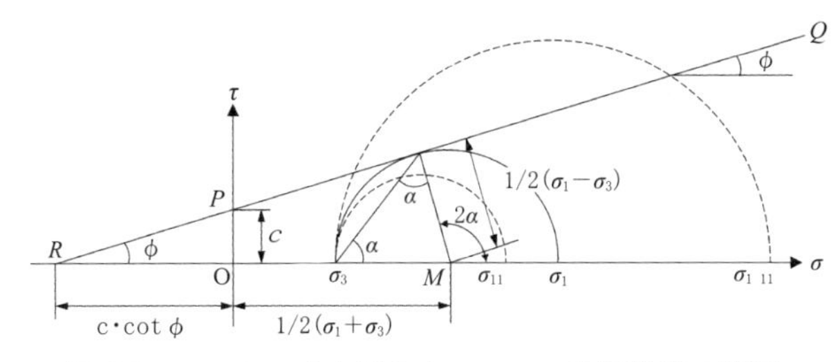

図6.5　モールの応力円とクーロンの破壊基準の関係

(strength parameters) という。このように，土のせん断強さは粘着力とせん断抵抗角とで表される。概念的には，粘土では粘着力が大きくせん断抵抗角は小さく，砂質土ではそれと反対にせん断抵抗角が大きく，粘着力は小さいか，またはゼロである。また，強度定数は個々の土に固有なものではなく，後述のように，圧密とせん断条件によって変わる。特に粘土の強度定数は**応力履歴**(stress history) の影響が大きい。

現場の土を採取し，それによる供試体によって強度定数を求め，その値を安定解析に用いるのが，土質力学における基本的な手法である。土の強度定数を決定する問題は，前章の圧密に関する諸係数を決定する問題とともに基本的に重要である。クーロンの式を図6.5において直線PQで表すと，モールの応力円が小さくてPQ線に接しないときは，クーロンの破壊の条件式が満足されていない。またモールの応力円がPQ線と交わるケースは，せん断応力がクーロンの式のせん断抵抗より大きいことになってあり得ない。したがって破壊が起きるときの応力状態は，図6.5に示すように，PQ線に接したモールの応力円でなければならない。この条件を満たすモールの応力円を，とくにモールの破壊円といい，その破壊包絡線とクーロンの破壊線とを融合させて**モール・クーロンの破壊規準** (Mohr-Coulomb's failure criterion) と呼んでいる。そして現在の土質力学では，この破壊規準に基づく強度定数を用いて解析方法が展開されている。土の挙動は有効応力に支配されるので，モール・クーロンの破壊規準を有効応力で表示すると次式になる。

$$\tau_f' = c' + \sigma' \tan\phi' = c' + (\sigma - u)\tan\phi' \tag{6.4}$$

ここに，τ_f'：土のせん断強さ，c'：粘着力（有効応力表示の），σ'：有効垂直応力，u：間隙水圧，ϕ'：せん断抵抗角（有効応力表示の）である。

モール・クーロンの破壊規準では，σ_1，σ_3 と c，ϕ，の関係は，図6.5から分かるように次の式で表される。

$$\sin\phi = \frac{\frac{1}{2}(\sigma_1 + \sigma_3)}{c \cdot \cot\phi + \frac{1}{2}(\sigma_1 + \sigma_3)}$$

$$\therefore \sigma_1 - \sigma_3 = 2c \cdot \cos\phi + (\sigma_1 + \sigma_3)\sin\phi \tag{6.5}$$

また，最大主応力面とせん断破壊面のなす角の ϕ は次のようにして得られる。

$$2\alpha_f = 90° + \phi$$

$$\therefore \alpha_f = 45° + \frac{\phi}{2} \tag{6.6}$$

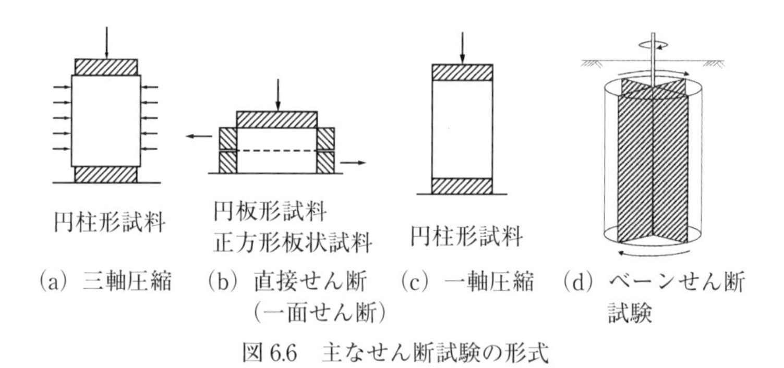

図6.6　主なせん断試験の形式

6.4　せん断試験

6.4.1　せん断試験の種類

土のせん断強さを求めるための試験法は，実験室内で行うものと現場で行うものとに大別されるが，大部分は前者によるものである。せん断力の加え方は，土に与えるひずみの速さを一定とするひずみ制御式と，土に荷重を段階的に一定の速さで少しずつ加える応力制御式とに分けられる。

(1) **三軸圧縮試験**（triaxial compression test）

円柱形の試料土にゴムスリーブを被せて周囲に水圧を加え，その一定の水圧のもとに，加圧板を経て試料に上下圧を加えて三軸的に圧縮せん断する（図 6.6（a））。

(2) **一面せん断試験**（box shear test）

試料土を上下に分かれたせん断箱に入れ，加圧板を介して一定の上下圧を加えたまま，上箱を水平力によって横にずらして一つのせん断面で直接せん断する（図 6.6（b））。試料の形状には円盤状のものが用いられるのが普通であるが、正方形や長方形盤状のものも用いられる。

(3) **一軸圧縮試験**（unconfined compression test）

円柱形の試料土に加圧板を経て上下圧を加え，側方非拘束で一軸的に圧縮する（図 6.6（c））。

(4) **ベーンせん断試験**

ベーンせん断試験（vane shear test）は現地の軟らかい飽和粘土地盤に対して，地盤内で c_u を直接測定する原位置試験（in situ test）である。

6.4.2　圧密条件と排水条件

せん断試験は土の間隙水の排水の仕方によってさらに次のように分類される。

(1) **非圧密非排水せん断試験**（unconsolidated-undrained shear test）（**UU 試験**）

試料を圧密することなく，かつ試料中の間隙水が排出されない条件，または，試料中の間隙水が排出される余裕のない速さでせん断する試験（急速せん断試験）をいう。試料を1分間に1% のひずみで比較的速くせん断するときは，間隙水は排出される時間がないので，せん断面付近における過剰間隙水圧が発生し，せん断強さに大きな影響を与える。この試験から得られる強度定数は，c_u，ϕ_u と表される。

(2) **圧密非排水せん断試験**（consolidated-undrained shear test）
　（**CU 試験**，間隙水圧を測定するときは（**$\overline{\text{CU}}$ 試験**））

試料を圧密したのち，試料中の間隙水が排出されない条件，または，試料中の間隙水が排出される余裕のない速さでせん断する試験をいう。この方法で得られる強度定数は，CU 試験からは c_{cu}，ϕ_{cu}，$\overline{\text{CU}}$ 試験からは c'，ϕ' である（後述）。

(3) **圧密排水せん断試験**（consolidated-drained shear test）（**CD 試験**）

試料土を圧密したのち，試料中の間隙水が排出される条件，または，試料中の間隙水が排出される余裕のある速さでせん断する試験（緩速せん断試験）という。この方法では土粒子間の摩擦抵抗が大部分せん断強さになって表れる。このような緩速せん断試験はせん断に数日の時間を要するので，粘土のような透水性の低い試料には一般にあまり行われない。この試験から得られる強度定数は，c_d，ϕ_d であり，$c_d \fallingdotseq c'$，$\phi_d \fallingdotseq \phi'$ である。

せん断試験の方法は，問題の土の構造物の予想される破壊の仕方と関連して選択すべきである。例えば，飽和粘土が盛土直後に急速に破壊する場合を考えるときは UU 試験（c_u，ϕ_u）を，それがある程度圧密されたのち急速に破壊する場合を考えるときは CU 試験（c_{cu}，ϕ_{cu}）を，また圧密が進み，かつ破壊が緩やかに起こるときには CD 試験（c_d，ϕ_d）によるせん断強さを求めなければならない。

6.4.3　三軸圧縮試験

(1) 試験法

三軸圧縮試験は最も実用的で基本的な強度定数を求める試験法

であり，円柱形の試料に対し，軸対称の応力条件で行われる。図6.7は標準的な三軸圧縮試験装置を示したものある。供試体は水を通さないゴム膜で覆われており，三軸圧力室に充填された水を介して，側圧を与えることができる。圧縮試験は側圧を与えた状態で，圧縮装置でピストンを介して供試体に軸荷重を加える。圧縮試験中に供試体内部に発生する間隙水圧は，供試体の上下面から出る給水や排水の経路を介して測定される。供試体内の飽和度を高めることや，圧縮中に間隙水圧が負の値にならないようにすることを目的に，原位置の地盤の静水圧と同程度の間隙水圧を予め供試体内部に加える。この水圧を**背圧**(back pressure)という。

軸荷重が次第に増加すると図6.8（a）に示すような破壊面A－Aが生じる。この破壊面上の小さい三角形の微小要素を考えると，供試体の上下面に働く応力は最大主応力σ_1，側面に働く応力は最小主応力σ_3であり，破壊面に沿って働くせん断応力τおよびこの面に垂直にはたらく垂直応力σである（図6.8（b））。よって微少要素に働く力は，図6.8（b）に示すようになるので，水平方向および鉛直方向の力の釣り合いはそれぞれ次式で表される。

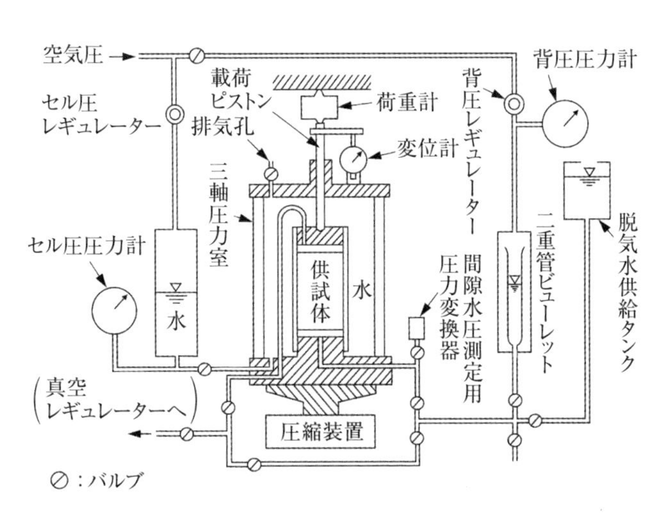

図6.7　三軸圧縮試験装置

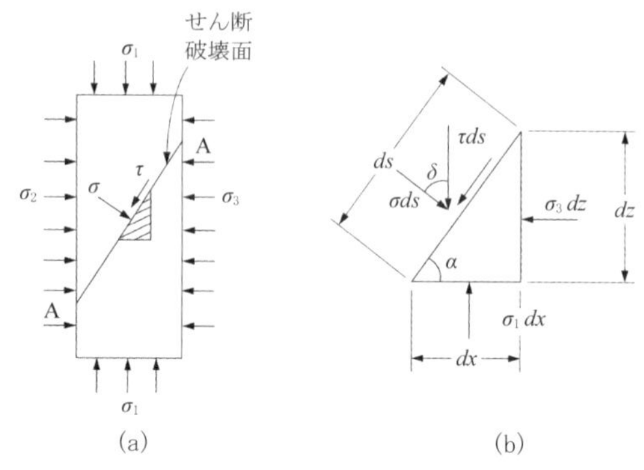

図 6.8　せん断破壊面上の応力の関係

$$\begin{aligned} \sigma_3 ds \sin\alpha - \sigma ds \sin\alpha + \tau ds \cos\alpha = 0 \\ \sigma_1 ds \cos\alpha - \sigma ds \cos\alpha + \tau ds \sin\alpha = 0 \end{aligned} \tag{6.7}$$

両式から τ を消去して，

$$\begin{aligned} &\sigma(\sin^2\alpha + \cos^2\alpha) = \sigma_1\cos^2\alpha + \sigma_3\sin^2\alpha \\ &\therefore \sigma = \sigma_1\left(\frac{\cos2\alpha + 1}{2}\right) + \sigma_3\left(\frac{1 - \cos2\alpha}{2}\right) \\ &\sigma = \frac{1}{2}(\sigma_1 + \sigma_3) + \frac{1}{2}(\sigma_1 + \sigma_3)\cos2\alpha \end{aligned} \tag{6.8}$$

また，両式から σ を消去すると，

$$\begin{aligned} \tau(\sin^2\alpha + \cos^2\alpha) = (\sigma_1 + \sigma_3)\sin\alpha\cos\alpha \\ \therefore \tau = \frac{1}{2}(\sigma_1 - \sigma_3)\sin2\alpha \end{aligned} \tag{6.9}$$

式（6.8）と式（6.9）で与えられる σ と τ は，6.2 で述べた，モールの応力円上の任意の点の応力を表す式（6.1）および式（6.2）式と全く同じである。よって破壊時の応力状態をモールの応力円で表示することができる。三軸圧縮試験では，図 6.9（a）のように側圧 σ_3 を変えて軸応力ピーク値 σ_{1p} を求め，数組のこれらの関係から，数個のモールの応力円を描き，図 6.9（b）のようにしてその包絡線を求め，粘着力 c と内部摩擦角 ϕ を求める。

軸応力は次式によって求める。実際には，図 6.7 中の荷重計の計測値から求められる軸応力に，側圧 σ_3 を足すことによって求められる。

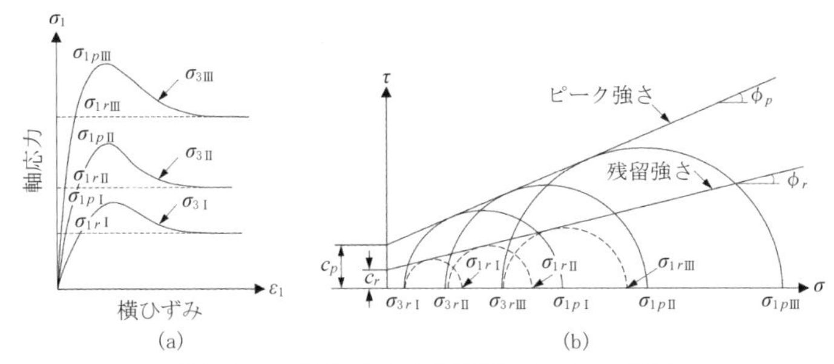

図 6.9　三軸圧縮せん断試験データの整理

$$\sigma_{1p} = \frac{P_{\mathrm{p}}}{A} \tag{6.10}$$

$$\sigma_{1p} = \frac{P_{\mathrm{r}}}{A}$$

ここに，P_{p}，P_{r}：それぞれ，加圧板に加えられたピーク強さおよび残留強さに対する荷重，A：試料の断面積である。

しかし，試料はせん断中に断面積が変化する。上式における A には，次のような修正が必要である。

$$V_f = A_f L_f$$

$$A_f = \frac{V_f}{L_f} = \frac{V_0(1-\varepsilon_{vf})}{L_0(1-\varepsilon_{af})} = A_0\frac{1-\varepsilon_{vf}}{1-\varepsilon_{af}} \tag{6.11}$$

ここに，V_0，V_{f}：それぞれ試料の初期と破壊時の体積，A_0，A_{f}：それぞれ試料の初期と破壊時の断面積，L_0，L_{f}：それぞれ試料の初期と破壊時の長さ，$V_{\mathrm{f}} = V_0(1-\varepsilon_{\mathrm{vf}})$，$L_{\mathrm{f}}$：$L_0$ $(1-\varepsilon_{af})$である。

ここに，$\varepsilon_{\mathrm{af}}$：破壊時の試料の軸方向のひずみ$\Delta L_{\mathrm{f}}/L_0$, $\varepsilon_{\mathrm{vf}}$：破壊時の試料の体積ひずみ△ V_{f}/V_0 である。せん断中の排水を許さない UU 試験や CU 試験では試料の体積は変わらないので，$\varepsilon_{\mathrm{vf}} = 0$となり以下の式となる。

$$\therefore A_f = \frac{A_0 L_0}{L_f} = \frac{A_0 L_0}{L_0(1-\varepsilon_{af})} = \frac{A_0}{1-\varepsilon_{af}} \tag{6.12}$$

斜面の安定解析（第 11 章）では，**残留せん断強さ**（residual shear strength）を用いることがある。それによる強度定数（c_r, ϕ_r）は，図 6.9（a），（b）の中で併記した方法で求められる。それらは，ピークせん断強さによる定数（c_p, ϕ_p）と比べてともに小さい。

CU および CD 試験では試料を最初に圧密することが必要である。そのため側圧を一定に保ってある時間静置し，試料の圧密による排水を起こさせてから圧縮に移る。

また前述の $\overline{\mathrm{CU}}$ 試験では，真のモール円を描くに必要な有効効力σ_1', σ_3'を求めるため，試料中の間隙水圧 u，特に破壊時の u を測定し，

$$\sigma'_3 = \sigma_3 - u, \ \sigma'_1 = \sigma_1 - u \tag{6.13}$$

この方法で得られる強度定数 c', ϕ' は，c_d, ϕ_d の値に近似する。

せん断の際の間隙水圧 u と体積ひずみと$\varepsilon_v = \Delta V/V$ の変化は，せん断応力に対し図 6.10 に示すようなものであり，正規圧密粘土もしくは緩い砂と，過圧密粘土もしくは密な砂とでは変化の状態がかなり異なる。ここに，負のε_v は体積膨張であり，これを正の**ダイレイタンシー**（dilatancy）とよぶ。それと反対の体積収縮を負のダイレイタンシーという。

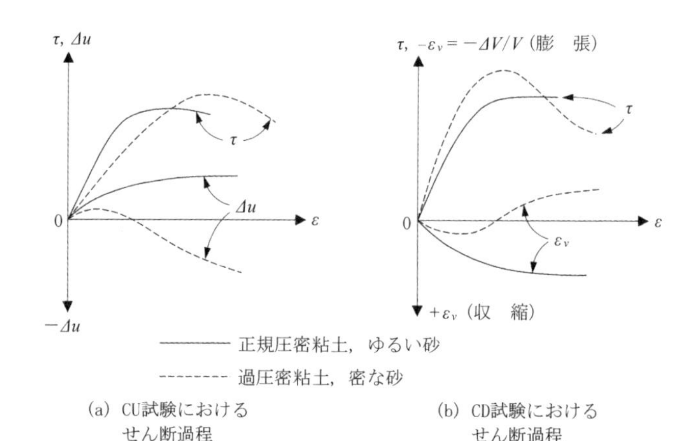

図 6.10　せん断の際の τ の変化に伴う間隙水圧と体積ひずみの変化

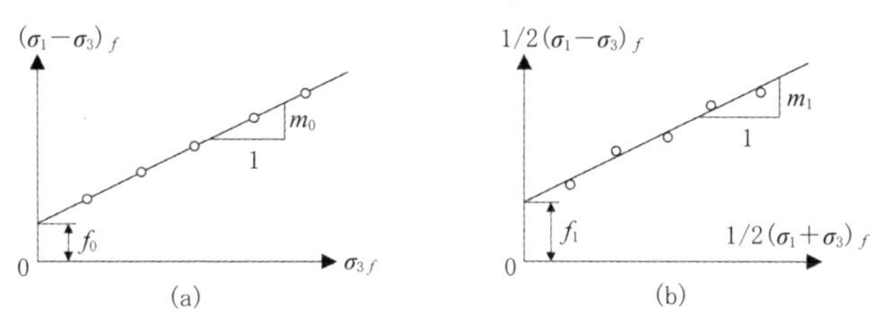

図 6.11　三軸圧縮試験の結果の整理

三軸圧縮試験では，強度定数を図 6.9 に示す方法よりも正確に求めるため，図 6.11（a）に示すように，破壊時の主応力関係を取りまとめ，次式を用いて求めることも行われる。

$$c=\frac{f_0}{2\sqrt{1+m_0}},\quad \sin\phi=\frac{m_0}{2+m_0} \tag{6.14}$$

または，図 6.11（b）にように取りまとめ，次式を用い c，ϕ，を求めることもできる。

$$\sin\phi=m_1\quad c=\frac{f_1}{\sqrt{1-m_1^2}} \tag{6.15}$$

(2)　間隙水圧係数

粘性土試料を非排水せん断するとき，供試体の中に過剰間隙水圧が生じる。軸対称三軸圧縮の場合，スケンプトン（1954 年）[2] によって，この間隙水圧 u を求める式が次のように導かれている。

三次元圧縮の場合，主応力の増加分は，

$$\Delta\sigma_1'=\sigma_1-\Delta u$$
$$\Delta\sigma_2'=\sigma_2-\Delta u$$
$$\Delta\sigma_3'=\sigma_3-\Delta u$$

土粒子の圧縮率を C_s とすれば，試料の体積変化を膨張を正として

$$\Delta V=-\frac{V\Delta p'}{C_s}=-\frac{V}{3C_s}(\Delta\sigma_1'+\Delta\sigma_2'+\Delta\sigma_3') \tag{6.16}$$

土の体積収縮は間隙水圧による間隙水の圧縮によっても生じるので，水の圧縮率を C_w とすれば，

$$\Delta V = -\frac{nV}{C_w} \cdot \Delta u \tag{6.17}$$

式（6.16）と式（6.17）を等しいとおけば

$$\frac{n}{C_w} \cdot \Delta u = \frac{V}{3C_s}(\Delta\sigma_1' + \Delta\sigma_2' + \Delta\sigma_3')$$

$$= \frac{V}{3C_s}(\Delta\sigma_1 + \Delta\sigma_2 + \Delta\sigma_3) - \frac{\Delta u}{C_s} \tag{6.18}$$

$$\therefore \quad \Delta \mathrm{u} = \frac{1}{1 + nC_s/C_w} \cdot \frac{\Delta\sigma_1 + \Delta\sigma_2 + \Delta\sigma_3}{3}$$

軸対称三軸圧縮試験の場合，$\sigma_2 = \sigma_3$ であるから，

$$\Delta u = \frac{1}{1 + nC_s/C_w}\left[\Delta\sigma_3 + \frac{1}{3}(\Delta\sigma_1 - \Delta\sigma_3)\right] \tag{6.19}$$

$B = 1/(1 + \mathrm{nCs/Cw})$，$A = 1/3$ とおけば

$$\Delta u = B[\Delta\sigma_3 + A(\Delta\sigma_1 - \Delta\sigma_3)] \tag{6.20}$$

ここに，B，A：**間隙水圧係数**（coefficient of pore water pressure）である。

飽和試料では，水を非圧縮性とすれば $B=1$ となるが，係数 A は土の試料によってかなり異なる。破壊時の係数 A を A_f とすると，その代表値は表 6.1 に示すとおりであり，安定解析に必要な間隙水圧の予測に用いられる。

表 6.1　A_f の値*

粘土の種類	A_f
高鋭敏粘土	3/4 ～ 1　1/2
正規圧密粘土	1/2 ～ 1
締め固めた砂質粘土	1/4 ～ 3/4
少し過圧密された粘土	0 ～ 1/2
締め固めた粘土混じり礫	− 1/4 ～ 1/4
非常に過圧密された粘土	− 1/2 ～ 0

* Skempton（1954年）による。

【例題 6.2】

ある飽和粘土を試料とし，標準三軸圧縮試験により，間隙水圧の測定を伴う圧密非排水せん断試験（$\overline{\mathrm{CU}}$ 試験）を行って，表 6.2 示すデータを得た。この試料の c_{cu}，ϕ_{cu} ならびに c'，ϕ' を求めよ。

表 6.2

液圧（kN/m^2）	2.0	4.0	6.0
最大偏差応力（kN/m^2）	1.6	2.3	3.6
破壊時の間隙水圧（kN/m^2）	1.0	2.0	3.2

（解答例）

全応力による各最大主応力は，軸圧にも液圧が加わるので，軸応力 σ_1 はそれぞれ

$$1.6 + 2.0 = 3.6\ \mathrm{kN/m^2}$$

$$2.3 + 4.0 = 6.3\ \mathrm{kN/m^2}$$

$$3.6 + 6.0 = 9.6\ \mathrm{kN/m^2}$$

それらの有効応力 σ_3 は

$$3.6 - 1.0 = 2.6\ \mathrm{kN/m^2}$$

$$6.3 - 2.0 = 4.3\ \mathrm{kN/m^2}$$

$$3.6 - 3.2 = 0.4\ \mathrm{kN/m^2}$$

また，有効応力による側圧 σ_3' は

$$2.0 - 1.0 = 1.0\ \mathrm{kN/m^2}$$

$$4.0-2.0=2.0 \text{ kN/m}^2$$
$$6.0-3.2=2.8 \text{ kN/m}^2$$

よって，全応力，有効応力毎にモールの応力円を図 6.12 に示すように描き

$$c_{cu}=3.0 \text{ kN/m}^2,\quad \phi_{cu}=14°$$
$$c'=0 \text{ kN/m}^2,\quad \phi'=24°$$

を得る。

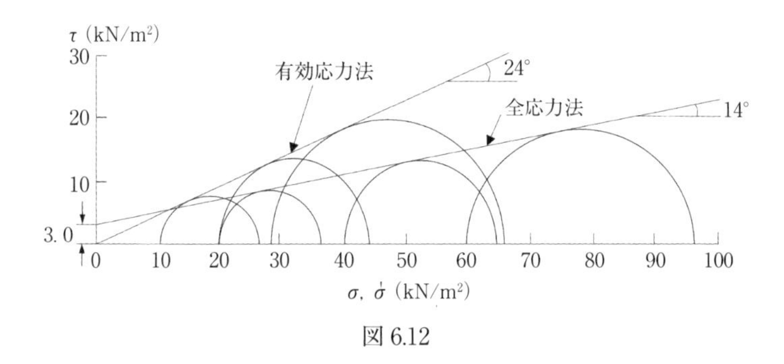

図 6.12

【例題 6.3】

ある地中の飽和粘土の有効応力表示での強度定数が，c' = 5.0 kN/m^2，$\phi'=20°$ で，間隙圧係数が $A_f=0.5$，$B=0.9$ であったとする。もしこの地盤表面上に施工中の盛土を 3m から 6m に増加するとき，それによって地中の粘土に加わる最大，最小主応力の増加分が$\Delta\sigma_1=4.0$ kN/m^2，$\Delta\sigma_3=2.5$ kN/m^2 であると予測されるとき，この粘土の有効せん断強さを求めよ。

(解答例)

式 (6.20) により過剰間隙水圧は

$$\Delta u=[2.5+0.5(4.0-2.5)]$$
$$=2.9 \text{ kN/m}^2$$

よって，地中粘土の有効応力は，この場合，すでになされている 3 m の盛土荷重も考えて，

$$\sigma'=\sigma_1+\Delta\sigma_1-\Delta u$$

$$= 4.0 + 4.0 - 2.9 = 5.1 \text{ kN/m}^2$$

せん断強さは

$$\tau' = c' + \sigma' \tan\phi'$$
$$= 5.0 + 5.1 \times \tan 20^\circ = 6.9 \text{ kN/m}^2$$

(3) 応力経路

三軸圧縮試験において，側圧σ_cが作用して等方応力状態にある供試体に軸応力$\Delta\sigma_a$を加えて圧縮していく過程をモールの応力円で表すと，図6.13に示すように描かれる。ここでモールの応力円の中心と，半径を表す応力を以下のように表す。

$$s = \frac{1}{2}(\sigma_1 + \sigma_3),\ t = \frac{1}{2}(\sigma_1 - \sigma_3) \qquad (6.21)$$

ここに，s：平均主応力，t：偏差応力である。有効応力を用いるときは，s'，t'（$=t$）である。

せん断していく過程の平均主応力とせん断応力の軌跡を**応力経路**（stress path）という。図6.14はCU試験およびCD試験の応力経路を模式的に描いたものである。Oaは等方圧密する有効応力経路で，点aの応力状態から非排水あるいは排水条件で軸応力が載荷される。CU試験で求まる偏差応力と平均主応力は全応力であり，応力経路はab上をたどり，b点で破壊する。$\overline{\text{CU}}$試験では間隙水圧を測定するので有効応力が求まる。したがって，ab'のように平均主応力を減少させながら破壊包絡線に到達する経路をたどる。次に，点aから排水条件でせん断すると(CD試験)，排水試験では過剰間隙水圧は発生しないので，CU試験と同じ経路をたどり破壊包絡線に到達する。したがって，経路abとab'の水平距離（平均主応力の差）は過剰間隙水圧の発生量を表すことになり，$\overline{\text{CU}}$試験の応力径路から，非排水では，せん断に伴って過剰間隙水圧が徐々に増加して破壊線に到達することがわかる。土のせん断強さ，特に粘性土のせん断強さは圧密条件だけでなく，せん断過程の応力条件を大きく受けるので，それらの応力履歴を明確にするため，応力経路を示すことが多く行われる。

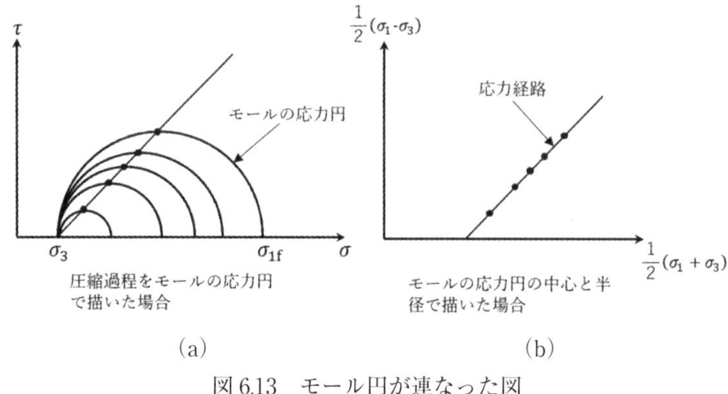

図 6.13　モール円が連なった図

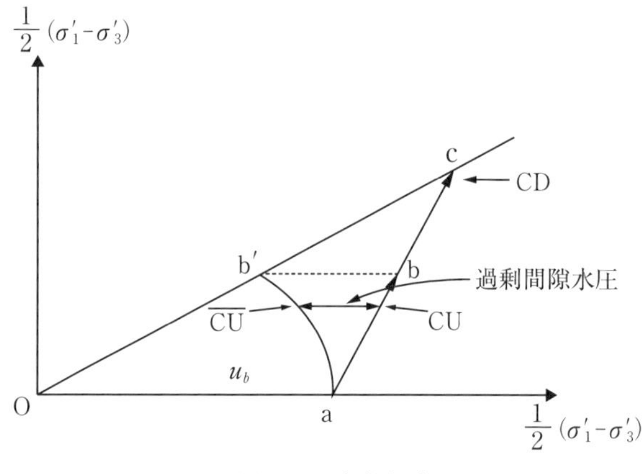

図 6.14　応力経路

6.4.4　一面せん断試験

一面せん断試験は，図 6.15 に示すように上下に分かれたせん断箱に試料を入れ，鉛直荷重とせん断力を加えてせん断強さを直接求める方法である。図 6.16 は直接せん断における力の関係を示したものである。

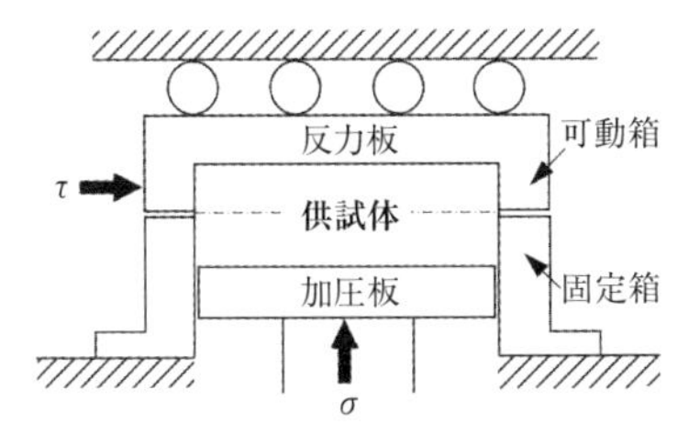

図 6.15　一面せん断試験の機構

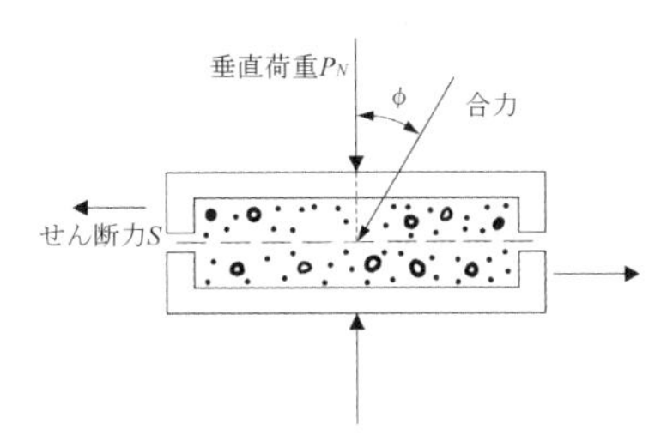

図 6.16　直接一面せん断の力の関係

いま2枚のブロックを考え，これを図 6.17（a）のように，ある垂直荷重 $P_{\rm N}$ のもとに互いにブロックをずらせようとするときは，ブロックの接触面にせん断力が働くのでこれと垂直荷重との合力は垂直荷重と力の角度だけ傾き，これが摩擦角となる。土のような粒体の集まりの場合には，図 6.17（b）に示すように，粒子間相互には，すべり，回転およびインターロッキング（噛み合い）(interlocking) が組み合わされた複雑な作用を生じる。したがって，せん断帯にダイレイタンシー（膨張または収縮）を起こすが，これらの挙動は三軸圧縮試験におけるせん断破壊面で起きるものとほぼ同じである（図 6.10 参照)。

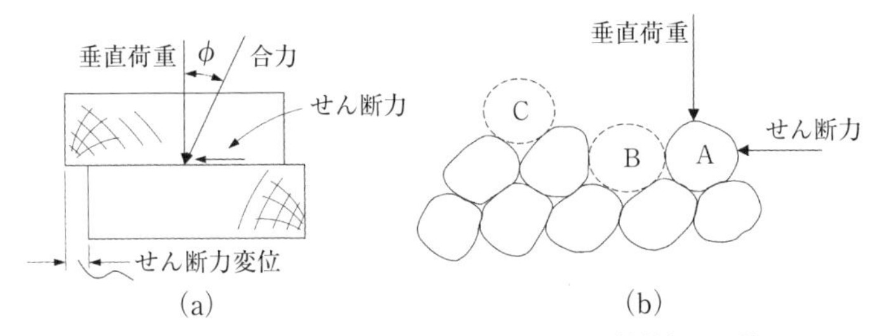

図 6.17　ブロックと粒体の場合のせん断抵抗の比較

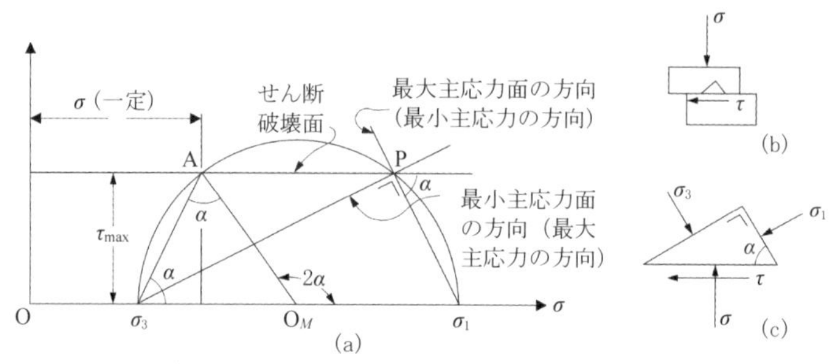

図 6.18　直接せん断試験におけるモールの応力円

直接せん断（一面せん断）では，せん断破壊面は水平に生じる（図 6.18（b））。せん断面上の三角形の微小部分を考えると各主応力は，図 6.18（c）のようにはたらくと考えられるので，図を確定するには式（6.6）により，αを仮定する。したがって，応力の関係は，概念的に図 6.18（a）に示すようなモールの応力円で表される。

ある垂直荷重 P_{N} のもとでせん断試験を行うと，図 6.19（a）に示すようなせん断変位とせん断応力の関係が得られる。

$$\sigma = P_N/A \tag{6.22}$$

ここに，σ：垂直全応力，P_{N}：垂直全荷重，A：試料の水平断面積である。

$$\tau_f = S/A \tag{6.23}$$

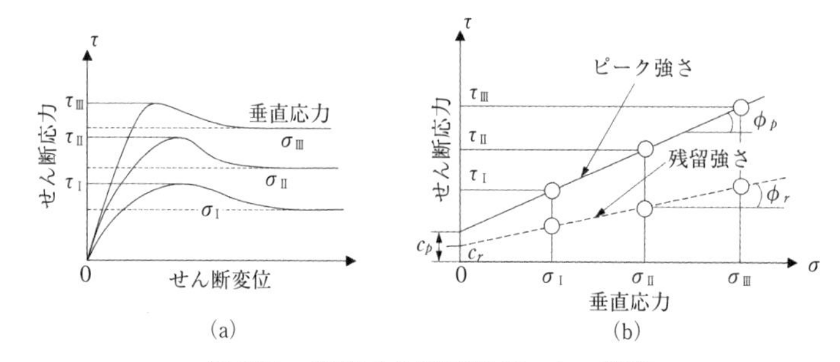

図 6.19　直接せん断試験データの整理

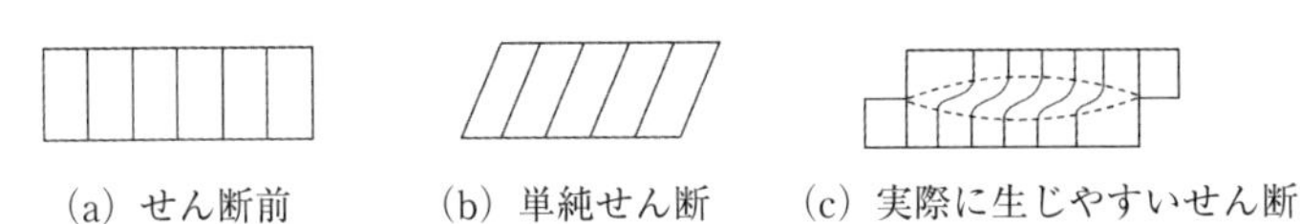

(a) せん断前　(b) 単純せん断　(c) 実際に生じやすいせん断

図 6.20　直接せん断におけるせん断形状

ここに，τ_f：せん断強さ，S：最大せん断力（ピーク強さ，または残留強さ）である。

したがって，垂直応力を変えて数組のσとτ_fの関係を求めると図 6.19（b）に示すようにクーロンの破壊線が得られ，粘着力c_pまたはc_rと内部摩擦角とϕ_pまたはϕ_rが求められる。通常，ピーク強さの強度定数は c, ϕと表記する。

一面せん断試験では試験装置の構造上，排水を制御することが難しいが，せん断中に体積変化が生じないように垂直応力を制御することによって，非排水条件を満たすことができる（定体積条件）。この条件で計測される垂直応力は供試体の体積変化がゼロとなるように直接的に作用する有効応力となり，$\overline{\mathrm{CU}}$ 試験となる。

直接せん断試験は試料が薄いので排水が容易であり，比較的簡単に行える利点があるが，次のような欠点を伴っている。

(a) 理想的なせん断は，**単純せん断**（simple shear）と呼ばれる図 6.20 (b) に示すようなものであるが，実際の一面せん断では，せん断箱の前後端部に集中する応力によって誘発された破壊が次第に伝達され，図 6.20（c）のような形式になる。このため比較的小さいせん断応力で破壊する。円筒形試料のときこの影響は大きい。

(b) せん断面がせん断変形とともに縮小されるので，せん断応力の計算上の誤差の問題がある他，軟弱な試料では機械の摩擦抵抗が無視できない。

(c) せん断面に異物があると直ちにその影響を受ける。

【例題 6.4】

ある乾燥砂について直接せん断試験を行い，垂直応力が 450kN/m^2 のとき 330kN/m^2 のせん断抵抗を得た。この砂の内部摩擦角を求めよ。また垂直荷重が 600kN/m^2 の時のせん断強さを求めよ。

(解答例)

砂の場合には通常，粘着力がないので，

$$\tan\phi' = \frac{330}{450} = 0.773$$

$$\therefore \quad \phi' = 36°15'$$

次にせん断強さは，

$$\tau'_f = 600 \times \tan 36°15' = 440\mathrm{kN/m^2}$$

6.4.5　一軸圧縮試験

一軸圧縮試験は，図 6.21 に示すように供試体の上下より，一定の速度で圧縮荷重を加えるものである。飽和度の低い試料土では三軸圧縮試験の場合に似た破壊面が生じる。一軸圧縮試験では破壊面上の微小要素については軸方向の応力はσ_1となり，他の方向の応力は$\sigma_2 = \sigma_3 = 0$ であるから，モールの応力円は図 6.22 に示すようになり，式（6.6）に類似した次式を得る。

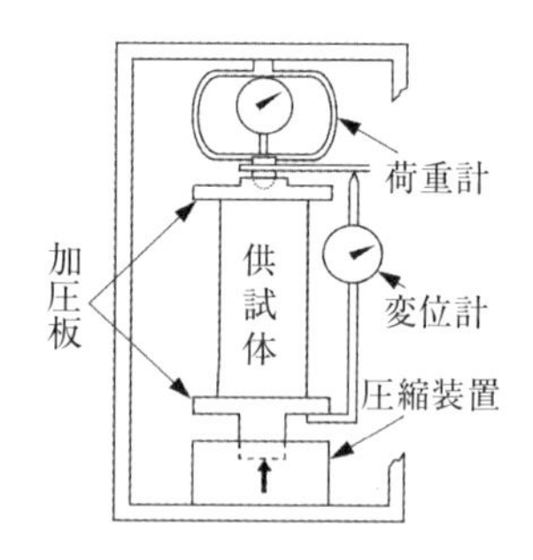

図 6.21　一軸圧縮試験装置 [1)]

$$\sin\phi' = \frac{\dfrac{\sigma_1'}{2}}{\dfrac{\sigma_1'}{2} + c'\cot\phi'} = \frac{\sigma_1'}{\sigma_1' + 2c'\cot\phi'}$$

$$\therefore \quad c' = \frac{\sigma_1'}{2}\frac{(1-\sin\phi')}{\cos\phi'}, \quad \text{または} c' = \frac{\sigma_1'}{2\tan(45° + \dfrac{\phi'}{2})} \tag{6.24}$$

また，破壊面と最大主応力面との成す角は，

$$\alpha_f = 45° + \frac{\phi'}{2} \tag{6.25}$$

したがって，もし試料が飽和粘性土であって，$\phi \fallingdotseq 0$ のときには

$$c_u = \frac{\sigma_1}{2},\quad \alpha_f = 45°$$

それゆえ，せん断抵抗角が無視できるような飽和粘性土では，単に一軸圧縮試験を行ってその破壊強さを測定し，その1/2の値をもって粘着力 c_u とすることができるので利用度が高い。また破壊面は水平線と45度の角度に生ずることがわかる。

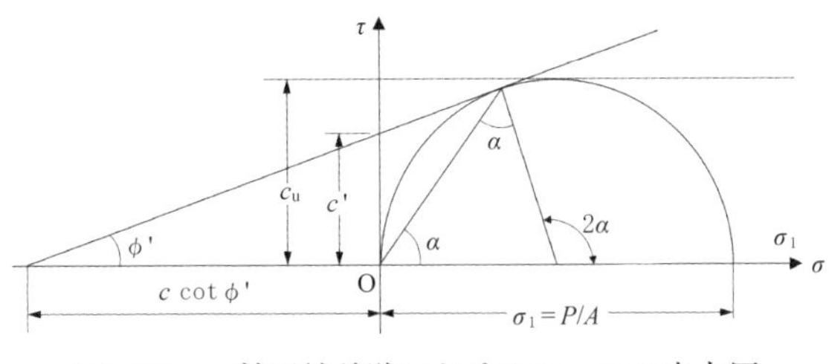

図 6.22　一軸圧縮試験におけるモールの応力円

一軸圧縮試験ではせん断中の含水量の調節ができないので，飽和粘性土では一種のUU試験であると考えて良い。一軸圧縮試験の方法はJISに規定されている。

【例題 6.5】

飽和度が低い土の一軸圧縮試験を行った。圧縮強さは240kN/m^{2}であり，破壊面が水平線となす角度は51度であった。この土の粘着力とせん断抵抗角を求めよ。

（解答例）

破壊面の水平面となす角度は

$$\alpha_f = 45° + \frac{\phi'}{2} = 51°$$

$$\therefore\quad \phi' = 12°$$

次に粘着力は式（6.24）により，

$$c' = \frac{\sigma_1'}{2}\frac{(1-\sin\phi')}{\cos\phi'} = \frac{240\times(1-\sin 12^\circ)}{2\times\cos 12^\circ}$$

$$= 97\ \mathrm{kN/m^2}$$

6.4.6　ベーンせん断試験

ベーンせん断試験は，図 6.23 に示すベーンブレードを所望の深さで回転させ，地盤内の c_u を直接測定する。このとき，土はベーンの周りに円柱状に破壊する。最大のねじりモーメントは，鉛直回転軸と土との摩擦抵抗を無視すると次の式で与えられる。

$$T_{max} = \tau\left(\pi DH\frac{D}{2} + 2\frac{\pi D^2}{4}\frac{2}{3}\frac{D}{2}\right) = \tau\left(\frac{\pi D^2 H}{2} + \frac{\pi D^3}{6}\right) = \tau A \tag{6.26}$$

ここに，$T_{\max}$：ベーンが回転するときの最大のねじりモーメント（トルク），H:ベーンの鉛直高，D:ベーンの幅，τ：せん断応力，A：ベーン定数である。

この試験は一種の UU 試験であり，その粘着力は上式から

$$c_u = \frac{T_{max}}{\dfrac{\pi D^2 H}{2} + \dfrac{\pi D^3}{6}} \tag{6.27}$$

ここに，T_{max}：$(P_1 + P_2)L\cos\alpha$，ただし，L：トルクバーの長さ，α：回転角である。

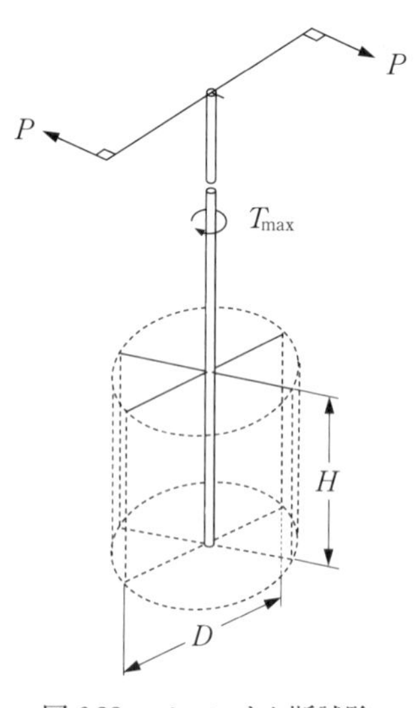

図 6.23　ベーンせん断試験

6.5　砂質土のせん断特性

一般に砂のせん断強さはすでに述べたように，

$$\tau_f = \sigma\tan\phi \tag{6.28}$$

ここに，σ = 垂直全応力，ϕ = せん断抵抗角である。

排水条件のもとで砂をせん断するときには，密度の高さによっ

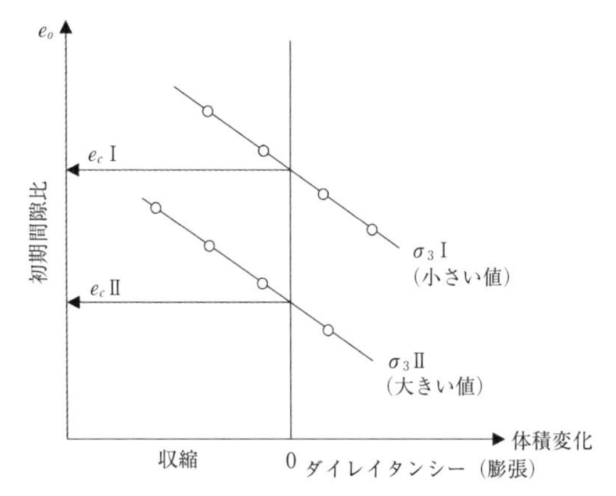

図6.24　A. カサグランデによる限界間隙比の求め方

て，体積変化，すなわちダイレイタンシー（膨張をまたは収縮）を起こす。ちょうど，体積変化をも起こさない間隙比を**限界間隙比**(critical void ratio) e_c という。限界間隙比を求める方法には2，3あるがカサグランデ（1948年）の方法は次のとおりである，図6.24に示すように，大小数値の側圧 σ_3 の下で相対密度 D_r を変えてCD試験を行い，体積変化が0である初期間隙比 e_c とする。そして，限界間隙比は側圧の大きさに対してとりまとめられる。

繰返し荷重または振動のような砂からの排水ができない程度に急速にせん断を受けると，粒子間に間隙水圧が累積増加し，せん断強さは緩速せん断の場合に比べて小さくなる。条件によっては液状化（liquefaction）を起こす。$u \to \sigma$ となる現象である。

$$\tau_f' = (\sigma - u)\tan\phi' = \sigma'\tan\phi' \qquad (6.29)$$

ここに，u：間隙水圧である。

一方，密に詰まった飽和砂が急速せん断を受けると，せん断帯における粒子の移動によって試料は膨張し，緩速せん断に比べてせん断強さは増大する（図6.10参照）。

6.6 粘性土のせん断特性

6.6.1 練返し効果

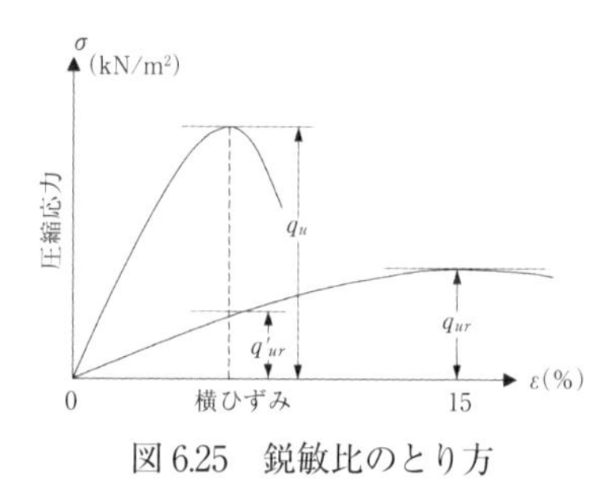

図 6.25 鋭敏比のとり方

粘性土の乱さない試料と乱した試料とではせん断強さが異なり，練返しによって強さが減少することはよく知られている。これを**練返し効果**(remolding effect) という。この強さの減少割合を表すには，同一試料の両方の場合についての一軸圧縮試験を行い，乱した試料に対する乱さない試料の圧縮強さの比をもって**鋭敏比** (sensitivity ratio) とするが，その表し方には次の 2 通りがある。

テルツァギー (1948 年)[4)]

$$S_t = q_u/q_{ur} \tag{6.30}$$

チュボタリオフ (Tschebotarioff, 1948 年)[5)]

$$S_t = q_u/q'_{ur} \tag{6.31}$$

ここに，S_t：鋭敏比，q_r：乱さない試料の一軸圧縮強さ，q_{ur}：同じ試料を完全に乱したときの一軸圧縮によるピーク強さ，q'_{ur}：乱さない試料の強さのピークと同じひずみに対する乱した試料の強さである。一般的にはテルツァギーの方法が用いられる。もし乱さない試料について圧縮強さのピークが生じないときは，15% ひずみに対する強さの比を求める。

鋭敏比によって粘性土は表 6.3 のように分類される。我が国の沖積土には**クイッククレー** (quick clay) はその例が稀で，北欧等の氷河堆積粘土に多く見られる。また鋭敏比はその大きさによって，設計に用いるせん断強さの安全率を選ぶために用いられる。

表 6.3

鋭敏比 S_t	粘土の分類
1	非鋭敏粘土
1 ～ 8	鋭敏粘土
8 ～ 64	クイッククレー
＞64	超クイッククレー

6.6.2　せん断強さに及ぼす先行圧密および排水の影響

飽和粘土のせん断強さに及ぼす主な要素は，圧密荷重の大きさとせん断中における排水の有無である。

(1)　非圧密非排水せん断特性

飽和粘土を対象としたUU試験では，拘束圧$\Delta\sigma_3$が増加すると，その等量だけ間隙水圧が増加することとなるので，有効応力は変化しない。全応力のモールの応力円は，σ_3に応じた半径が等しい円が描かれる（図6.29（a）参照）。有効応力によるモールの応力円はただ一つとなり，せん断強さは変わらない。

(2)　圧密非排水せん断特性

高含水比の正規圧密粘土が圧密圧力（有効応力）p_0で圧密されるとき，K_0を静止土圧係数（第8章参照）とすれば，その圧密によって与えられる側圧はp_0K_0であると考えられるので，せん断破壊時の有効主応力は，式（6.20）によるΔuの式を用い，$B=1$として

$$\begin{aligned}\sigma_1' &= p_0+(\Delta\sigma_1-\Delta u)=p_0+\{\Delta\sigma_1-\Delta\sigma_3-A_f(\Delta\sigma_1-\Delta\sigma_3)\}\\ &= p_0+(\Delta\sigma_1-\Delta\sigma_3)(1-A_f)\end{aligned} \tag{6.32}$$

$$\begin{aligned}\sigma_3' &= K_0p_0+(\Delta\sigma_3-\Delta u)\\ &= K_0p_0+\{\Delta\sigma_3-\Delta\sigma_3-A_f(\Delta\sigma_1-\Delta\sigma_3)\}\\ &= K_0p_0-(\Delta\sigma_1-\Delta\sigma_3)A_f\end{aligned} \tag{6.33}$$

図6.29（a）から分かるように

$$\sigma_1'-\sigma_3'=\sigma_1-\sigma_3=2c_u$$

であるから，前の2つの式の差から

$$2c_u = p_0(1-K_0) + (\Delta\sigma_1 - \Delta\sigma_3) \tag{6.34}$$

次に，式（6.5）にならって

$$\begin{aligned} \sigma_1' - \sigma_3' &= 2c' \cdot \cos\phi' + (\sigma_1' + \sigma_3')\sin\phi' \\ \sigma_1' - \sigma_3' &= 2c' \cdot \cos\phi' + (\sigma_1' - \sigma_3')\sin\phi' + 2\sigma_3' \cdot \sin\phi' \\ \therefore c_u(1-\sin\phi') &= c' \cdot \cos\phi' + \sigma_3'\sin\phi' \\ &= c' \cdot \cos\phi' + \{K_0 p_0 - A_f(\sigma_1 - \sigma_3)\}\sin\phi' \end{aligned} \tag{6.35}$$

式（6.34）と式（6.35）とから（$\Delta\sigma_1 - \Delta\sigma_3$）を消去すると，

$$\begin{aligned} c_u &= \frac{c' \cdot \cos\phi' + p_0\{K_0 + A_f(1-K_0)\}\sin\phi'}{1+(2A_f-1)\sin\phi'} \\ \therefore \frac{c_u}{p_0} &= \frac{(c'/p_0)\cos\phi' + \{K_0 + A_f(1-K_0)\}\sin\phi'}{1+(2A_f-1)\sin\phi'} \end{aligned} \tag{6.36}$$

c_u/p_0 の比を**強度増加率**（shear strength ratio）と呼ぶ。上式は過圧密粘土にも応用される一般式である。正規圧密粘土では，c' ≒ 0 であるから

$$\therefore \frac{c_u}{p_0} = \frac{\{K_0 + A_f(1-K_0)\}\sin\phi'}{1+(2A_f-1)\sin\phi'} \tag{6.37}$$

K_0 の値の選び方には，第 8 章で述べるように問題があるが，等方圧密状態（標準の三軸圧縮試験における圧密）では $K_0=1$ を，異方圧密状態（実際の地盤粘土）では $K_0=0.5$ とすることが行われる。また，ビショップらの提案による $K_0=1-\sin\phi'$ をとるとき（第 8 章参照），式（6.37）は次のようになる。

$$\frac{c_u}{p_0} = \frac{(1-\sin\phi' + A_f\sin\phi')\sin\phi'}{1+(2A_f-1)\sin\phi'} \tag{6.38}$$

また，スケンプトン（1957 年）[6] は，正規圧密粘土に対し，塑性指数 I_p を用いて次のような経験式を示している。

$$\frac{c_u}{p_0} = 0.11 + 0.0037 I_p \tag{6.39}$$

CU 試験では，圧密荷重を受けると図 6.26（a）および（b）に示すように，圧密荷重が大きいほど粘土の間隙は小さくなり，ま

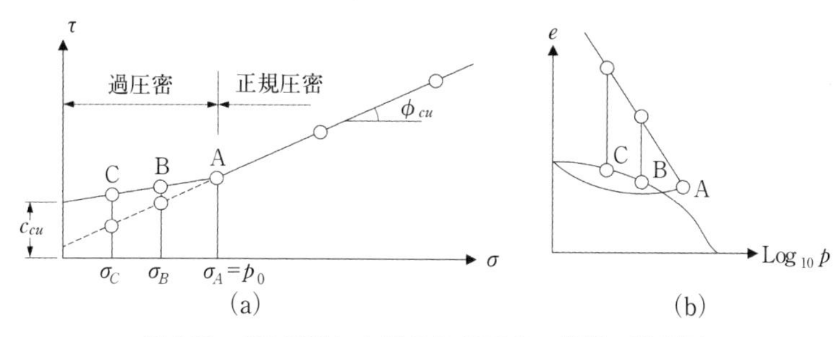

図6.26　CU試験における先行圧密の影響の説明図

た含水比も低下するのでせん断強さは増大する。すなわち，すでにある荷重で圧密された粘土について一連のCU試験を行うと，図6.27に示すように，圧密荷重以下の垂直荷重レベルでは粘着力は増大する。圧密荷重以下の部分の直線の傾斜角をϕとし，次にこの直線による粘着力をそれぞれの圧密荷重の位置に移動し，これらの点と原点を結び，その直線の傾斜角をϕ_cとすれば，

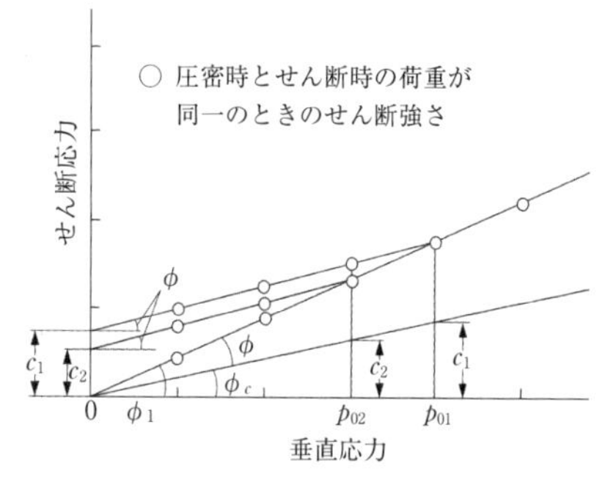

図6.27　CU試験における先行圧密の影響

$$\tan\phi_1=\tan(\phi+\phi_c)=\frac{\tan\phi+\tan\phi_c}{1-\tan\phi\tan\phi_c} \tag{6.40}$$

$\tan\phi\ \tan\phi_c$の値は1に比べて小さいので無視すると

$$\tan\phi_1\fallingdotseq\tan\phi+\tan\phi_c$$

よって先行圧密圧力p_0による粘着力は

$$c_{cu}=p_0\tan\phi_c \tag{6.41}$$

となり，cがp_0によって生じることがわかる。したがって，せん断強さは次の式で表される。

$$\tau=c+\sigma\tan\phi=p_0\tan\phi_c+\sigma\tan\phi \tag{6.42}$$

以上の説明はボシュレフ（1937年）[3]によってなされた。

ϕの値は正確には圧密荷重が増大するとわずかに大きくなるが，この説明ではその変化を無視している。

【例題 6.6】

c'＝0，ϕ'＝25°，A_f＝0.7 の等方圧密による正規圧密粘土について，c_u/p_0 の値を求めよ。

（解答例）

等方圧密状態では，K_0＝1.0 として，式（6.37）より

$$\therefore \frac{c_u}{p_0}=\frac{\{1.0+0.7(1-1.0)\}\times\sin 25^\circ}{1+(2\times 0.7-1)\sin 25^\circ}=0.36$$

また，式（6.38）より，

$$\frac{c_u}{p_0}=\frac{(1-\sin 25^\circ+0.7\times\sin 25^\circ)\times\sin 25^\circ}{1+(2\times 0.7-1)\sin 25^\circ}=0.32$$

(3) 圧密排水せん断特性

CD 試験では排水が行われるので，せん断強さの成因は土粒子間の摩擦力（真の摩擦力）になり，その挙動は砂質土に類似する。またその程度は，図 6.28 に示すようにせん断の速さに関係がある。

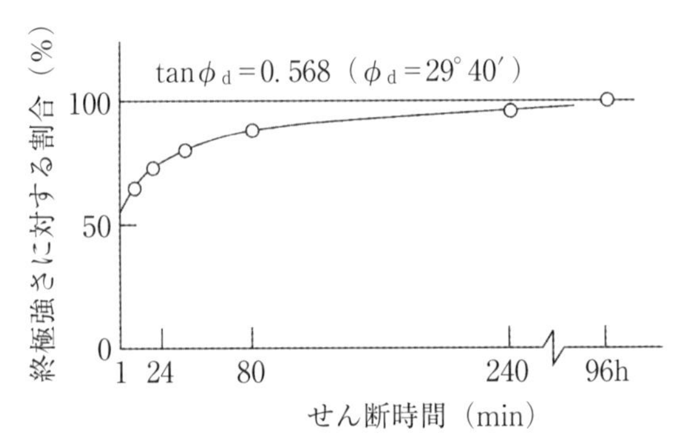

図 6.28　CD 試験の場合のせん断の速さの強さに対する影響の例

図6.29は三軸圧縮試験による練り返した飽和粘土の3種のせん断試験の結果を示したものである。横座標上のB点は先行圧密圧力の大きさを示している。

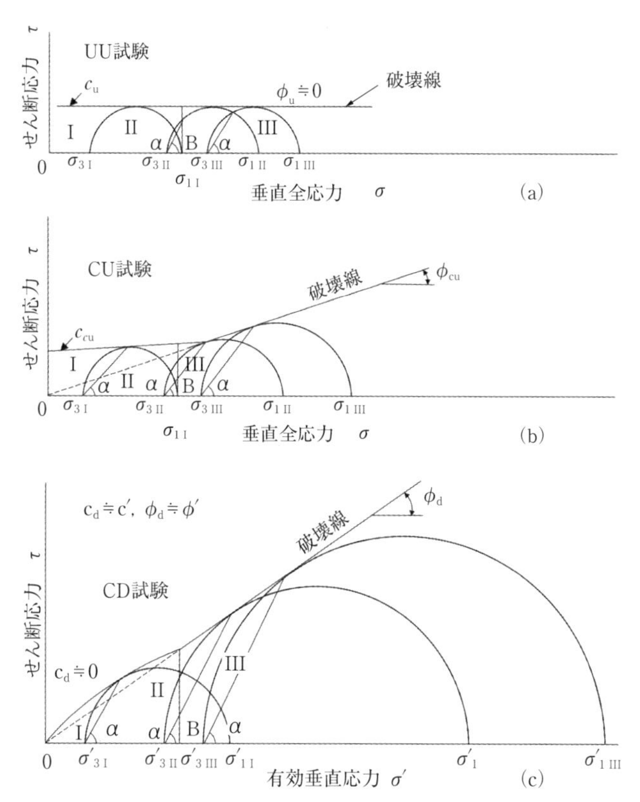

図6.29　三軸圧縮試験による練り返した粘土のCD，CUおよびUU試験の比較

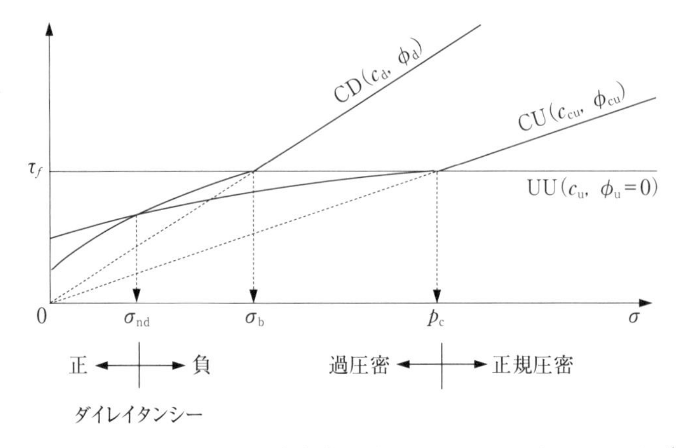

図 6.30　先行圧密圧力と排水条件の違いによるせん断強さの比較[1)]

図 6.30 は先行圧密圧力 p_c の飽和粘土に対する 3 種（UU, CU, CD）の一面せん断試験で得られる破壊線を重ねて描いたものである。正規圧密（$p_0<\sigma$）では UU 試験より得られるせん断強さが，過圧密（$\sigma_{nd}<\sigma\leqq p_c$）では CU 試験より得られるせん断強さが最も小さい。さらに過圧密比（$\sigma\leqq\sigma_{nd}$）が大きくなると，ダイレイタンシーが負から正に転じるので，排水試験では体積膨張し非排水試験よりもせん断強さが小さくなる。したがって，せん断強さを求める際には，現場の応力条件を考慮して試験条件を決めなければならない。

6.6.3　クリープ

粘性土は応力徐々に増加して一軸圧縮試験を行うと，急激に応力を増加した場合よりもせん断抵抗が小さく現れる。またある一定の応力を加えると荷重の増加がないのにかかわらず，ひずみは長時間継続する。これは粘土に特有な**クリープ**（creep）と呼ばれる現象であり，応力一定のもとで変形が増大する塑性流動や一定の変形を持続させるには応力を軽減させねばならない応力緩和とよばれる現象と密接な関係を持っている（図 6.31）。

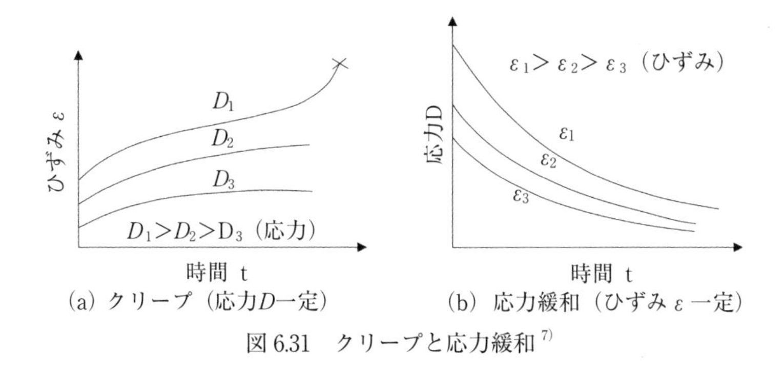

図 6.31　クリープと応力緩和[7)]

6.6.4　土構造

土構造の違いは透水係数（第4章）だけでなく，粘性土のせん断強さの重要な要因である。図 6.32 は，一次元条件で圧密した粘土を鉛直軸から角度 β だけ傾けて切り出した供試体の一軸圧縮強さを示している。鉛直に切り出した供試体の強さが最も大きく，β が大きくなるほどそれは小さくなる。応力ひずみ関係においても，β が大きくなると破壊ひずみが大きくなり，ピークも不明瞭になる。土構造の幾何学形状や応力履歴の影響を受け，このような異方的なせん断特性を持つようになるといわれている。このせん断強さの異方性を，後章で述べる安定解析に取り入れることがある。

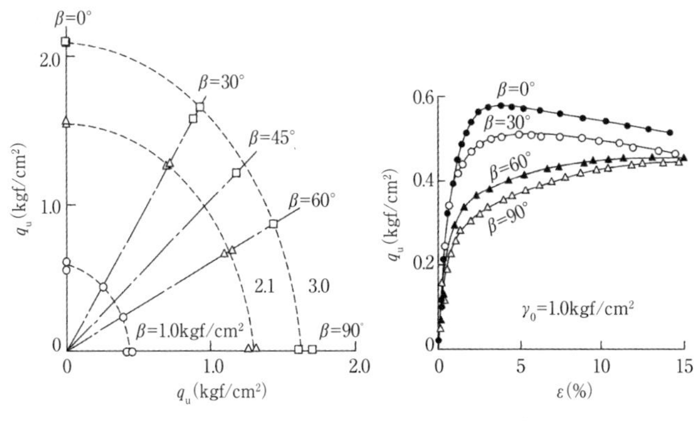

図 6.32　一軸圧縮強さの異方性[8)]

演習問題

【問題 6.1】

外力を受けた土中の点における最大主応力および最小主応力がそれぞれ 100kN/m^2 および 30kN/m^2 であるとき，この点における最大主応力面と 25° をなす面上の垂直応力とせん断応力を求めよ。

【問題 6.2】

きれいな乾燥した砂の一面せん断試験を行ったところ，鉛直応力が 100kN/m^2 のときに，せん断応力が 60kN/m^2 で破壊した。この砂のせん断抵抗角を求めよ。また，鉛直応力が 250kN/m^2 のとき，破壊時のせん断応力を求めよ。

【問題 6.3】

密な砂を排水および非排水条件でせん断試験を行った場合のせん断強さをダイレイタンシーに着目して比較せよ。

【問題 6.4】

ある粘土地盤においてベーンせん断試験を実施したところ，最大トルク 20N・m であった。ただしベーンの高さは 10cm，全幅は 5cm である。この粘土の非排水せん断強さを求めよ。

【問題 6.5】

みだれの少ない飽和粘土の一軸圧縮試験を行ったところ，一軸圧縮強さが 200kN/m^2 となった。さらに，この試料を十分に練返した再構成粘土試料の一軸圧縮強さは 18kN/m^2 であった。非排水せん断強さと鋭敏比を求めよ。

【問題 6.6】

正規圧密土を圧密非排水状態で三軸圧縮試験を行い以下の結果

を得た。全応力表示によるせん断抵抗角，有効応力表示によるせん断抵抗角，および強度増加率（c_u/p）を求めよ。

圧密圧力 (kN/m^2)	軸差応力 (kN/m^2)	破壊時の間隙水圧 (kN/m^2)
50	34	34
100	68	68
150	102	102
200	136	136

第7章　土の繰返しせん断と液状化

7.1　はじめに

本章では，地震時の地盤の振動特性と被害の実例を紹介し，土の繰返しせん断変形と強度特性，そして，それらを調べるための試験法を解説する。さらに，砂地盤における**液状化**（liquefaction）の発生メカニズムと予測法および対策法を説明する。

7.2　地震時の地盤被害

地震（earthquake）は，地殻上部に位置する**岩石**（rock）が何らかの原因で急激に破壊する現象である。図7.1に地震の伝搬経路を示す。震源あるいは震源域より放出された波は地震波と呼ばれており，地殻上部の**地震基盤**（seismic bedrock）から**工学的基盤**（seismic bedrock in earthquake engineering）を経て**表層地盤**（surface layer）に達する実体波と，地表面に沿って伝搬する表面波からなり，それらが干渉し合いながら地面を揺らす。地表で観測される地面の揺れは**地震動**（earthquake motion）と呼ばれており，一般に震源から離れるにつれて小さくなる性質を有している。このとき，各地の地震動の程度は，震度という揺れの大きさを表す指標にて数値化される。一方，地震の規模は，震源の断層面積や変位量などから算定される**マグニチュード**（magnitude, M）というエネルギーを表す単位にて数値化される。例えば，マグニチュードの値が1大きくなるとエネルギーは約32倍，2大きくなると約1000倍となる。

我が国における地震の発生は，海側のプレートと陸側のプレートの活動によるものが多く，プレート間で生じるものを海溝型地震，海側のプレート内で起こるものをスラブ内地震，陸側のプレート表層で生じるものを内陸型地震と呼ぶ。また，火山活動に伴って発生する火山性地震もある。

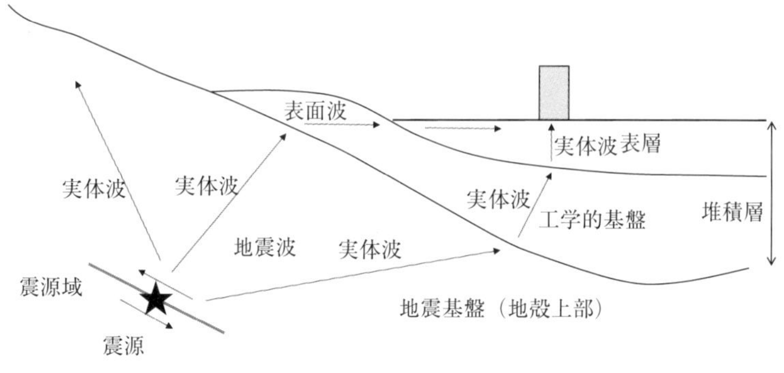

図 7.1　地震の伝搬経路

海溝型地震は，一般に深さ 40 ～ 50km で生じ，100 ～ 150 年の周期で繰返し発生している。地震発生に伴って，プレート間に生じるひずみの大部分が解放されるため，放出されるエネルギーは大きくなる傾向がある。2011 年東北地方太平洋沖地震（東日本大震災，M9.0），1946 年南海地震（M8.0），1923 年関東地震（関東大震災，M7.9）がこれにあたる。

スラブ内地震は，沈み込む海側プレート内部で生じる地震である。海溝型地震と比べ，周期性は確認されておらず，発生位置の予測も困難な地震である。2022 年福島県沖の地震（M7.4），2001 年芸予地震（M6.7），1994 年北海道東方沖地震（M8.4）がこれにあたる。

内陸型地震は表層地殻の地質学的弱線（**断層**，fault）が滑動することで発生するものであり，震源の深さは 20km 以浅であることが多い。海溝型地震に比べると放出されるエネルギーは小さいものの，地殻の破壊が地表面にまで達することもあり，大きな被害に発展する。2016 年熊本地震（M7.3），2005 年福岡県西方沖地震（M7.0），1995 年兵庫県南部地震（阪神・淡路大震災，M7.3），1964 年新潟地震（M7.5）がこれにあたる。

図 7.2 は，2016 年熊本地震の本震が発生した際に，益城町で観測された深度 225m と地表面における加速度の時刻歴である。地

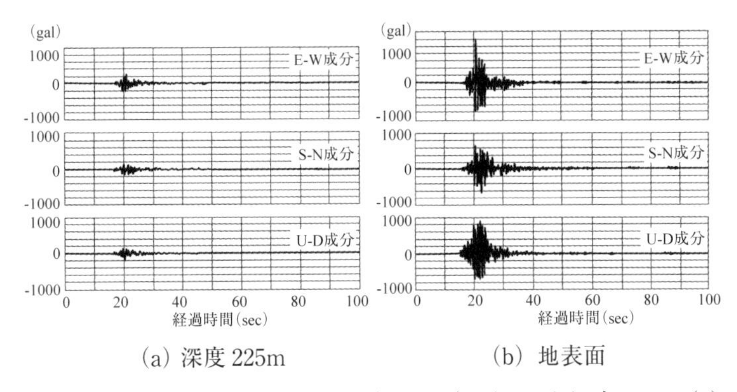

(a) 深度225m　　(b) 地表面

図7.2　2016年熊本地震において益城町で観測された深度225m（a）と地表面（b）における加速度の時刻歴（観測データ[1]は防災科学技術研究所提供）

表面の加速度振幅は深度225mに比べて明らかに大きいことが分かる。このような地震波の増幅や減衰は，地震波が伝搬する土によって異なることが知られており，サイト特性と呼ばれる。例えば，長周期地震動による高層ビルの揺れや石油タンクのスロッシング現象は，地盤内で生じる地震波の増幅がもたらす現象である。

地震時のようにせん断応力が繰返し作用すると，土が液状化し，地盤全体の破壊に発展することがある。1964年新潟地震で多く確認された液状化現象は，その後の地震でも度々確認され，2011年東北地方太平洋沖地震では，東北地方の6県，関東地方の1都6県で確認され社会問題となった[2]。

地震前には構造物を支える十分な支持力を有する地盤でも，液状化現象が発生すると，地盤が著しく変状し，構造物の不等沈下や傾斜（写真7.1）をまねくこともある。マンホールのような地中構造物は，周辺が液状化すると側面の摩擦が切れて地表面に浮き上がる（写真7.2）。写真7.3は，液状化の発生した場所でよく見られる噴砂と呼ばれる現象である。この現象が起きている地盤は液状化が生じたと考えてよく，地震の現地調査では，液状化発生の根拠とされることが多い。

以上のことから，地震による地盤の揺れと被害を把握・予測するためには，(1)対象地点で想定される地震の発生位置と規模，(2)地震波の伝播と地盤の振動，(3) 地盤の振動による土の変形と強度に関する調査が必要となる。

写真 7.1　建物の傾斜

写真 7.2
マンホールの浮き上がり

写真 7.3　噴砂跡

7.3　土の繰返しせん断

7.3.1　基礎方程式

地震波は**P 波**（primary wave, 圧縮波）と**S 波**（shear wave, せん断波）に分けることができ，多くの地震被害を起こす波はS波であることが知られている。

図 7.3 のようにS波が一次元水平成層地盤の鉛直下方から入射したとき，地盤の深さ方向（z）のせん断応力（τ）は次式のように書くことができる[3)]。

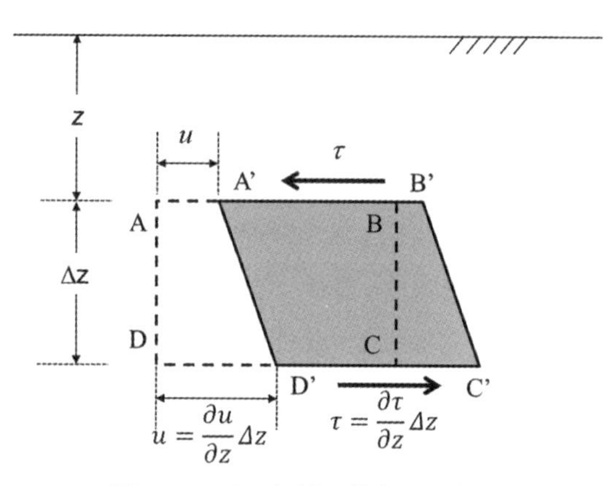

図 7.3　S 波の伝播に伴う土の変形

$$\frac{\partial \tau}{\partial z} = \rho \frac{\partial^2 u}{\partial t^2} \tag{7.1}$$

$u=u$（z,t）は任意の時刻 t における水平変位，ρ は密度である。ここで，せん断応力（τ）とせん断ひずみ（γ）を線形で仮定し，せん断剛性を G とすると，

$$\tau = G\gamma = G\frac{\partial u}{\partial z} \tag{7.2}$$

が成り立つ。したがって，式（7.1）に式（7.2）を代入すると，次の波動方程式が得られる。

$$\frac{\partial}{\partial z} G \frac{\partial u}{\partial z} = \rho \frac{\partial^2 u}{\partial t^2} \tag{7.3}$$

S波のような繰返し外力が地盤に加わると，土のせん断剛性は，せん断ひずみ振幅が大きくなるにつれて低下する。つまり，せん断剛性（G）は一定値ではなく，せん断ひずみの大きさによって変化する変数となる。また，せん断応力とせん断ひずみは，繰返しせん断応力の振幅が増加するにつれて大きなループを描き（図7.4参照），両端を結んだ傾き（割線せん断弾性係数）は次第に低下する。このループ経路はヒステリシスループと呼ばれており，振動伝播の減衰との関連が深い。すなわち，ヒステリシス内の面積と割線，せん断ひずみ軸に囲まれる三角形の面積比（図7.4を参照）によって定義される**減衰定数** h（damping ratio）は，せん断ひずみ振幅が大きくなるにつれて増加する。

7.3.2　繰返しせん断試験

土の繰返し変形・強度特性を求めるための代表的な試験に**繰返し三軸試験**（cyclic triaxial test）がある。この試験を実施するための装置は，基本的には静的圧縮用の三軸圧縮試験装置と同様であるが，繰返し軸荷重を作用させるための載荷シリンダが三軸セルの上部に装備されている（図7.5）。

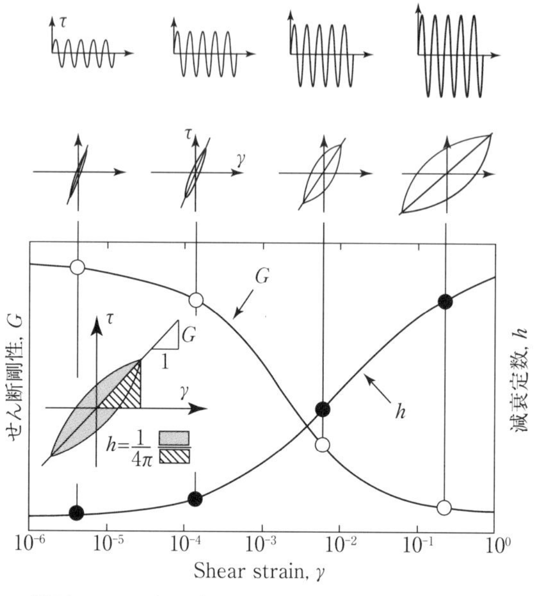

図 7.4　繰返しせん断ひずみ振幅とせん断剛性，減衰定数の関係

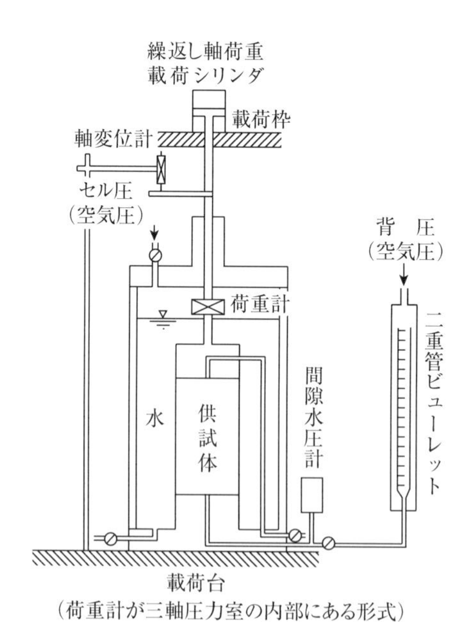

図 7.5　繰返し三軸試験装置の例

一般に，飽和土の繰返し三軸試験は，「土の繰返し非排水三軸試験方法（JGS 0541）」の基準に沿って，次のような手順にて実施される。

(1) 有効拘束圧（σ'_c）で等方圧密した後，非排水条件とする

(2) 繰返し載荷シリンダにより，正弦波の周期的な軸荷重を与える

(3) 軸圧の変化，軸変位，間隙水圧を逐次測定し，所定の繰返し回数，あるいは，繰返し載荷 1 回当たりの軸ひずみの変化量が所定の値に達したら試験終了となる

軸圧，軸変位，初期の間隙水圧からの変化量から，それぞれ軸差応力（q），軸ひずみ（ε_a），過剰間隙水圧（Δu）を求めることができる。図 7.6 は繰返し非排水三軸試験の結果の模式図である。軸ひずみは 1 サイクルごとに整理され，1 サイクルあたりの軸ひずみの変動幅は両振幅軸ひずみ（DA）と呼ばれる。また，過剰間隙水圧は，過剰間隙水圧比（$\Delta u/\sigma'_c$）で整理されることが多い。例えば，$\Delta u/\sigma'_c=1$ のときは，初期の有効拘束圧（σ'_c）と同じ過

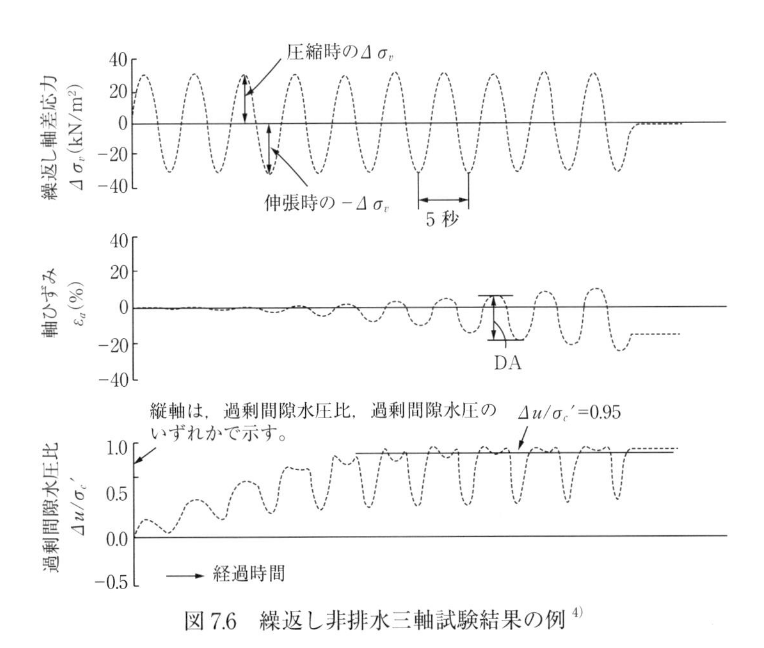

図 7.6　繰返し非排水三軸試験結果の例[4)]

剰間隙水圧が土の内部で生じていることを意味するから，有効応力はゼロとなり，土の骨格構造が消失する。なお，非排水の条件，すなわち体積ひずみがゼロの条件から，せん断ひずみ（γ）は軸ひずみ（ε_a）を用いて，γ=1.5 ε_a で与えられる。

7.3.3　繰返しせん断を受ける土の変形特性

繰返しせん断ひずみ振幅とせん断剛性（G）および減衰定数（h）の関係を調べる試験には「地盤材料の変形特性を求めるための繰返し三軸試験方法（JGS 0542）」や「土の変形特性を求めるための中空円筒供試体による繰返しねじりせん断試験方法（JGS 0543）」などがある。これらの試験では，図 7.4 の上段に示すように供試体に繰返しせん断応力を与え，その際のせん断応力とせん断ひずみの関係が描くヒステリシスループを測定する。また，試験は通常 10^{-6} ～ 10^{-2} といった微小なひずみレベルで実施される。このようにひずみレベルが異なる条件での試験結果から，せん断剛性と減衰定数を求めて，図 7.4 の下段に示すようなせん断剛性比（G/G_o）と減衰定数（h）および繰返しせん断ひずみ振幅（γ）の関係を求める。

土の繰返し変形特性には，砂や礫では拘束圧，粘土では塑性指数が深く関わっている。図 7.7 に示すように，せん断ひずみ（γ）とせん断剛性比（G/G_0）および減衰定数（h）の関係は，砂では拘束圧が高くなるほど，粘土では塑性指数が大きくなるほど，右側にシフトするのが一般的である[5)]。また，礫質土から，砂質土，粘性土と変化するにつれて，せん断剛性比が減少し始めるせん断ひずみの値は次第に大きくなり，減衰定数が急増するせん断ひずみの値も大きくなる。ここで得られた結果は，主に，地震による地盤の振動をシミュレーションする**地震応答解析**（seismic response analysis）に利用される。

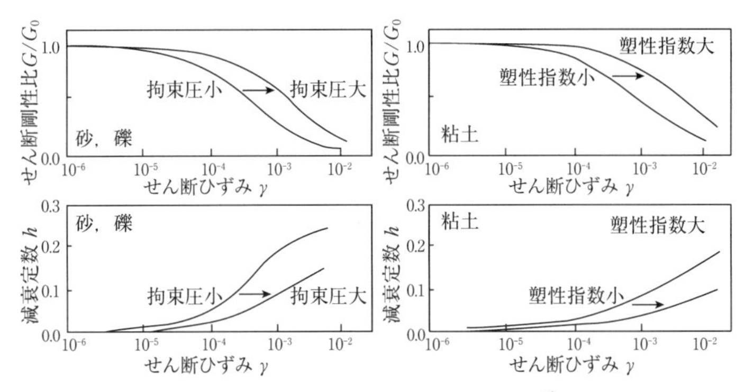

図 7.7　繰返し変形特性の土質の違いを示す模式図[5]（地盤工学会，2007）

7.3.4　繰返しせん断を受ける土の強度特性

繰返し応力を受ける飽和土の強度特性を求めるには，繰返しせん断応力振幅一定の条件で，せん断ひずみ振幅や過剰間隙水圧比が所定の大きさを超えるまで繰返し載荷を継続する。繰返しせん断応力振幅の大きさが異なる実験を複数回実施することで，繰返しせん断応力振幅比と繰返し回数の関係から，繰返しせん断強度曲線を求める。

図 7.8 は，豊浦標準砂を用いて，繰返しせん断応力振幅比（τ_d/σ'_c）を 0.32，0.20，0.17，0.11 に設定した 4 つのケースの非排水繰返し三軸試験の結果である。同図には，図 7.5 で示したような時系列データから両振幅軸ひずみ（DA）が 2，3，5，10% に達した時の繰返し載荷回数がプロットされている。ここで，両振幅軸ひずみが等しい点をなめらかに結んだ曲線が繰返しせん断強度曲線（液状化強度曲線）である。この曲線を用いれば，例えば，この土を繰返し載荷回数 20 回で，両振幅軸ひずみ DA=5% に至らしめるに必要な繰返しせん断応力振幅比は，0.2 程度であることを知ることができる。DA=5% の繰返しせん断強度曲線において，繰返し回数 20 回のときの繰返しせん断応力振幅比は液状化強度比（繰返し三軸強度比）と呼ばれており，液状化の判定[5] に用いられている。なお，多くの場合は繰返し三軸強度比と液

状化強度比は等価であるが，設計においては繰返し三軸強度比に想定地震に応じた補正係数を乗じたものを液状化強度比として利用する場合もある。

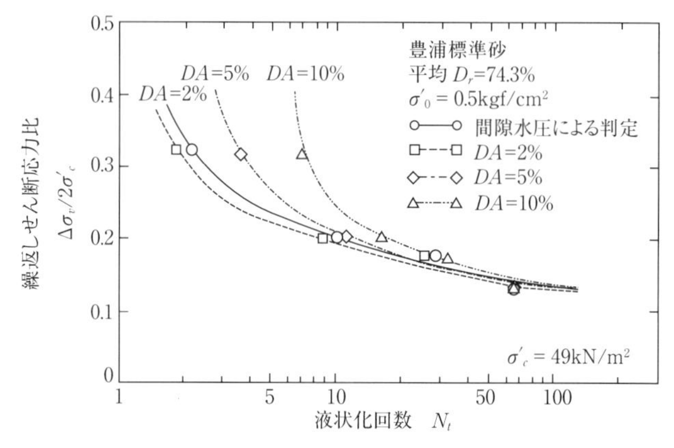

図 7.8　土の繰返しせん断強度（液状化強度）曲線の例

7.4　砂地盤の液状化と対策

7.4.1 液状化のメカニズム

緩い砂と密な砂の繰返しせん断挙動は，単調載荷試験でみられる土の**ダイレイタンシー**（dilatancy）に関連している。図 7.9 は，圧密排水三軸試験から得られる砂の軸ひずみ（ε_a）と軸差応力（$q=\sigma_1-\sigma_3$）および体積ひずみ（ε_v）の関係を示している。緩い砂の体積は，軸ひずみが増加するにつれて収縮しようとするために，非排水状態では体積を一定に保とうとする作用が働く。この作用によって，有効応力の減少と間隙水圧の上昇が同時に起こり，土があたかも砂と水からなる液体のような挙動をとるようになる。これが液状化である。一方，密な砂の場合は，ひずみが小さい間は緩い砂と同様な挙動を示すが，ひずみが大きくなると，体積は膨張し，有効応力の増加と間隙水圧の減少が同時に起こり，せん断剛性が増大する。一度失われたせん断剛性がひずみの増大によって回復する現象をサイクリック・モビリティという。このように，土の繰返しせん断挙動は，同一の土であっても密度や応力履歴などの初期状態により挙動が異なるため注意が必要である。

液状化の発生条件をまとめると以下のようになる。

(1) 砂が緩い状態で堆積している

(2) 飽和状態，あるいは飽和に近い状態にある

(3) 非排水条件，あるいはそれに近い条件にある

(4) 適度な大きさの繰返しせん断力を受ける

上記の条件をすべて満たしたとき土は液状化する。液状化メカニズムを以下にまとめる。

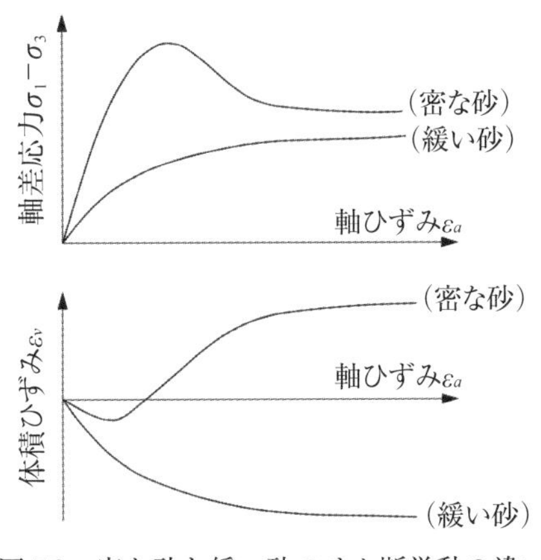

図7.9　密な砂と緩い砂のせん断挙動の違い

(1) 地震が発生し，緩く堆積した地下水面下の土に繰返しせん断力が加わる

(2) 土は負のダイレイタンシーの性質から収縮しようとする

(3) 間隙水の流出は短時間では容易でないため，有効応力が減少し間隙水圧が上昇する

(4) 有効応力の減少とともに土の強度と剛性が低下する

(5) 有効応力が極めて小さくなり，液体のような挙動を示す

住宅地等で液状化が発生すると，7.2節で見たように，地盤支持力の低下に伴って建物が沈下･傾斜したり，埋設物が浮き上がったりする等の被害に発展することが多い。また，液状化した地盤

でよく見られる噴砂は，土の間隙水圧が急激に上昇することで上向きの浸透流が生じ，砂混じりの水が液状化層上部の弱い部分を通って地表面に噴き出す現象として理解できる。

7.4.2 液状化判定

地下水位が浅く，緩い砂質土層が表層付近に堆積しているからといって，地震があると必ず液状化するわけではない。液状化を生じさせる直接的な要因は地震動の大きさと継続時間の長さである。砂地盤は，地震動が大きいほど，継続時間が長いほどに液状化しやすくなる。したがって，作用する地震動と地盤の状態によって液状化発生の有無が決まる。

地盤の液状化判定には次式で定義される抵抗率（F_L）[6] がよく用いられている。

$$F_L = \frac{R}{L} \tag{7.4}$$

ここに，L：地震時に作用するせん断応力比，R：繰返しせん断強度比である。せん断応力比は地震応答解析によって，繰返しせん断強度比は繰返し三軸試験などによって求めることが理想的であるが，多くの場合は N 値や粒度分布等に基づいて決定する簡便な方法が用いられている。

液状化の地上構造物などへの影響については，次式で定義される P_L 値 [7] が用いられる。

$$P_L = \int_0^{20} F \cdot w dz \tag{7.5}$$

ここに，z：深度（m），F および w は，それぞれ次式で定義される。

$$F = \begin{cases} 1 - F_L & (F_L < 1.0) \\ 0 & (F_L \geq 1.0) \end{cases} \tag{7.6}$$

$$w = 10 - 0.5z \tag{7.7}$$

これらの式から分かるように，表層付近に厚い液状化層があるほど，P_L 値は大きくなる。また，液状化に対する危険度は，P_L 値の大きさによって表 7.1 のように区分されている。

表 7.1　P_L 値の値による液状化の危険度[6)]

区 分	液状化の危険度
$P_L = 0$	かなり低い
$0 < P_L \leqq 5$	低い
$5 < P_L \leqq 15$	高い
$15 < P_L$	極めて高い

7.4.3　液状化対策

液状化対策（liquefaction countermeasure）の基本的な考え方には，（1）地盤を液状化しないようにする，（2）地盤が液状化しても構造物に被害が生じないようにする，（3）地盤が液状化し構造物が被害を受けてもすぐに復旧できるようにする，の 3 つのアプローチがある。表 7.2 は液状化対策工法を原理と目的別にまとめたものである。同表に示している液状化対策工法は，液状化が発生する 4 つの条件（7.4.1 参照）のいずれかに対応している。

表 7.2　液状化対策の原理，目的，工法

原理		目的	工法
液状化の防止	土の性質の改良	密度増加	締固め工法
		強度増加	固化処理工法
		粒度の改良	置換工法
		飽和度の低下	地下水位低下工法 不飽和化工法
	力学的環境の改良	有効応力の増大	盛土工法
		間隙水圧の抑制消散	ドレーン工法
		せん断変形抑制	地中壁工法
液状化被害の防止・軽減	沈下抑制	沈下抑制	杭基礎工法
		変位抑制	補強土工法
	浮き上がり抑制	浮き上がり抑制	浮き上がり抑止杭
		重量増大	密度増大
液状化後の修復	復旧・回復	沈下・傾斜修正	ジャッキアップ工法

演習問題

【問題 7.1】

［ ① ］〜［ ⑤ ］に当てはまる語句を答えなさい。

「日本で発生する地震の多くはプレートの移動に起因するものであり，その発生源の特徴から次の3種類に分類される。まず，［ ① ］は，プレート境界間の固着部において，下盤の海域のプレートの沈み込みに引きずられて下へ曲げられた陸域のプレートが限界に達し，反発して逆断層の破壊が起きることで発生する。次に，［ ② ］と呼ばれる地震は，沈み込む海側プレート内部の地震である。そして，上版の陸域プレート内の表層地殻で生じる地震は［ ③ ］と呼ばれる。過去の地震では，1923年（大正12年）関東地震や2011年（平成23年）東北地方太平洋沖地震は［ ④ ］，1995年（平成7年）兵庫県南部地震や2016年（平成28年）熊本地震は［ ⑤ ］である。」

【問題 7.2】

図は土の動的変形試験の結果を模式的に示したものである。次の文章の①〜⑤に当てはまる適切な言葉を下記より選びなさい。

せん断剛性，減衰定数，せん断強度，せん断ひずみ粘性土，砂質土，礫質土

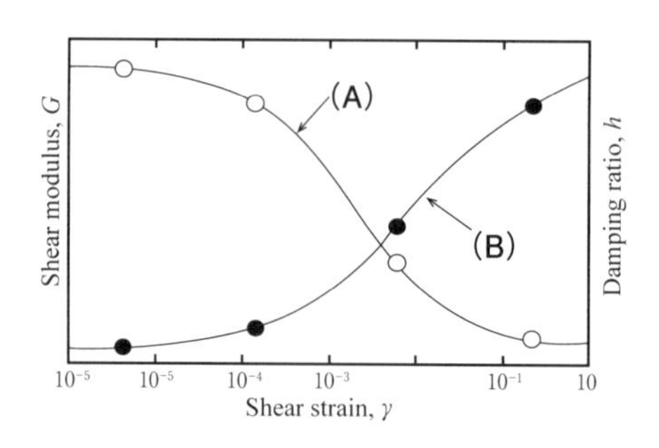

土の動的変形試験は，繰返しひずみ振幅を小さいものから順に大きくしていき，その時に計測される応力とひずみの関係から，せん断剛性と減衰定数を求め，G/G_0 と $h \sim \gamma$ 関係を求める試験である。上図の(A)は［ ① ］と［ ② ］の関係を示し，(B)は［ ③ ］と［ ② ］の関係を示している。［ ② ］の増加に伴い［ ① ］は低下するが，［ ④ ］から［ ⑤ ］，［ ⑥ ］と変わっていくに従い，［ ① ］が低下し始める［ ② ］は大きくなる。

【問題 7.3】

密度の異なるの砂の供試体に対しで繰返し三軸試験せん断を実施し、下図の液状化強度曲線を得た。次の問いに答えよ。

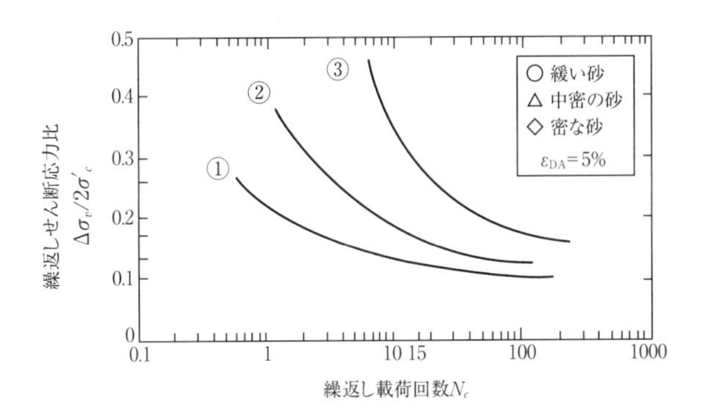

(1) 曲線①，②，③は，緩い砂，中密な砂，密な砂の試験結果である。①～③がそれぞれどの状態の砂に該当するか，答えよ。

(2) ②の砂の液状化強度比を求めよ。

【問題 7.4】

緩い砂が液状化するメカニズムを説明せよ。

引用文献

1) 防災科学技術研究所：防災科研 K-NET，KiK-net，防災科学技術研究所，https://doi.org/10.17598/nied.0004，2019.
2) 若松加寿江：2011 年東北地方太平洋沖地震による地盤の再液状化，日本地震工学会論文集第 12 巻第 5 号，pp.69-88, 2012.11
3) 地盤工学会：第 4 章 振動の知識 4.4 地盤の振動，入門シリーズ 35 地盤・耐震工学入門，pp.62-64, 2008.
4) 地盤工学会：第 6 章 土の液状化強度特性を求めるための繰返し三軸試験，第 7 編 変形・強度特性，地盤材料試験の方法と解説［第一回改訂版］－二分冊の 2 －，pp.769-790，2020.
5) 地盤工学会：第 5 章 土の動的特性と設計用地盤定数 5.2 設計用地盤定数の評価，設計用地盤定数の決め方 - 土質編 -, pp.192-199, 2007.
6) 日本道路協会：第 7 章 地盤の液状化，道路橋示方書・同解説 V，耐震設計編，pp.161-170, 2017.
7) 岩崎敏男，龍岡文夫，常田賢一，安田進：地震時地盤 液状化の程度の予測について，土と基礎，Vol.28，No.4，pp.23-29, 1980.

第8章　地盤内応力

8.1　はじめに

地盤上に盛土等の載荷重が作用すると，地盤内にその載荷重による応力が伝えられ，変形が生じる。地盤の安定性評価には，地盤のある深さでの自重による応力と載荷重による増加応力の大きさを知る必要がある。本章ではこれらの計算方法を学ぶ。そこでは，地盤を弾性体と仮定し，様々な載荷重が作用する場合における地盤内の増加応力が理論的に導かれている。また，地盤反力や弾性解析に用いられる土の変形係数についても触れる。

8.2　弾性論による応力とひずみ

種々の材料の応力とひずみの関係は，弾性だけでなく塑性や粘性を考慮した種々のモデルを仮定して解析されるが，このうち，弾性と塑性を組み合わせたモデルを**弾塑性体モデル**（elasto-plastic body model）という。

実際の土は，図8.1（a）に示すような応力･ひずみ関係を示す。解析上は図8.1（b）に示すように，理想的な弾性と理想的な塑性を組み合わせた弾塑性体モデルを用いることが多い。図中のσ'_yは**降伏応力**（yield stress）である。

たとえ土が理想的な弾性材料でないとしても，変形の小さい弾性平衡の状態では，弾性論に基づく応力・ひずみ関係を地盤に応用しても十分役に立つ。

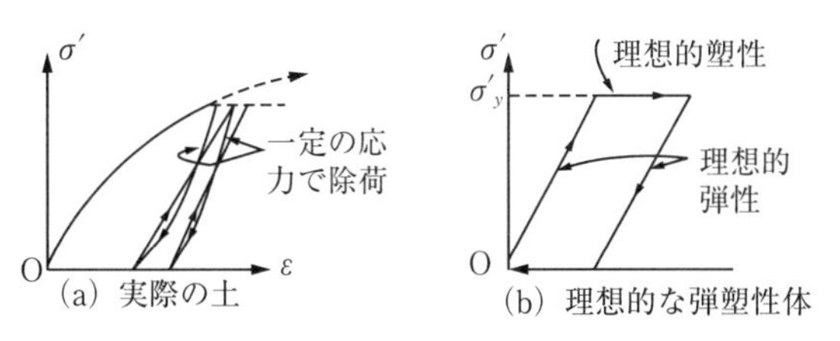

図8.1　実際の土と理想的な弾塑性体

基本的な弾性論によれば，3 次元座標のもとでの単位体積 6 面体上の応力は図 8.2 に示すように表される。ここで，せん断応力 τ の添え字の 1 番目は作用面と，2 番目は作用方向を表す。

x, y, z 方向の 3 つのうち，z 方向を例にとって微小 6 面体の上面と下面の間の距離 dz の影響を考えて，応力状態を詳しく表すと図 8.3 に示すようになる。

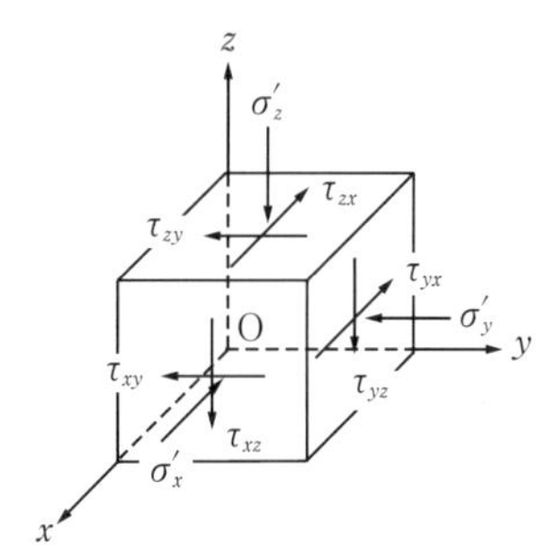

図 8.2　微小六面体の応力

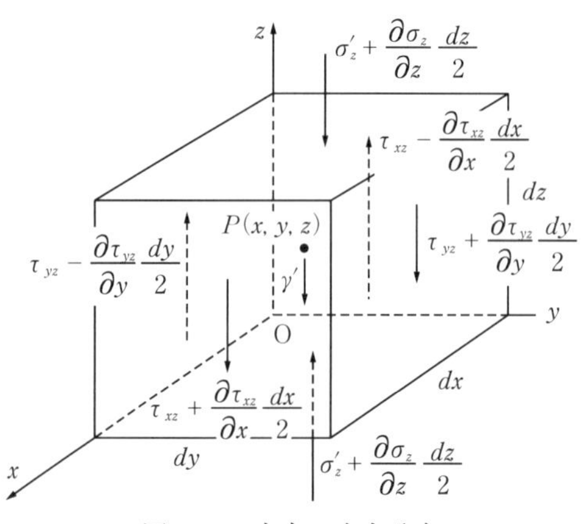

図 8.3　z 方向の応力分布

x, y 両座標方向についても同様のことを考えると，3 次元方向における応力の釣合方程式は，f_x, f_y, f_z を外力として次の 3 式で表わされる。

$$\frac{\partial \sigma_x'}{\partial x}+\frac{\partial \tau_{yx}}{\partial y}+\frac{\partial \tau_{zx}}{\partial z}=f_x$$

$$\frac{\partial \tau_{xy}}{\partial x}+\frac{\partial \sigma_y'}{\partial y}+\frac{\partial \tau_{zy}}{\partial z}=f_y \qquad (8.1)$$

$$\frac{\partial \tau_{xz}}{\partial x}+\frac{\partial \tau_{yz}}{\partial y}+\frac{\partial \sigma_z'}{\partial z}=f_z$$

ここに，外力とは物体力であり，土に特有の浸透力と自重からなる。

すなわち

$$f_x=\gamma_w i_x,\ f_y=\gamma_w i_y,\ f_z=\gamma_w i_z+\gamma' \qquad (8.2)$$

ここに，γ_w：水の単位体積重量，i_x，i_y，i_z：それぞれ x，y，z 方向の動水勾配，γ'：土の水中単位体積重量（有効単位体積重量）である。

式（8.1）では，記号のうえでは未知数は合計９つであるが，直交する相隣りの面上のせん断応力 τ は等しいので，未知数は６つに減らされる。しかし，式は３つであるので，後で述べるような応力・ひずみの弾性関係を仮定して解かねばならない。

式（8.1）はマトリックスの形でも表すことができる。また，x，y，z 方向を３つの主応力方向に置き換えても成り立つ。この場合は，式（8.1）の各せん断応力は０である。

次に，x, y, z 方向の変位を u, v, w とすれば，**線ひずみ**（linear strain）は

$$\varepsilon_x=\frac{\partial u}{\partial x}\quad \varepsilon_y=\frac{\partial v}{\partial y}\quad \varepsilon_z=\frac{\partial w}{\partial z} \qquad (8.3)$$

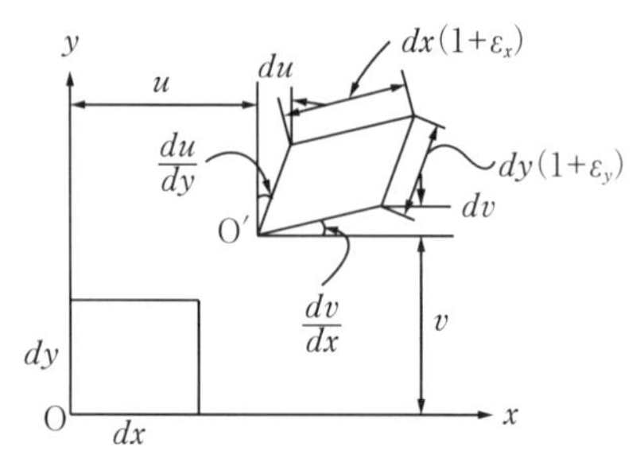

図 8.4　x-y 面上でのせん断ひずみの説明

せん断ひずみ（shear strain）は，図 8.4 に示す x-y 面についてのひずみが生じる前後の幾何学的関係からわかるように，次の 3 式で表すことができる。

$$\gamma_{xy} = \frac{\partial u}{\partial y} + \frac{\partial v}{\partial x}$$

$$\gamma_{yz} = \frac{\partial v}{\partial z} + \frac{\partial w}{\partial y} \tag{8.4}$$

$$\gamma_{zx} = \frac{\partial w}{\partial x} + \frac{\partial u}{\partial z}$$

応力とひずみの関係は，**フックの法則**（Hooke's law）により，E を土の**変形係数**（modulus of deformation）とすれば

$$\begin{aligned} \sigma'_x &= E\varepsilon_x \\ \sigma'_y &= E\varepsilon_y \\ \sigma'_z &= E\varepsilon_z \end{aligned} \tag{8.5}$$

であり，3 つの直応力が同時に作用する場合，ν をポアソン比とし，またひずみは圧縮を正として

$$\begin{aligned} E\varepsilon_x &= \sigma'_x - \nu\,(\sigma'_y + \sigma'_z) \\ E\varepsilon_y &= \sigma'_y - \nu\,(\sigma'_z + \sigma'_x) \\ E\varepsilon_z &= \sigma'_z - \nu\,(\sigma'_x + \sigma'_y) \end{aligned} \tag{8.6}$$

せん断ひずみとせん断応力の関係は，圧縮を正として次式のように定義される。

$$G\gamma_{xy}=\tau_{xy}$$
$$G\gamma_{yz}=\tau_{yz} \qquad (8.7)$$
$$G\gamma_{zx}=\tau_{zx}$$

ここに，G：**せん断弾性係数**（shear modulus）である。

せん断弾性係数と変形係数の間には，弾性論により次の関係がある。なお，式（8.8）の誘導過程については，引用文献1）を参照されたい。

$$G=\frac{E}{2(1+v)} \quad \text{または} \quad E=2G(1+v) \qquad (8.8)$$

いま，ε_vを**体積ひずみ**（volumetric strain）とすれば，前述の式（8.3），式（8.4），式（8.6），式（8.7）から次の3つの関係式が得られる。

$$\frac{G}{1-2v}\frac{\partial\varepsilon_v}{\partial x}+G\nabla^2 v+f_x=0$$

$$\frac{G}{1-2v}\frac{\partial\varepsilon_v}{\partial y}+G\nabla^2 u+f_y=0 \qquad (8.9)$$

$$\frac{G}{1-2v}\frac{\partial\varepsilon_v}{\partial z}+G\nabla^2 w+f_z=0$$

$$\varepsilon_v=\varepsilon_x+\varepsilon_y+\varepsilon_z=\frac{\partial u}{\partial x}+\frac{\partial v}{\partial y}+\frac{\partial w}{\partial z},$$

$$\nabla^2=\frac{\partial^2}{\partial x^2}+\frac{\partial^2}{\partial y^2}+\frac{\partial^2}{\partial z^2}$$

式（8.9）はu, v, wについての3つの微分方程式であるので，境界条件を与えて各応力で解くことができる。

なお，線ひずみが生じたのちの体積は次式で表される。

$$V+\Delta V=dx(1+\varepsilon_x)\cdot dy(1+\varepsilon_y)\cdot dz(1+\varepsilon_z) \qquad (8.10)$$

ポアソン比vは，軸対称条件における三軸圧縮場の場合，材料の体積をV，長さをLとすれば，式（8.9）のε_vの式から

$$\varepsilon_v \fallingdotseq \varepsilon_a+2\varepsilon_r \qquad (8.11)$$

ここに，ε_a：軸方向のひずみ，ε_r：横方向のひずみであり，vは

$$\nu = -\varepsilon_r/\varepsilon_a \fallingdotseq (1-\varepsilon_v/\varepsilon_a)/2$$
$$= \{1-(\Delta V/V)/(\Delta L/L)\}/2 \qquad (8.12)$$

で与えられる。式（8.9）は角ひずみであるせん断ひずみと線ひずみとを結びつけたものであるが，材料がクラックなどによって不連続となった場合には当てはまらない（図 8.5）。

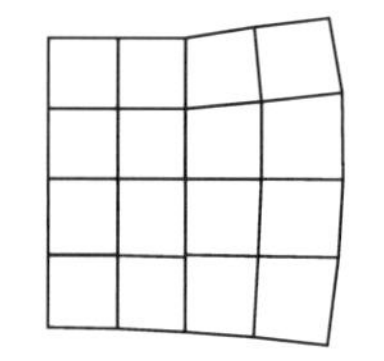

（a）適合したひずみ

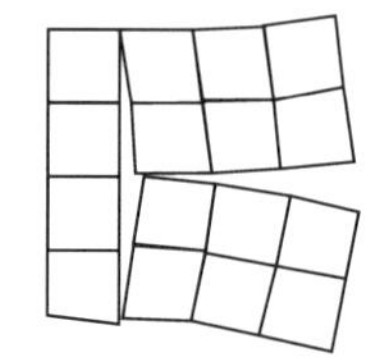

（b）適合しないひずみ

図 8.5　変形とひずみの適合性

せん断ひずみが線ひずみと適合する条件を適合性といい，次の 3 式が成り立たなければならない。

$$\frac{\partial^2 \varepsilon_x}{\partial y^2} + \frac{\partial^2 \varepsilon_y}{\partial x^2} = \frac{\partial^2 \gamma_{xy}}{\partial x \cdot \partial y}$$

$$\frac{\partial^2 \varepsilon_y}{\partial z^2} + \frac{\partial^2 \varepsilon_z}{\partial y^2} = \frac{\partial^2 \gamma_{xy}}{\partial y \cdot \partial z} \qquad (8.13)$$

$$\frac{\partial^2 \varepsilon_z}{\partial x^2} + \frac{\partial^2 \varepsilon_x}{\partial z^2} = \frac{\partial^2 \gamma_{zx}}{\partial z \cdot \partial x}$$

8.3　鉛直集中荷重による地盤の応力

ブーシネスク（Boussinesq）（1885 年）は，図 8-6 に示すような半無限弾性体の表面に働く単一の鉛直集中荷重による応力を，前節で述べた弾性論によって理論解を示している [2)]。地盤に対してもこの式を応用する。

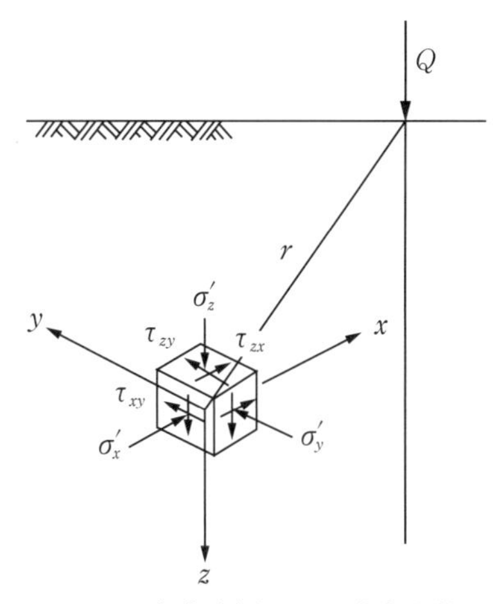

図 8.6　直交座標による応力記号

$$\sigma_x' = \frac{3Q}{2\pi}\left[\frac{z}{r^5}x^2 + \frac{1-2\nu}{3}\left(\frac{r^2-rz-z^2}{r^3(r+z)} - \frac{2r+z}{r^3(r+z)^2}x^2\right)\right]$$

$$\sigma_y' = \frac{3Q}{2\pi}\left[\frac{z}{r^5}y^2 + \frac{1-2\nu}{3}\left(\frac{r^2-rz-z^2}{r^3(r+z)} - \frac{2r+z}{r^3(r+z)^2}y^2\right)\right]$$

$$\sigma_z' = \frac{3Qz^3}{2\pi r^5}$$

$$\tau_{xy} = \frac{3Q}{2\pi}\left[\frac{xyz}{r^5} - \frac{1-2\nu}{3}\cdot\frac{xy(2r+z)}{r^3(r+z)}\right] \tag{8.14}$$

$$\tau_{zx} = \frac{3Qz^2}{2\pi r^5}x$$

$$\tau_{zy} = \frac{3Qz^2}{2\pi r^5}y$$

ここに，$r=\sqrt{x^2+y^2+z^2}$，　ν ：ポアソン比である。

円柱座標では，図 8.7 に示す記号を用いて，諸応力は次に示すように書き換えられる。

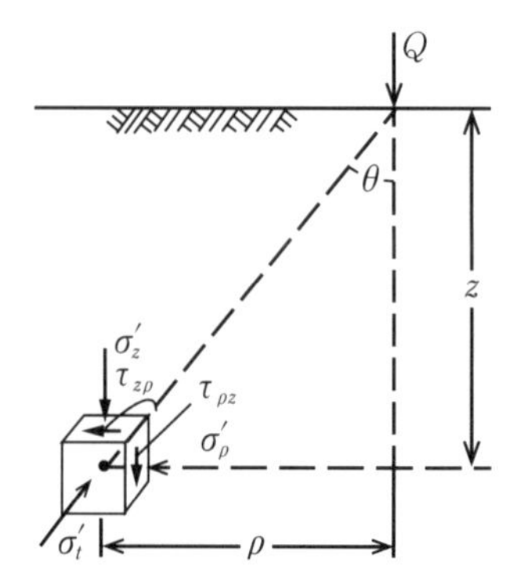

図 8.7　円柱座標による応力記号

$$\sigma'_z = \frac{3Q}{2\pi}\frac{z^3}{(\rho^2/z^2)^{5/2}} = \frac{3Q}{2\pi z^2}\cos^5\theta$$

$$\sigma'_\rho = \frac{Q}{2\pi}\left\{\frac{3\rho^2 z}{(\rho^2+z^2)^{5/2}} - \frac{1-2v}{\rho^2+z^2+z\sqrt{\rho^2+z^2}}\right\}$$

$$= \frac{Q}{2\pi z^2}\left\{3\sin^2\theta\cos^3\theta - \frac{(1-2v)\cos^2\theta}{1+\cos\theta}\right\}$$

$$\sigma'_t = -\frac{Q}{2\pi}(1-2v)\left\{\frac{z}{(\rho^2+z^2)^{3/2}} - \frac{1}{\rho^2+z^2+z\sqrt{\rho^2+z^2}}\right\} \qquad (8.15)$$

$$= -\frac{Q}{2\pi z^2}(1-2v)\left\{\cos^3\theta - \frac{\cos^2\theta}{1+\cos\theta}\right\}$$

$$\tau_{z\rho} = \tau_{\rho z} = \frac{3Q}{2\pi}\frac{\rho z^2}{(\rho^2/z^2)^{5/2}} = \frac{3Q}{2\pi z^2}\sin\theta\cos^4\theta$$

ブーシネスクによるすべての応力は，土の変形係数 E には無関係である。また，σ'_z および $\tau_{\rho z}$ はポアソン比にも無関係であり，σ'_ρ と σ'_t はポアソン比の関数となる。σ'_z と $\tau_{\rho z}$ はその値の等しい点を連ねると図 8.8 に示すようになる。形状が球根状であることから，これを圧力球根と呼ぶ。

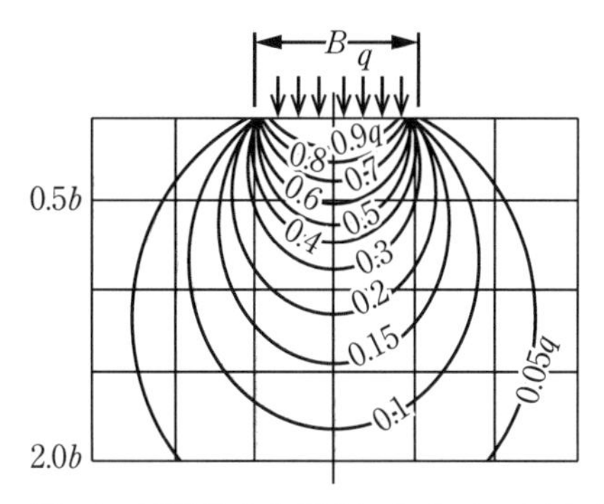

図 8.8　円形等分布荷重によるσ'_zの圧力球根

8.4　種々の地表面荷重による地盤中の応力

種々の地表面荷重による地中の応力のうち，土質力学の解析において利用度の高いものを説明する。

8.4.1　集中荷重

単一の集中荷重の場合は式（8.15）のσ'_zの式を変形し

$$\sigma'_z = \frac{3}{2\pi}\frac{1}{\left[1+(\rho/z)^2\right]^{5/2}}\frac{Q}{z^2} = N_B\frac{Q}{z^2} \tag{8.16}$$

$$N_B = \frac{3}{2\pi}\frac{1}{\left[1+(\rho/z)^2\right]^{5/2}}$$

N_Bはブーシネスクによる集中荷重に関する影響数といい，その値は図 8.9 に示す図表によって求められる。したがって，数個の集中荷重による地中の応力は，次式のように個々の場合の総和になる。

$$\sigma'_z = \Sigma N_B\frac{Q}{z^2} \tag{8.17}$$

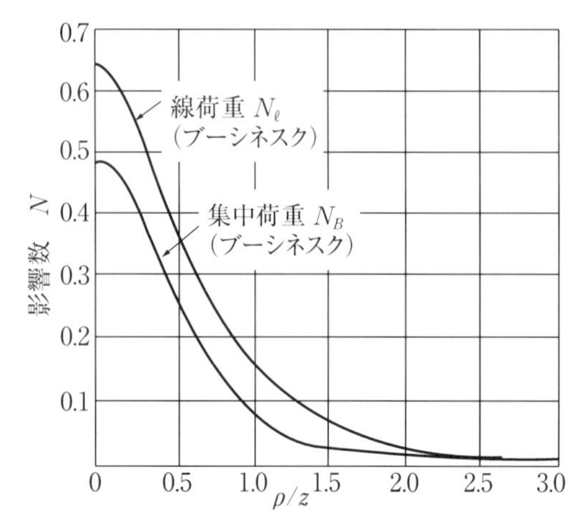

図 8.9　集中荷重と線荷重による影響数を求める図

【例題 8.1】

地表面に 5000kN の集中荷重が作用するとき，深さ 5m において荷重の位置から 3m 離れた点の垂直応力の大きさを，ブーシネスクの方法によって求めよ。

（解答例）

$$\frac{\rho}{z}=\frac{3}{5}=0.6$$

よって図 8.9 により，ブーシネスクによるときは N_B=0.22 であるから

$$\sigma_z' = \frac{Q}{z^2}N_B = \frac{5000}{5^2}\times 0.22 = 44\text{kN/m}^2$$

8.4.2　線荷重

図 8.10 に示すような線荷重 $\bar{q}$ による σ'_z は，$\bar{q}\cdot dy$ を集中荷重として考えれば，式（8.16）の σ'_z により

$$d\sigma_z' = \frac{3z^3\cdot\bar{q}\cdot dy}{2\pi\,(x^2+y^2+z^2)^{5/2}} \tag{8.18}$$

上式を $y=-\infty\sim+\infty$ の間で積分すれば

$$\sigma_z' = \int_{-\infty}^{+\infty} \frac{3z^3 \cdot \overline{q} \cdot dy}{2\pi\,(x^2+y^2+z^2)^{5/2}} = \frac{2\overline{q}}{\pi z}\cos^4\theta = \frac{\overline{q}}{z}N_l \qquad (8.19)$$

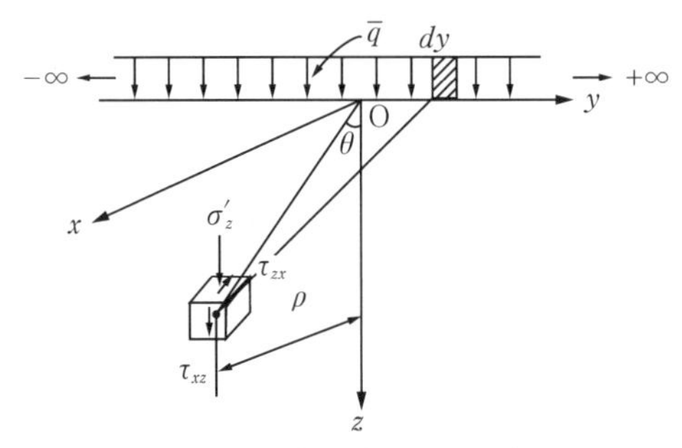

図 8.10　線荷重による応力

ここに，N_l：$(2/\pi)\cos^4\theta$ である。同様にして，σ'_z と τ_{xz} は以下となる。

$$\sigma_x' = \frac{2\overline{q}}{\pi z}\cos^2\theta \cdot \sin^2\theta$$

$$\tau_{xz} = \tau_{zx} = \frac{2\overline{q}}{\pi z}\cos^3\theta \cdot \sin^2\theta \qquad (8.20)$$

これらの応力は，すべて深さの 1 乗に反比例し，また y 方向には無関係である。これは平面ひずみの状態である。

8.4.3　帯荷重

図 8.11 に示すような $2a$ の幅をもつ帯荷重による地中の応力 σ_z は，線荷重による式（8.19）を，$x=-a \sim +a$, $y=-\infty \sim +\infty$ の間で積分して得られる。すなわち垂直応力 σ'_z は

$$\sigma_z' = \int_{-a}^{a} \frac{2q}{\pi z}\cos^4\theta \cdot dx \qquad (8.21)$$

$\theta_0=\theta_2-\theta_1$ とおくと，その積分結果は

$$\sigma_z' = \frac{q}{\pi}\left[\theta_0 + \sin\theta_0 \cdot \cos(\theta_1+\theta_2)\right] \qquad (8.22)$$

同様にして

$$\sigma_x' = \frac{q}{\pi}\left[\theta_0 - \sin\theta_0 \cdot \cos(\theta_1 + \theta_2)\right] \tag{8.23}$$

$$\tau_{xz} = \tau_{zx} = \frac{q}{\pi}\sin\theta_0 \cdot \sin(\theta_1 + \theta_2) \tag{8.24}$$

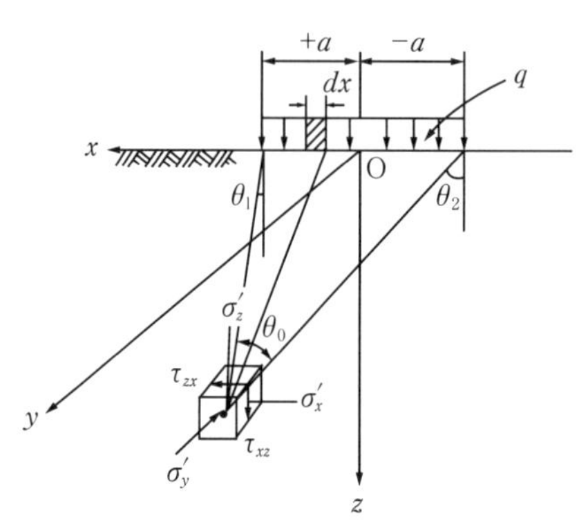

図 8.11　帯荷重による地中応力

これらの式をミッチェル（Michell）（1900 年）の式という[3)]。

主応力の大きさは，最大，最小主応力σ'_1，σ'_3の式（8.25）に，上掲のσ'_z，σ'_x，τ_{xz}を代入して得られる。

$$\sigma_1', \sigma_3' = \frac{\sigma_x' + \sigma_z'}{2} \pm \frac{(\sigma_x' - \sigma_z')}{2}\frac{(\sigma_x' - \sigma_z')}{\sqrt{(\sigma_x' - \sigma_z')^2 + 4\tau_{xz}^2}} \pm \tau_{xz}\frac{2\tau_{xz}}{\sqrt{(\sigma_x' - \sigma_z')^2 + 4\tau_{xz}^2}}$$

$$= \frac{\sigma_x' + \sigma_z'}{2} \pm \frac{1}{2}\sqrt{(\sigma_x' - \sigma_z')^2 + 4\tau_{xz}^2} \tag{8.25}$$

なお，式（8.25）の誘導過程は，章末問題に記載している。

すなわち

$$\left.\begin{aligned}\sigma_1' &= \frac{q}{\pi}(\theta_0 + \sin\theta_0)\\ \sigma_3' &= \frac{q}{\pi}(\theta_0 - \sin\theta_0)\end{aligned}\right\} \tag{8.26}$$

主応力の方向についても，式（8.25）に同様のことを行えば

$$\tan\alpha = \tan(\theta_1 + \theta_2)$$

$$\therefore\quad \alpha = (\theta_1 + \theta_2)/2 \tag{8.27}$$

この式は，図8.12に示すように帯荷重による地中の主応力が，半無限に広がる等分布荷重による主応力の場合と著しく異なることを示している。

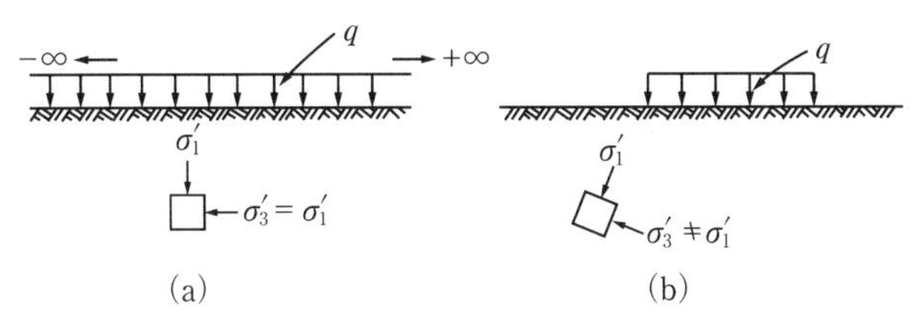

図8.12　無限に広がる等分布荷重と帯状荷重による主応力の違い

帯荷重の場合も，線荷重の場合と同様に，応力はy方向に無関係で平面ひずみの状態であることが式から理解される。

【例題8.2】

図8.13に示すような複数の荷重による集中荷重直下5mの深さにおける垂直応力を求めよ。

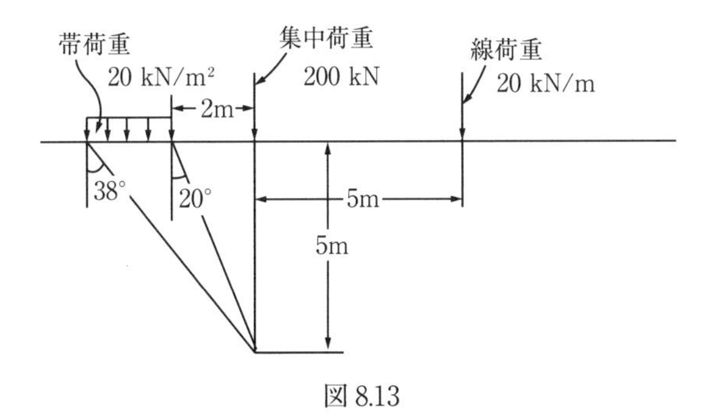

図8.13

(解答例)

集中荷重による値は，図8.9から$N_B = 0.48$であるから，式(8.16)により

$$\sigma_z' = \frac{200}{5^2} \times 0.48 = 3.48\text{kN/m}^2$$

線荷重については，図 8.9 から $N_l = 0.16$ であるから式（8.16）により

$$\sigma'_z = \frac{20}{5^2} \times 0.16 = 0.13\text{kN/m}^2$$

帯荷重については，式（8.22）においてθ_0=38° − 20° =18° であるから

$$\sigma'_z = \frac{20}{\pi}(18° + \sin 18° \cdot \cos 58°) = \frac{20}{3.14}(0.314\,\text{rad} + 0.309 \times 0.530)$$

$$= 3.04\text{kN/m}^2$$

$$\therefore \quad \Sigma\sigma'_z = 3.84 + 0.13 + 3.04 = 7.01\text{kN/m}^2$$

8.4.4　長方形等分布荷重

長方形等分布荷重の場合は図 8.14 を参照して，$q \cdot d\xi d\eta$ によって式（8.19）の $\bar{q}$ を置き換えると，

$$\sigma'_z = \frac{3qz^3}{2\pi}\int_{-a}^{a}\int_{-b}^{b}\frac{d\xi d\eta}{[(x-\xi)^2+(y-\eta)^2+z^2]^{5/2}} \qquad (8.28)$$

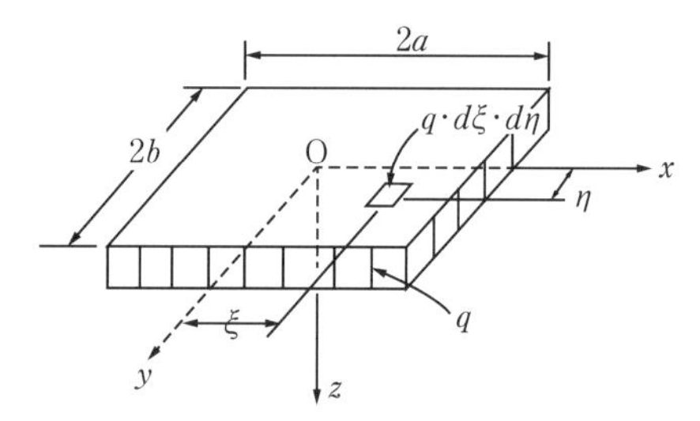

図 8.14　長方形等分布荷重

上式は積分できるが，得られる式は実用的には長すぎるので x=y=0 となる原点下のσ'_{z0} は

$$\sigma'_{z0} = \frac{2q}{\pi}\left[\frac{abz(a^2+b^2+2z^2)}{(a^2+z^2)(\mathrm{b}^2+z^2)\sqrt{a^2+b^2+z^2}} + \sin^{-1}\frac{ab}{\sqrt{a^2+z^2}\sqrt{b^2+z^2}}\right] \qquad (8.29)$$

いま, 1 区間をとって, 重ね合わせの法則を用いると, 長方形（$a \times b$）の隅端下の垂直応力を求める式が得られる。

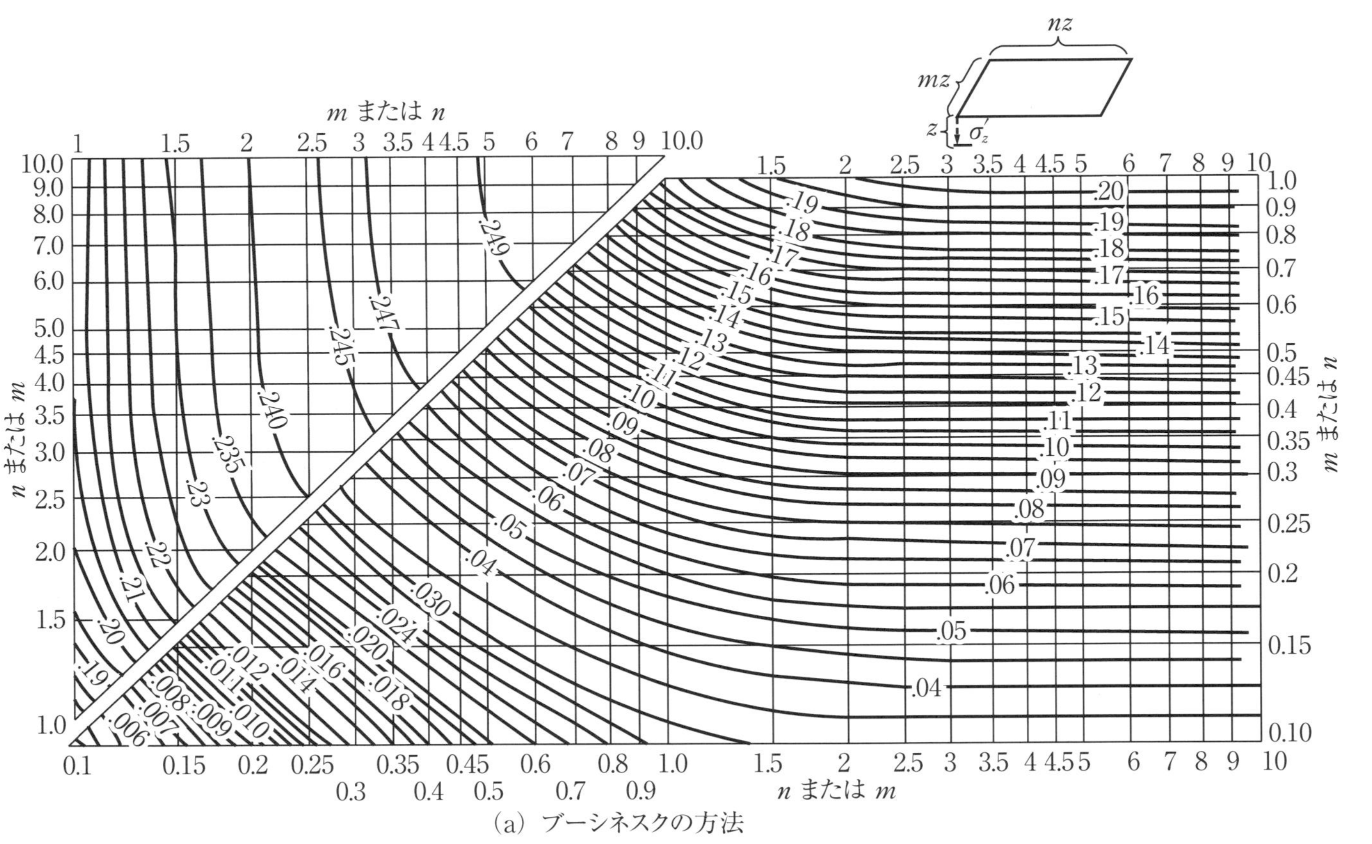

(a) ブーシネスクの方法

図 8.15　等分布長方形荷重の隅端下のσ'_zを求めるための図（Taylor, 1948 年）

$m=a/z$, $n=b/z$ として，$\sigma_z=q\times f_B$（m,n）の f_B（m,n）の式が，次のニューマーク（Newmark）（1942 年）の式である[4)]。

$$\sigma_z' = \frac{q}{2\pi}\left[\frac{mn}{\sqrt{m^2+n^2+1}}\,\frac{m^2+n^2+2}{m^2n^2+m^2+n^2+1}+\sin^{-1}\frac{mn}{\sqrt{m^2n^2+m^2+n^2+1}}\right]$$
$$= qf_B\,(m,n) \tag{8.30}$$

ここに，q：等分布荷重の強さ，m, n：それぞれ両辺の長さを z で割った数である。式中の $\sin^{-1}$ 関連で求められる値は rad 単位である。

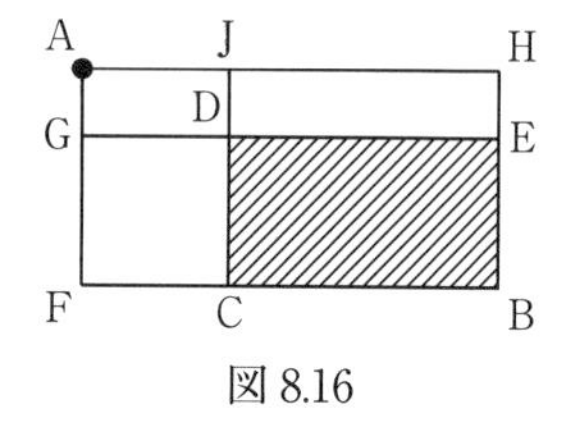

図 8.16

上式を $\sigma'_z=q\times f_B$（m,n）とおき，ブーシネスクによる長方形等分布荷重に関する影響数 f_B（m,n）の値を図 8.15 によって求めると，σ'_z は容易に計算できる。

載荷面積が長方形であるときは，求めようとする点を隅角にする長方形による応力を考え，次に空白部または重複部の影響を適宜加減すればよい。例えば図 8.16 に示すように，載荷面積 BCDE の外にある A 点の地中の応力を計算するためには，次の順序に各長方形による応力の加減を行えばよい。

$$AHBF-AHEG-AJCF+AJDG$$

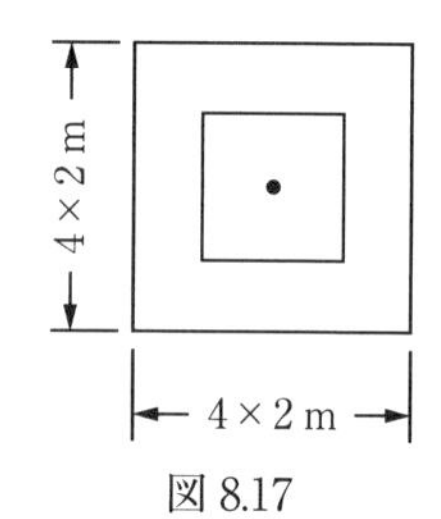

図 8.17

【例題 8.3】

図 8.17 に示すような正方形の剛性のフーチングが粘土地盤上にあって，外側の正方形の輪部に 20kN/m²，内側の正方形に 10kN/m² の荷重が働くものとして，このフーチングの中心下 10m における垂直応力を求めよ。

（解答例）

図 8.15 を用い，フーチングを 4 分割して考えると

$$\sigma_z' = 20\times f\left(\frac{4}{10},\frac{4}{10}\right)\times 4-10\times f\left(\frac{2}{10},\frac{2}{10}\right)\times 4$$

$$= 20\times 0.06\times 4-10\times 0.018\times 4=4.0\text{kN/m}^2$$

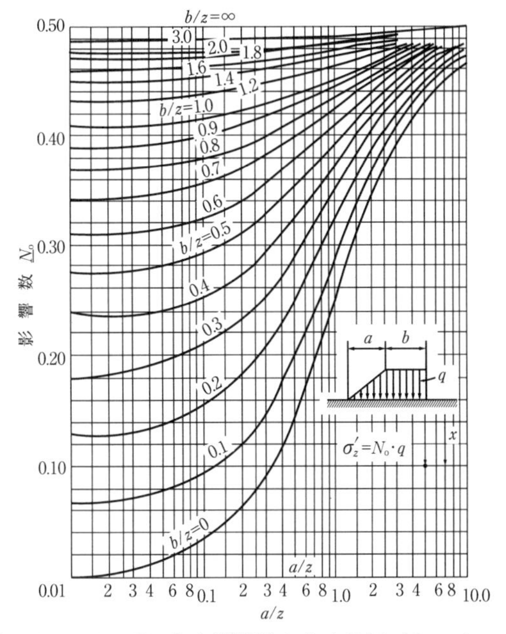

図 8.18　オスターバーグによる影響数を求める図（Osterberg, 1957 年）

8.4.5　台形荷重

堤防を始めとして延長の長い盛土は半無限長台形荷重であり，オスターバーグ（Osterberg）（1957 年）が作成した図 8.18 が実用に便利である[5)]。

図 8.18 の中に示すような台形荷重の水平方向の長さを a, b とすれば，a/z，b/z の値からオスターバーグによる台形荷重に関する影響数 N_0 が求められ，求めたい地中応力 σ'_z は次のようにして得られる。

$$\sigma'_z=(N_{01}+N_{02})q \tag{8.31}$$

【例題 8.4】

図 8.19 に示すように高さ 3m の盛土を行うとき，地中の A, B, C の 3 点の垂直応力を求めよ。ただし，盛土の湿潤単位体積重量を 16kN/m^3 とする。

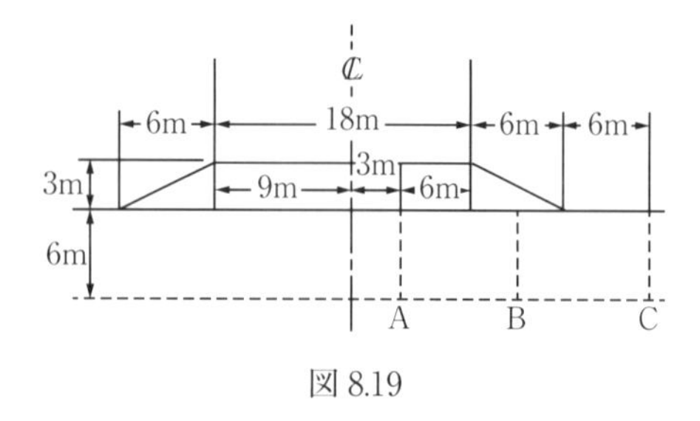

図 8.19

（解答例）

図 8.18 を用い，A 点について

右　$\dfrac{a}{z}=\dfrac{6}{6}=1.0,\ \dfrac{b}{z}=\dfrac{6}{6}=1.0\quad\therefore\quad N_{01}=0.450$

左　$\dfrac{a}{z}=\dfrac{6}{6}=1.0,\ \dfrac{b}{z}=\dfrac{12}{6}=2.0\quad\therefore\quad N_{02}=0.490$

$$\therefore\quad \sigma'_{zA}=(0.450+0.490)\times 3\times 16=45.1\mathrm{kN/m^2}$$

B 点について

左　$\dfrac{a}{z}=\dfrac{6}{6}=1.0,\ \dfrac{b}{z}=\dfrac{21}{6}=3.5\quad\therefore\quad N_{0}=0.490$

$$\therefore\quad \sigma'_{zB}=0.490\times 3\times 16=23.5\mathrm{kN/m^2}$$

C 点について，大きな架空台形荷重から小さな台形荷重を差し引くと

$\dfrac{a}{z}=\dfrac{6}{6}=1.0,\ \dfrac{b}{z}=\dfrac{30}{6}=5.0\quad\therefore\quad N_{01}=0.50$

$\dfrac{a}{z}=\dfrac{6}{6}=1.0,\ \dfrac{b}{z}=\dfrac{6}{6}=1.0\quad\therefore\quad N_{02}=0.450$

$$\therefore\quad \sigma'_{zc}=(0.50-0.450)\times 3\times 16=2.4\mathrm{kN/m^2}$$

8.5　地盤反力と応力集中

基礎の荷重は一般に均等に地盤に伝えられると仮定することが多いが，実際には基礎の剛性と土の種類によって，地盤に及ぼす圧力は必ずしも均等には分布しない。その相違は図 8.20 に示す

通りで，たわみ性の基礎は，地盤が粘土か砂かによらず均等に分布するが，剛性基礎の場合には地盤が粘土であれば，中央部で小さく両端で非常に大きくなり，これに反して地盤が砂であれば中央部で反力は大きくなり,両端では0となることがわかっている。砂の場合には両端における地表面に荷重がないので，粒子間に摩擦の作用がなくせん断抵抗が働かない。したがって，両端の砂は降伏しやすく，反力が十分に取れないためであると説明できる。また，剛性基礎によって砂が荷重を受ける場合には，中央における反力の集中度は図8.21に示すように基礎の大きさによって異なる。すなわち，基礎の大きさが小さいと地盤反力の勾配が大きくなる。

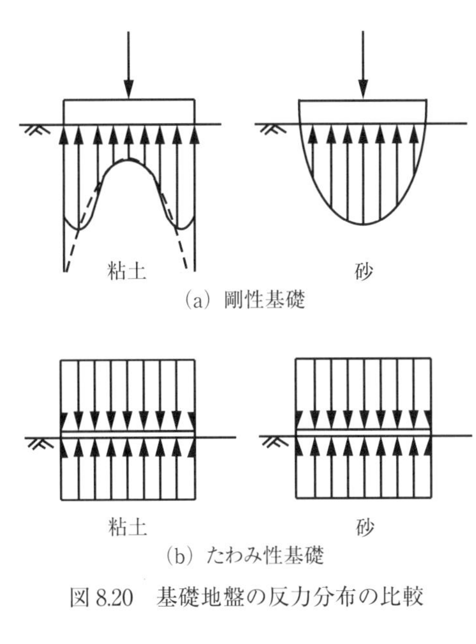

図8.20　基礎地盤の反力分布の比較

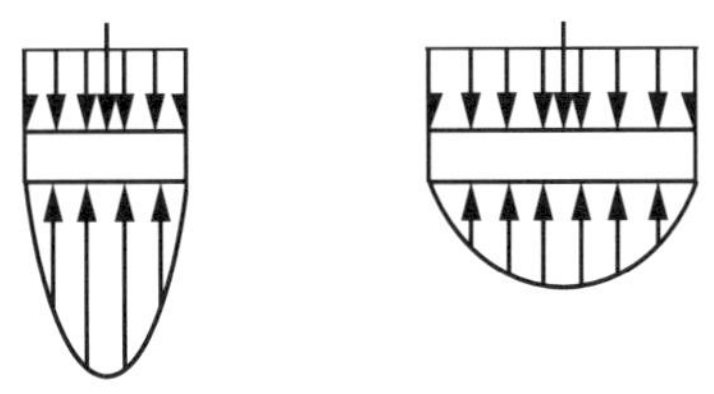

図8.21　基礎の大きさによる地盤の反力分布の相違

8.6　土の変形係数とポアソン比

8.2 で述べたように，土は弾性平衡の状態でも理想的な弾性体ではないものの，弾性論による解析では適切な弾性係数（本書の範囲では変形係数とポアソン比）を決定して用いなければならない。

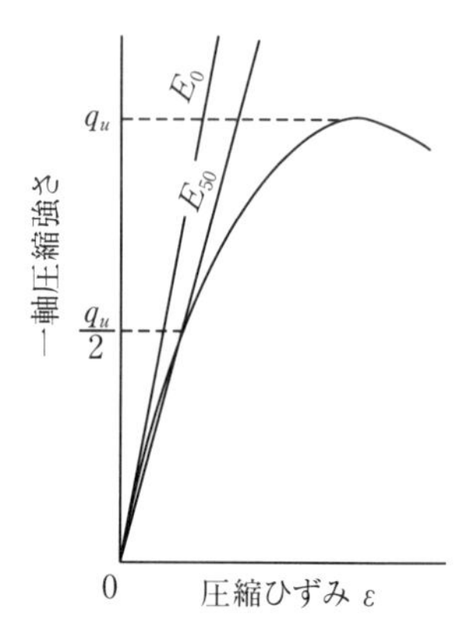

図 8.22　土の変形係数の決定法

通常，土の変形係数は，一軸圧縮試験を行って得られる応力・ひずみ曲線から，図 8.22 に示すように一軸圧縮強さの 1/2 応力点を原点と結んで得られる直線の勾配，すなわち**割線変形係数**（secant modulus）E_{50} とすることが多い。場合により，原点からの接線，すなわち**初期接線変形係数**（initial tangent modulus）E_0 を用いることもある。

三軸圧縮試験から得られる応力・ひずみ曲線から求めることも実際に行われている。変形係数は弾性論では，本来，一次元変形場での定数であるので軸対称条件における三軸圧縮場を想定した方法は正しくないが，土質材料の場合は供試体の膨張などの乱れを抑える意義をもつといえる。しかし，側圧の大きさによって変形係数の値は大きく変わるので，側圧の大きさは対象地盤の条件と関連させて選ばなければならない。

ポアソン比を実験によって決定することはほとんど行われない。式（8.12）が示すように，軸対称条件における三軸圧縮場ではポアソン比は体積変化のない場合は 0.5 であり，飽和土が瞬時変形する場合がこの状態に相当する。体積収縮が起きるような不飽和土などの場合は，ポアソン比は 0.5 より小さく，例えば 0.4 や 0.3 などを判断によって与えている。

演習問題

【問題 8.1】

右図に示すような x-z 面上の微小三角形についての応力状態にあるとき，最大，最小主応力 σ'_1，σ'_3 の大きさと方向を求めよ。

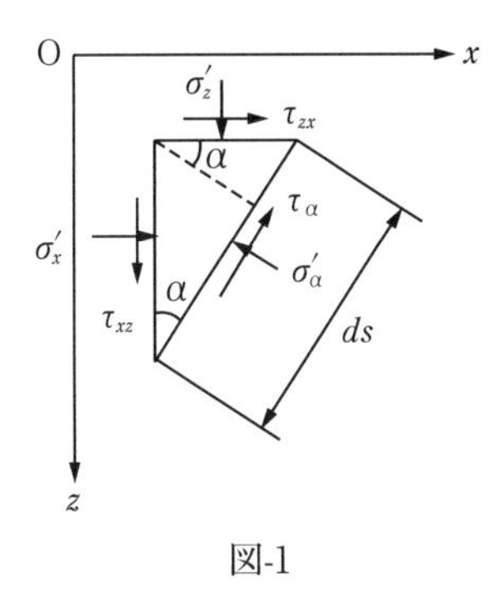

図-1

【問題 8.2】

100kN の集中荷重が飽和粘性土の地表面にかかっている。荷重直下，深さ 10m の点における鉛直方向の応力 σ'_z ならびに，荷重点から水平に 5m 離れた点の直下，深さ 10m における鉛直方向の応力 σ'_z をブシネスクの式で求めよ。ただし，粘土層では非排水条件が保たれているものとする。

【問題 8.3】

載荷面に 100kN/m^2 の等分布荷重がある点 A 直下の深さ 10m に生じる鉛直方向の増加応力 σ'_z を求めよ。

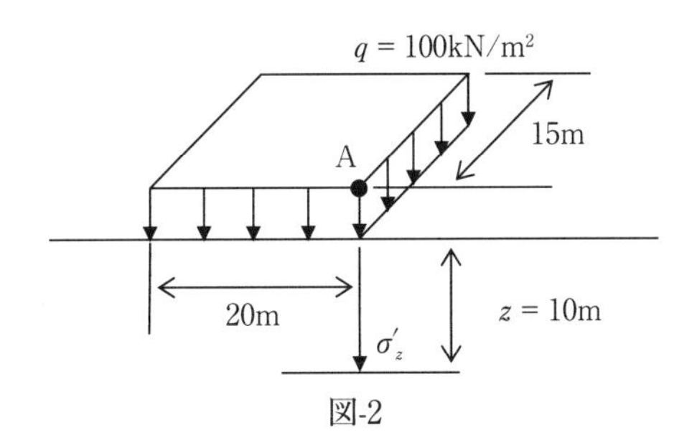

図-2

【問題 8.4】

下図のような断面の盛土を築造することになった。盛土により，A 点に生じる鉛直地中応力 σ'_z を計算せよ。ただし，盛土の単位体積重量を 16kN/m^3 とする。

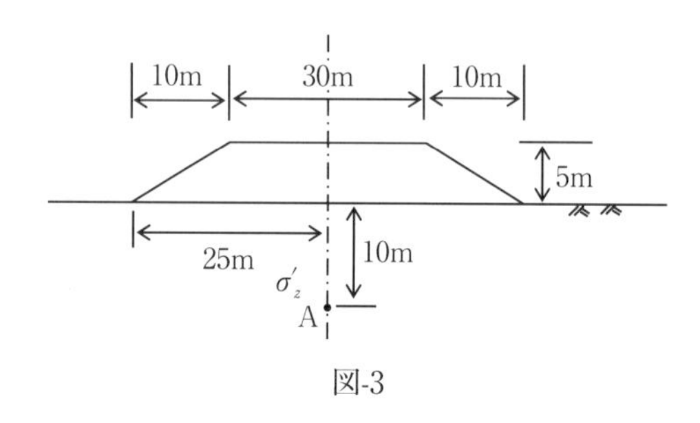

図-3

【問題 8.5】

q=100kN/m^2 の等分布荷重が B=10m, L=10m の範囲に載るとき，z=10m の地点における地盤内応力 σ'_z を求めよ。ただし，σ'_z は載荷面のふちから α=30° の角度で広がり，かつ水平面上では等分布に作用するものとする。

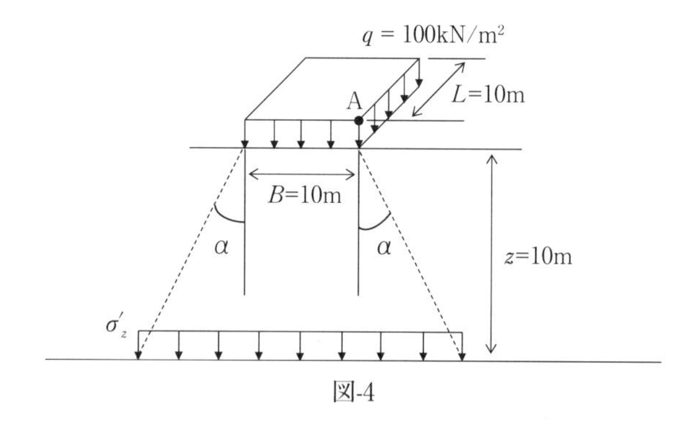

図-4

引用文献

1) 岡二三生：土質力学，朝倉書店，pp.55-56, 2003.

2) Boussinesq, M. J.: Application des potentiels a l'etude de l'equilibre et du mouvement des solides elastiques, GauthierVillars, Paris, 1885.

3) Michell, J. H.: Some elementray distributions of stress in

three dimensions, *Proceedings of the London Mathematical Society*, Volume s1-32, Issue 1, January 1900.

4) Newmark, N.M.: Influence charts for computation of stresses in elastic foundations, University of Illinois Bulletin 338, 1942

5) Osterberg, J.O.: Influence values for vertical stresses in a semi-infinite mass due to an embankment loading. Proc. 4th Int. Conf. SMFE,1, pp.393-394. 1957.

参考文献

山内豊聡：土質力学―全訂新部―，理工図書，1994.

三田地利之：土質力学入門　第 2 版，森北出版，2020.

澤孝平編著：地盤工学　第 2 版新装版，森北出版，2020.

第９章　地盤の安定：土圧

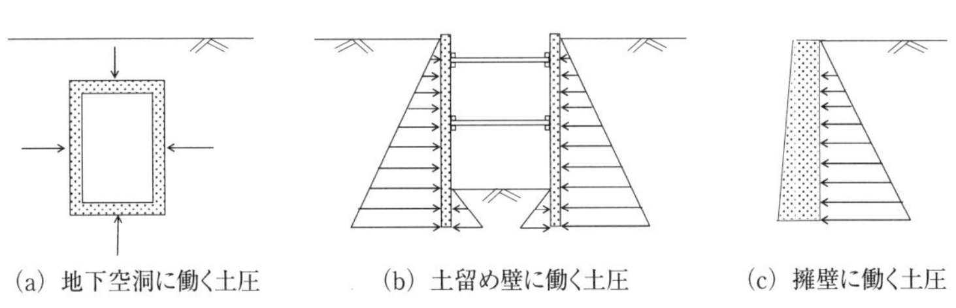

図 9.1　構造物に作用する様々な土圧の例

9.1　はじめに

土木構造物を建設する際は，建設現場において，図 9.1 に示すように周辺の地盤から様々な圧力が作用する。例えば，地中に埋設管やトンネルなどを構築する際は，地下空洞には，周辺の地盤から圧力が働く。また，地盤を掘削する際の土留め壁の支保工や盛土等による急傾斜面を支える擁壁にも周辺地盤から圧力が働く。このように構造物と地盤の境界に作用する圧力のことを一般に**土圧**（earth pressure）と呼ぶ。本章では，代表的な土圧理論であるランキン土圧とクーロン土圧に主眼をおいて説明を行う。

9.2　裏込め土に作用する応力

図 9.2 に示すような半無限に広がる水平な地盤を考える。このとき，地盤中の地表面から任意の深さ z における土中の有効鉛直応力（有効土被り圧）は，次式で表される。ここに，γ：土の単位体積重量である。

$$\sigma'_v = \gamma z \tag{9.1}$$

今この条件の下で，任意の深さ z における微小四角形を考えると，この四角形には２つの主応力 σ'_v および σ'_h が働いている。鉛直応力 σ'_v は，有効土被り圧であるため，ここでは一定であると考える。

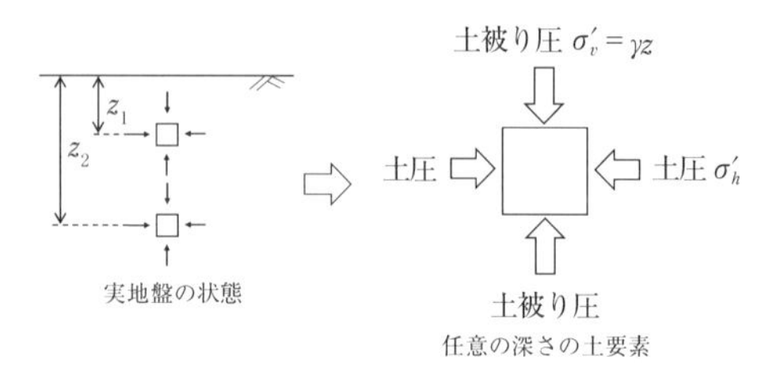

図 9.2　地盤内に働く応力

9.3　土圧の概念（静止土圧，主働土圧，受働土圧）

図 9.3 に示すような裏込め土が垂直な擁壁によって支えられている状況を考える。裏込め土塊のすべての部分がまさに破壊しようとするとき，これを塑性平衡状態にあるといい，この状態での力のつり合い条件が擁壁の安定性を考えるうえで重要となる。土の塑性平衡状態には，擁壁の移動の仕方によって 2 種類ある。1 つは，図に示されるように，擁壁が外側へ移動しようとする状態でこれを**主働状態**（active state）といい，もう 1 つは，擁壁が内側に圧迫されて移動しようとする状態で，これを**受働状態**（passive state）という。どちらの場合でも裏込め土には，せん断破壊面（すべり面）が生じる。今この条件で擁壁近傍の裏込め土において，ある深さ z における微小四角形を考えると，前節で示したように，この四角形には 2 つの主応力が働く。主働状態で

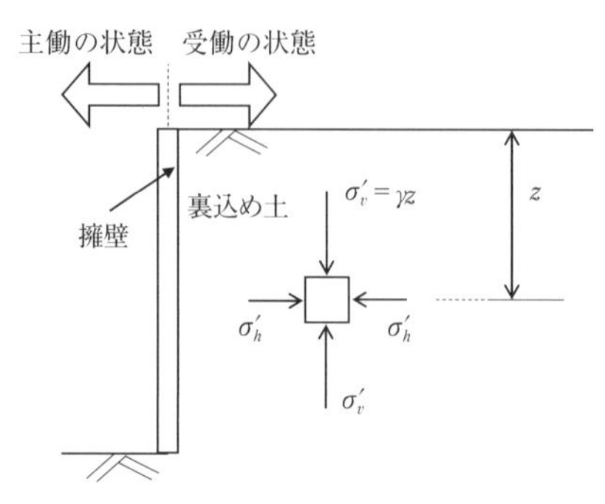

図 9.3　擁壁の移動と土圧の概念

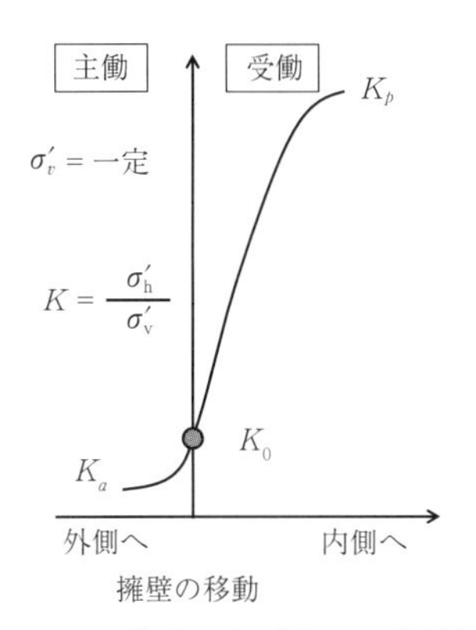

図 9.4　擁壁の移動と土圧係数

は，鉛直応力が最大主応力になり，水平応力が最小主応力になるのに対し，受働状態では，その関係が反対となる。鉛直応力 σ'_v は一定であるため，水平応力 σ'_h の変化に応じて，塑性平衡状態における微小四角形内の応力状態が変化する。

この条件下において，微小四角形要素に作用する鉛直応力と水平応力の比を土圧係数として，次式で定義する。

$$K = \frac{\sigma_{h'}}{\sigma_{v'}} \tag{9.2}$$

K は擁壁の移動によって変化する（図 9.4 参照）。主働状態では，鉛直応力が一定下において，擁壁の外側へ移動量の増加とともに水平応力が減少するため，主働状態での土圧係数（**主働土圧**（active earth pressure）係数 K_a）は，擁壁が全く移動しない状態と比べて小さくなる。一方，受働状態では，鉛直応力が一定下において，擁壁の内側への移動量の増加とともに，水平応力が増加するため，受働状態での土圧係数（**受働土圧**（passive earth pressure）係数 K_p）は，擁壁が全く移動しない状態と比べて大きくなる。擁壁が全く移動しない状態は，両者のちょうど中間の状態であり，土が静止している（破壊していない）状態を弾性平衡状態といい，このとき擁壁に作用する土圧のことを静止土圧とよぶ。そのときの土圧係数を K_0 とすると，K_0 は K_a と K_p の中間にあり，ほぼ0.5～1.0の値をとる。

$$K_p > K_0 > K_a \tag{9.3}$$

このようなK_0の値を静止土圧係数という。

9.4　静止土圧

図9.5に**静止土圧**（earth pressure at rest）の状態を示す。擁壁が全く動かない状態でのある深さzにおける裏込め土の微小四角形には，2つの主応力σ'_vおよびσ'_hが働いている。図には，静止土圧の状態における，微小四角形要素のモールの応力円も合わせて示している。裏込め土は静止土圧の状態では，弾性平衡状態であるため，モールの応力円はクーロンの破壊規準線に到達していない。

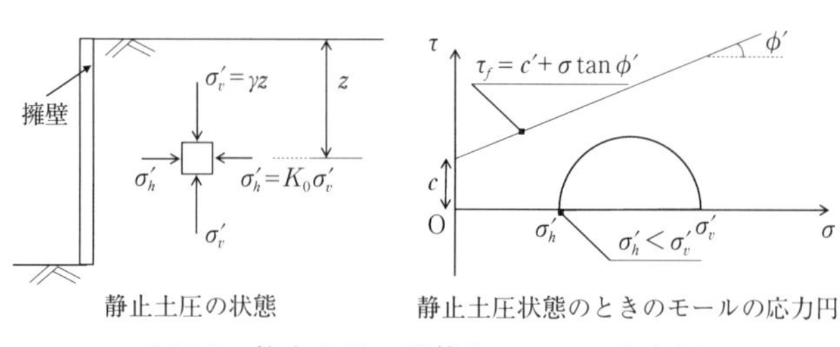

図9.5　静止土圧の状態とモールの応力円

このため，静止土圧係数K_0の値については，モールの応力円とクーロンの破壊規準線から求めることはできない。K_0の値を求める1つの考え方として，弾性論を用いて得られた鉛直応力に対する水平応力の比を静止土圧係数とすれば，以下の式により求まる。詳細な導出過程を付録9-1に示す。

$$K_0 = \frac{\sigma_{h'}}{\sigma_{v'}} = \frac{v}{1-v} \tag{9.4}$$

ここに，ν：ポアソン比で0.5を最大値と仮定するが，土が等方性材料か，異方性材料かによっても異なる。νの値が0.5に対して，K_0の値は1.0であるが，νが1/3に対しては，K_0の値は0.5

となる。

経験式としては，ヤーキー（Jaky, 1944）の式がよく利用され，以下が提案されている。

$$K_0 = 1 - sin\phi' \tag{9.5}$$

ここに，ϕ'：土の有効せん断抵抗角である。

なお，土圧係数を用いて，擁壁などに作用する土圧を求める際は，土圧係数が，地下水位以深において有効応力にのみ適用されることについて，注意が必要である。

9.5　ランキン土圧

9.5.1　土圧とモールの応力円の関係

ランキン土圧は，ランキン（Rankine, 1857）が，土中の微小四角形における主応力の関係から擁壁に対する圧力を求めたものである。擁壁が水平変位して裏込め土が崩壊するとき，すべての土要素が塑性平衡状態になると仮定している。ただし，擁壁は，壁面と裏込め土との間には摩擦がないような鉛直背面であることを基本としている。先に述べた最大有効主応力と最小有効主応力の関係は，c' を有効粘着力，ϕ' を有効せん断抵抗角として，図 9.6 のモールの応力円によって表される。最初に主働の場合を考えると，図 9.3 に示す $\sigma'_v = \gamma z$ の最大有効主応力に対し σ'_h が最小有効主応力となり，クーロンの破壊規準線と接する。その大きさは図から幾何学的に求められる。サフィックスの a は，主働を意味するものとする。受働の場合には，$\sigma'_v = \gamma z$ が最小有効主応力とな

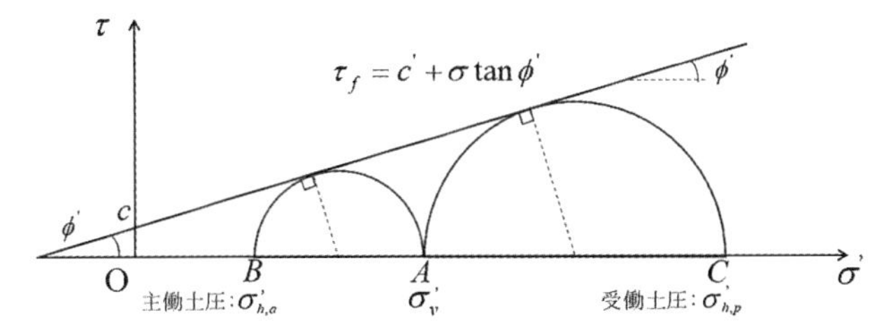

図 9.6　主働および受働状態におけるモールの応力円

るから，σ'_h が最大有効主応力となり，クーロンの破壊規準線と接する。サフィックスの p は，受働を意味するものとする。

9.5.2　主働土圧と受働土圧

擁壁が裏込め土から徐々に離れていくと最大有効主応力 $\sigma'_v = \gamma z$ は一定のまま，最小有効主応力 σ'_h は徐々に減少し，最終的に裏込め土の土要素は破壊に至る。その概念図を示したものが図9.7である。図に示されるB点が最小有効主応力となり，これがランキンの主働土圧 $\sigma'_{h,a}$ となる。ランキンの主働土圧 $\sigma'_{h,a}$ は，図の幾何学的な関係により以下のように誘導される。なお，土圧は土に作用する応力（有効応力）で議論することを前提としていることに留意が必要である。

裏込め土の有効粘着力を c'，有効せん断抵抗角を ϕ' としたとき，図9.3に示すように裏込め土の地表面からの任意深さ z における鉛直有効応力（最大有効主応力）σ'_v を用いて，図9.7の直角三角形 $O'O_aD$ の関係から，次式が得られる。

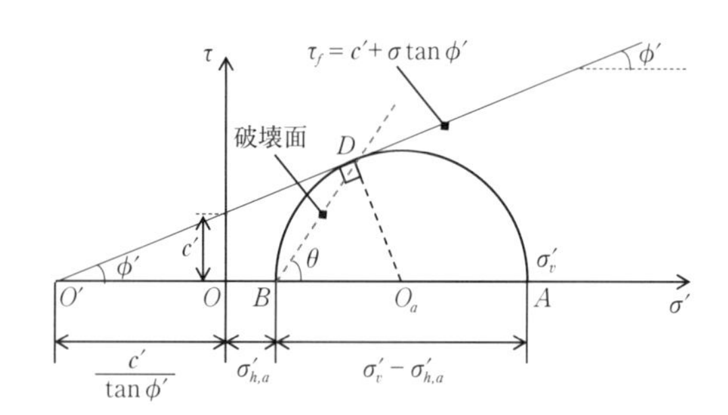

図9.7　主働状態におけるモールの応力円と破壊規準線

$$\sin\phi = \frac{O_aD}{O'O_a} = \frac{\dfrac{\sigma'_v + \sigma'_{h,a}}{2}}{\dfrac{c'}{tan\phi'} + \dfrac{\sigma'_v + \sigma'_{h,a}}{2}} \qquad (9.6)$$

この式を，$\sigma'_{h,a}$ に関する式に変換すると次式が得られる。

$$\sigma'_{h,a}=\sigma'_v\frac{1-\sin\phi'}{1+\sin\phi'}-2c'\frac{\cos\phi'}{1+\sin\phi'} \tag{9.7}$$

ここで，$\sigma'_v=\gamma z$ および $\cos\phi'=\sqrt{1-\sin^2\phi'}$ を式（9.7）に代入すると次式を得る。

$$\sigma'_{h,a}=\gamma z\frac{1-\sin\phi'}{1+\sin\phi'}-2c'\frac{\sqrt{1-\sin\phi''}}{\sqrt{1+\sin\phi'}}=K_a\gamma z-2c'\sqrt{K_a} \tag{9.8}$$

ここで，$K_a=\dfrac{1-\sin\phi'}{1+\sin\phi'}=\tan^2\left(45°-\dfrac{\phi'}{2}\right)$ (9.9)

K_a は，ランキンの主働土圧係数と呼ばれる。

図 9.7 中の A 点は，鉛直有効応力の最大有効主応力，B 点は水平有効応力の最小有効主応力であり，ランキンの主働土圧 $\sigma'_{h,a}$ となる。そのため，B 点は，モールの応力円の極となる（第 6 章参照）。D 点は，モールの応力円とクーロンの破壊規準線が接する土要素の破壊点となっている。そのため，B 点と D 点とを結んだ方向が破壊面の方向となる。破壊面の方向は，水平面からの角度を θ としたとき，図中の幾何学的な関係より，次式となる。

$$\theta=45°+\phi'/2 \tag{9.10}$$

ランキンの主働土圧では，裏込め土の全域が塑性平衡状態に達すると仮定するが，実際の擁壁における破壊面は，擁壁底面を通り，水平面から式（9.10）の角度と破壊面の方向を有するすべり面が形成されることが知られている。

一方，擁壁が内側の裏込め土を圧迫して移動しようとすると最小有効主応力 $\sigma'_v=\gamma z$ は一定のまま，最大有効主応力 σ'_h は徐々に増加し，最終的に裏込め土の土要素は破壊に至る。その概念図を示したものが図 9.8 である。図に示される C 点が最大有効主応力となり，これがランキンの受働土圧 $\sigma'_{h,p}$ となる。ランキンの受働土圧 $\sigma'_{h,p}$ は，図の幾何学的な関係により以下のように誘導される。

裏込め土の有効粘着力を c'，有効せん断抵抗角を ϕ' としたとき，図 9.3 に示すように裏込め土の地表面からの任意深さ z における

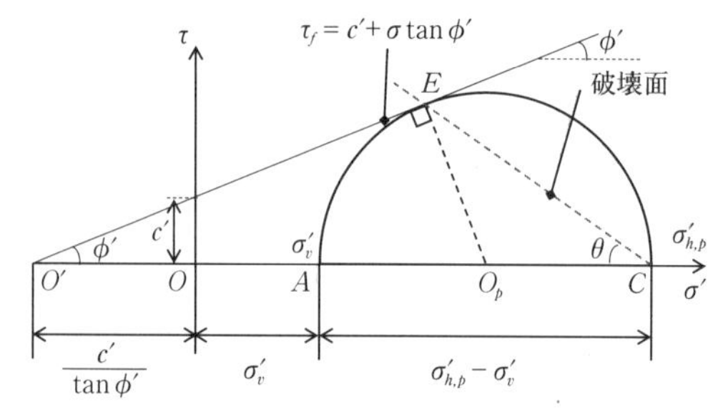

図 9.8　受働状態におけるモールの応力円と破壊規準線

鉛直有効応力（最小有効主応力）σ'_v を用いて，図 9.8 の直角三角形 $O'O_pE$ の関係から，次式が得られる。

$$\sin\phi = \frac{O_pE}{O'O_p} = \frac{\dfrac{\sigma'_{h,p} + \sigma'_v}{2}}{\dfrac{c'}{tan\phi'} + \dfrac{\sigma'_{h,p} + \sigma'_v}{2}} \tag{9.11}$$

この式を，$\sigma'_{h,p}$ に関する式に変換すると次式が得られる。

$$\sigma'_{h,p} = \sigma'_v \frac{1 - \sin\phi'}{1 + \sin\phi'} + 2c' \frac{\cos\phi'}{1 + \sin\phi'} \tag{9.12}$$

ここで，$\sigma'_v = \gamma z$ および $\cos\phi' = \sqrt{1 - \sin^2\phi'}$ を式（9.12）に代入すると次式を得る。

$$\sigma'_{h,p} = \gamma z \frac{1 + \sin\phi'}{1 - \sin\phi'} + 2c' \frac{\sqrt{1 + \sin\phi''}}{\sqrt{1 - \sin\phi'}} = K_p \gamma z + 2c' \sqrt{K_p} \tag{9.13}$$

ここで，$K_p = \dfrac{1 + \sin\phi'}{1 - \sin\phi'} = \tan^2\left(45° + \dfrac{\phi'}{2}\right)$　(9.14)

K_p は，ランキンの受働土圧係数と呼ばれる。

図中の A 点は，鉛直有効応力の最小有効主応力，C 点は水平有効応力の最大有効主応力であり，ランキンの受働土圧 $\sigma'_{h,p}$ となる。そのため，C 点は，モールの応力円の極となる。E 点は，モールの応力円とクーロンの破壊規準線が接する土要素の破壊点となっている。そのため，C 点と E 点とを結んだ方向が破壊面の方向となる。

破壊面の方向は，水平面からの角度を θ としたとき，図中の幾何学的な関係より，次式となる。

$$\theta = 45^\circ - \phi'/2 \tag{9.15}$$

ランキンの受働土圧では，裏込め土の全域が塑性平衡状態に達すると仮定するが，実際の擁壁における破壊面は，擁壁底面を通る。そのため，図9.3中に破壊面を示す場合は，擁壁底面を通り，水平面から式（9.15）の角度をもつせん断断面を形成することになる。

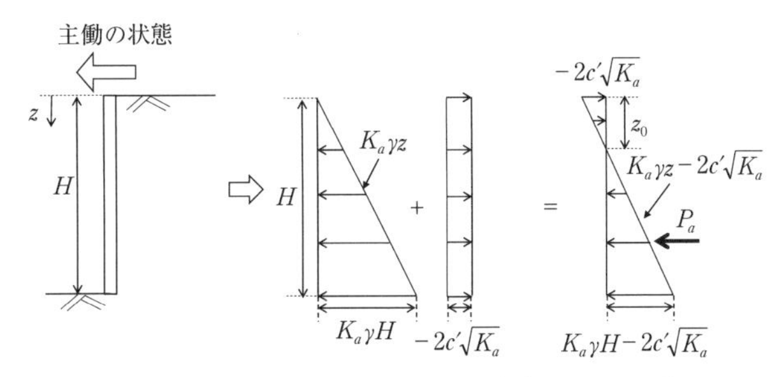

図9.9　ランキンの主働土圧分布について[1)]

9.5.3　土圧分布と土圧合力

(1) ランキンの主働土圧分布と土圧合力

裏込め土が砂のような粒状土である場合を考える。図9.9に示すような高さHの擁壁において，土の単位体積重量をγ，有効せん断抵抗角をϕ'とすると，地表面からの深さzにおけるランキンの主働土圧は式（9.8）より以下となる。

$$\sigma'_{h,a} = K_a\gamma z \tag{9.16}$$

ここで擁壁底面に作用する主働土圧は，$\sigma'_{h,a}=K_a\gamma H$であることから，擁壁に作用する主働土圧の合力は，土圧分布図の三角形の面積に等しく次式で表される。

$$P_a = \frac{1}{2}K_a\gamma H^2 \tag{9.17}$$

この時，土圧合力P_aの作用点は，壁面の底部から$H/3$の高さにある。

次に，裏込め土が粘土のような粘着も有する土である場合を考える。図 9.9 に示すような高さ H の擁壁において，土の単位体積重量を γ，有効粘着力を c'，有効せん断抵抗角を ϕ' とすると，地表面からの深さ z におけるランキンの主働土圧は式（9.8）となる。図 9.9 に示されるように，裏込め土の地表面（$z=0$）では，擁壁に作用する主働土圧 $\sigma'_{h,a}$ は負の値（引張応力）となる。主働土圧 $\sigma'_{h,a}$ が負の値からゼロになるまでの深さ z_0 は，式（9.8）から次式となる。

$$z_0=\frac{2c'}{\gamma\sqrt{K_a}} \tag{9.18}$$

土は引張強度が小さく，この部分は容易に引張破壊を起こすことから，一般に引張クラック深さと呼ばれる。

ここで，引張亀裂が発生しない場合には，図 9.9 の右端のような主働土圧分布になることから，主働土圧の合力は，以下の式で求まる。

$$P_a=\int_0^H\left(K_a\gamma z-2c'\sqrt{K_a}\right)dz=\frac{1}{2}K_a\gamma H^2-2c'H\sqrt{K_a} \tag{9.19}$$

一方，地表面から引張亀裂が発生した場合は，地表面付近に発生する負の主働土圧はゼロとなることから，主働土圧の合力は，次式となる。

$$P_a=\frac{1}{2}(K_a\gamma H-2c'\sqrt{K_a})(H-z_0)=\frac{1}{2}K_a\gamma H^2-2c'H\sqrt{K_a}+\frac{2c'^2}{\gamma} \tag{9.20}$$

この時，土圧合力 P_a の作用点は，壁面の底部から $(H\text{-}Z_0)/3$ の高さにある。

(2) ランキンの受働土圧分布と土圧合力

裏込め土が砂のような粒状土である場合を考える。主働土圧と同様に，図 9.10 に示すような高さ H の擁壁において，土の単位体積重量を γ，有効せん断抵抗角を ϕ' とすると，地表面からの深さ z におけるランキンの受働土圧は式（9.13）で表される。

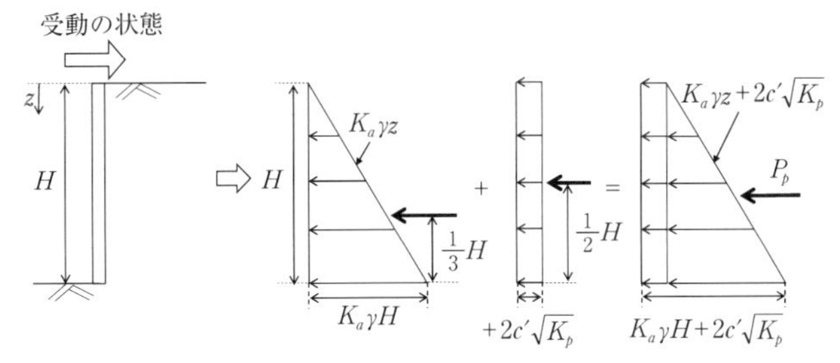

図 9.10　ランキンの受働土圧分布について

$$\sigma'_{h,p}=K_p\gamma z \tag{9.21}$$

擁壁底面に作用する受働土圧は，$\sigma'_{h,p}=K_p\gamma H$ であることから，擁壁に作用する受働土圧の合力は，土圧分布図の三角形の面積に等しく次式で表される。

$$P_p=\frac{1}{2}K_p\gamma H^2 \tag{9.22}$$

この時，土圧合力 P_p の作用点は，壁面の底部から $H/3$ の高さにある。次に，裏込め土が粘土のような粘着も有する土である場合を考える。図 9.10 に示すような高さ H の擁壁において，土の単位体積重量を γ，有効粘着力を c'，有効せん断抵抗角を ϕ' とすると，地表面からの深さ z におけるランキンの受働土圧は式(9.13)となる。図 9.10 に示されるように，裏込め土の地表面($z=0$)では，擁壁に作用する受働土圧 $\sigma'_{h,p}$ は正の値（圧縮応力）となる。受働土圧の合力の分布は，図 9.10 に示すような式（9.13）の第1項による三角形分布と第2項における長方形分布の合力として表され，以下の式から求まる。

$$P_p=\int_0^H\left(K_p\gamma z+2c'\sqrt{K_p}\right)dz=\frac{1}{2}K_p\gamma H^2+2c'H\sqrt{K_p} \tag{9.23}$$

この時，式(9.23)の第1項の三角形分布の土圧合力の作用点は，壁面の底部から $H/3$ の高さにあり，第2項の長方形分布の土圧合力の作用点は，壁面の底部から $H/2$ の高さにある。これら2つの土圧合力から，受働土圧の合力 P_p の力の作用点を計算する。

なお，ランキンの土圧理論では，裏込め地盤が水平面から傾斜した条件を考慮して擁壁に作用する土圧を計算することができるが，ここでは書面の都合上割愛することとする。詳しくは引用文献を参照されたい[2)]。

【例題 9.1】

図に示すように地盤を掘削し，支保工によって土留め壁が安定し，静止している状態を考える。このとき，土留め壁は静止土圧および静水圧を受けるとする。土留め壁の高さは 10m で，地下水は地表面より 4m の深さにあるとする。土の特性値は図に示すとおりとする。この時，以下の問いに答えよ。

(1) 図の右側の土留め壁に作用する静止土圧および静水圧の深さ方向の分布を求めよ。

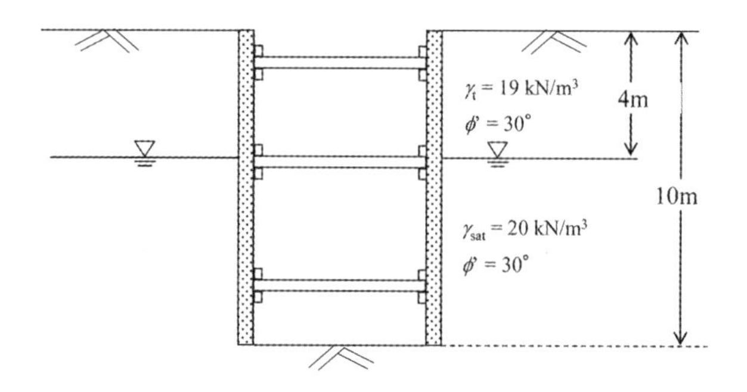

(2) それらの全合力（側圧の全合力）とその力の作用点の構造物底面からの距離を求めよ。

ただし，静止土圧係数はヤーキー（Jaky）の式が適用できるものとする。

また，水の単位体積重量を $\gamma_w = 10\text{kN/m}^3$ とする。

（ヒント：地下水位以下は，各土圧を計算する際の鉛直応力には有効応力を用いて計算すること。）

（解答例）

(1) ヤーキー（Jaky）の式を用いて，

$K_0=1\text{-}\sin\phi'=1\text{-}\sin 30°=0.50$, $z=4$mで，$\sigma'_h=K_0\sigma_v=K_0\gamma_z=0.50\times19\times4=38\text{kN/m}^2$，$z=10$mで，$\sigma'_h=K_0\sigma'_v=K_0(\gamma z_i+\gamma' z_j)=0.50\times[19\times4+(20.0\text{-}10.0)\times6]=68.0\text{kN/m}^2$，$u=\gamma_w z_w=10.0\times6=60.0\text{kN/m}^2$

(2) 合力　$P=½x38x4+½x(38+68)x6+½x60x6=76+318+180=574\text{kN/m}$

土圧と水圧の土留め壁底面におけるモーメントより，

$$M=76\times\left(6+\frac{4}{3}\right)+38\times6\times3+\frac{1}{2}\times30\times6\times2+\frac{1}{2}\times60\times6\times2$$
$=1781.1\text{kN}$

従って，掘削底面からの合力の作用点までの距離$=M/P=1781.3/574=3.10$m

【例題 9.2】

滑らかな鉛直背面を持つ10mの高さの擁壁が水平な裏込め砂と地表面に作用する載荷圧$p_0=50\text{kN/m}^2$を支えている。土の特性値は図に示すとおりとする。この時，ランキンの主働土圧，静止土圧，水圧の深度分布図を図に記しなさい。

ただし，静止土圧係数はヤーキー（Jaky）の式が適用できるものとする。また，水の単位体積重量を$\gamma_w=10\ \text{kN/m}^3$とする。

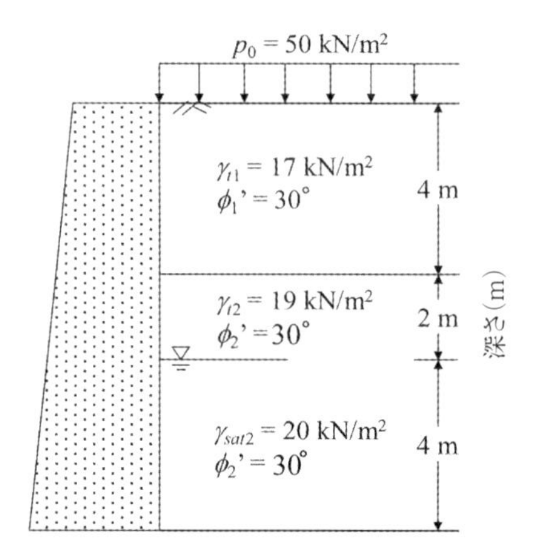

（ヒント：各層で静止土圧係数および主働土圧係数を求めること。地下水位以下は，各土圧を計算する際の鉛直応力には有効応力を用いて計算すること。）

（解答例）

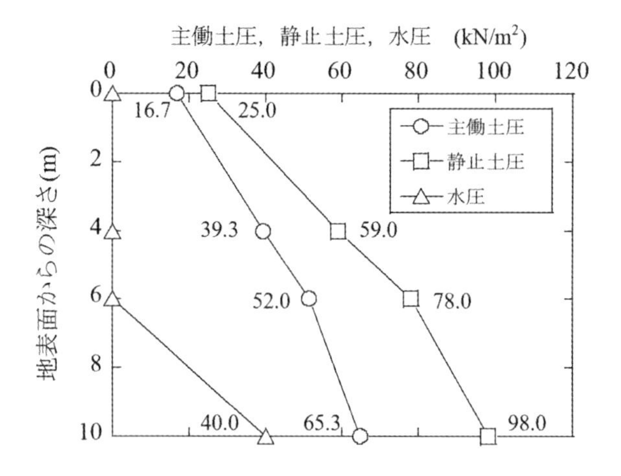

9.6　クーロン土圧

9.6.1　土圧の定義

クーロンの土圧理論とは，クーロン（Coulomb, 1773）が提案した土圧計算法のことで，主働破壊および受働破壊を引き起こす擁壁の裏込め土に対して，その主働状態および受働状態における擁壁に作用する土圧の合力を計算することができる。粘着力を持たない砂質土（いわゆるϕ材）を主な対象としている。

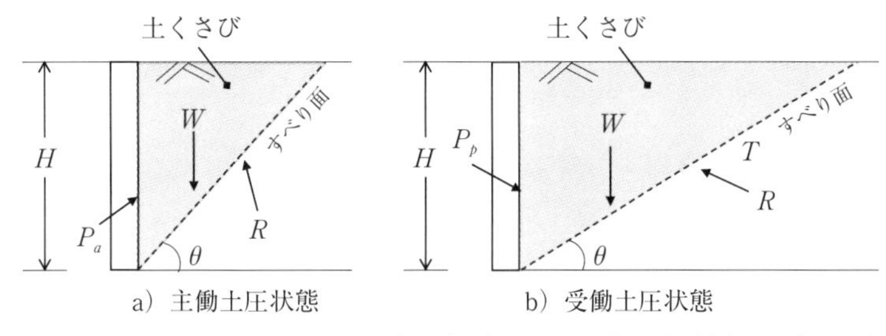

図9.11　クーロンの土圧理論で仮定されるすべり線と土くさび

図9.11には，クーロンの主働土圧状態および受働土圧状態のイメージ図を示している。クーロンの土圧理論の仮定として，裏込め土の破壊時のすべり線は，直線状であり，破壊する土塊（土くさび）に作用する力のつり合いが成立するものとして計算が行われる。なお，擁壁裏込め土内の地下水位は，擁壁底面に比べ十分に低い位置に存在するものと仮定し，力のつり合いを考えることとする。

9.6.2　土くさびに作用する力のつり合い

クーロンは図9.11に示すように擁壁の底面から，直線のすべり線が発生すると仮定し，擁壁との間に挟まれた三角形のくさびを用いて力のつり合いを考えた。各土圧状態におけるこの三角形のくさびに作用しているすべての力を列挙し，その力の大きさと方向を調べ，力のベクトルを抜き出す。この三角形くさびに作用しているすべての力が釣り合っていると仮定して，図に示される擁壁に作用する主働および受働土圧の合力P_aおよびP_pを求めた。

図 9.12 にクーロンの主働土圧合力P_aを求めるための概念図と土くさびに作用する力の多角形を示す。ここでは，裏込め土や擁壁背面には傾斜がない条件を設定している。主働土圧状態では，図 9.12 に示される土くさびが，すべり面に沿って滑り落ちようとする。そのため，すべりに対する抵抗力Rおよび擁壁面上の主働土圧合力P_aもその滑りを阻止しようとする向きに，壁面摩擦角δ，土のせん断抵抗角ϕだけ傾斜した方向に力が作用する。土くさびの重量Wとその作用方向がすでに分かっているため，主働土圧合力P_aやすべりに対する抵抗力Rが，力の多角形に示されるベクトルのような方向として決まれば，矢印の三角形が閉じる条件となり，主働土圧合力 Pa を求めることができる。P_a, WおよびRの力の三角形の内角については，δ，ϕおよび水平面とすべり面との角度θを用いて，図中に示される角度が得られる。

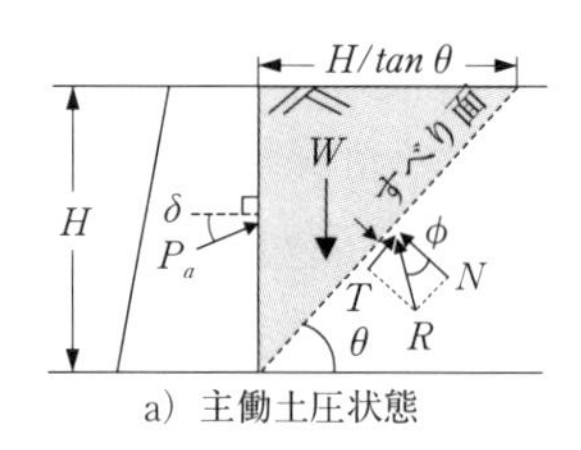

a）主働土圧状態

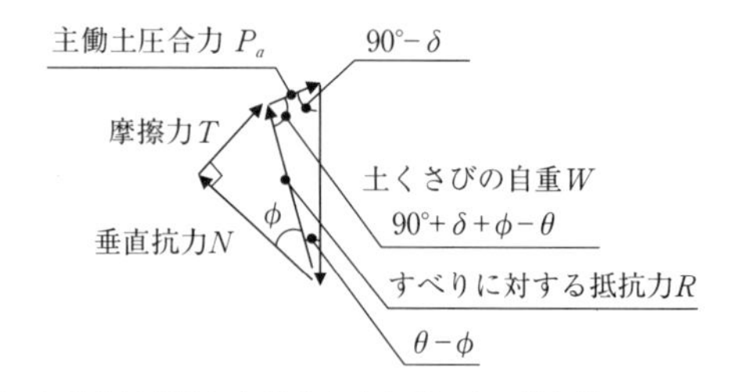

b）主働土圧状態における土くさびの力の多角形

図 9.12　主働土圧状態のおける土くさびの力の多角形

このとき，力の多角形の正弦定理より，次式が得られる。

$$\frac{P_a}{\sin(\theta-\phi)}=\frac{W}{\sin(90^\circ+\delta+\phi-\theta)} \tag{9.24}$$

壁面と裏込め土の摩擦を考慮しない（$\delta=0^\circ$）場合，以下の式となる。

$$\frac{P_a}{\sin(\theta-\phi)}=\frac{W}{\sin(90^\circ+\phi-\theta)}=\frac{W}{\cos(\theta-\phi)} \tag{9.25}$$

このとき，主働土圧の合力は次式となる。

$$P_a=W\tan(\theta-\phi) \tag{9.26}$$

擁壁の高さを H，土くさびの単位体積重量を γ とすると，主働破壊を引き起こす土くさびの重量 W は，次式となる。

$$W=\gamma\times\frac{1}{2}H\times\frac{H}{\tan\theta}=\frac{1}{2}\gamma\frac{H^2}{\tan\theta} \tag{9.27}$$

式（9.27）を式（9.26）に代入することによって，主働土圧の合力 P_a の式が得られる。

$$P_a=\frac{1}{2}\gamma\frac{H^2}{\tan\theta}\tan(\theta-\phi) \tag{9.28}$$

主働土圧合力 P_a は，水平面とすべり面との角度 θ に応じて変化する。実際にすべりが発生する時は，P_a が最大の時である。

式（9.28）を角度 θ で偏微分し，$\partial P_a/\partial\theta=0$ となる θ がすべり面の角度となる。この時の θ は，$\theta=45^\circ+\phi/2$ となる。この値を式（9.28）に代入すると，主働土圧合力 P_a は，最終的に次式となる。

$$P_a=\frac{1}{2}\gamma H^2\tan^2\left(45^\circ-\frac{\phi}{2}\right)=\frac{1}{2}K_{ca}\gamma H^2 \tag{9.29}$$

ここで，$K_{ca}=\tan^2\left(45^\circ-\frac{\phi}{2}\right)$

この K_{ca} は，クーロンの主働土圧係数と呼ばれる。

このように，壁面と裏込め土の摩擦を考慮しない（$\delta=0^\circ$）場合，クーロンの主働土圧係数は，ϕ を ϕ' と置き換えると，式（9.9）

のランキンの主働土圧係数と等しくなる。

次に，クーロンの受働土圧について考える。図 9.13 にクーロンの受働土圧合力 P_p を求めるための概念図と土くさびに作用する力の多角形を示す。ここでも，裏込め土や擁壁背面には傾斜がない条件を設定する。

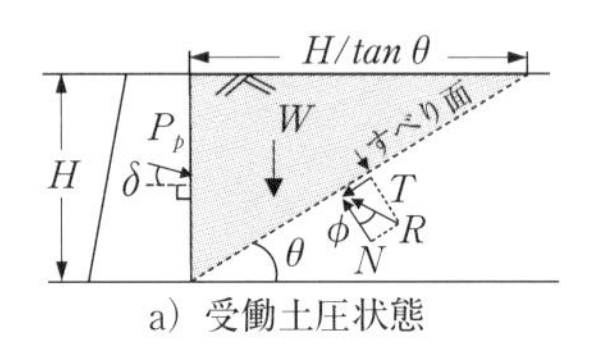

a）受働土圧状態

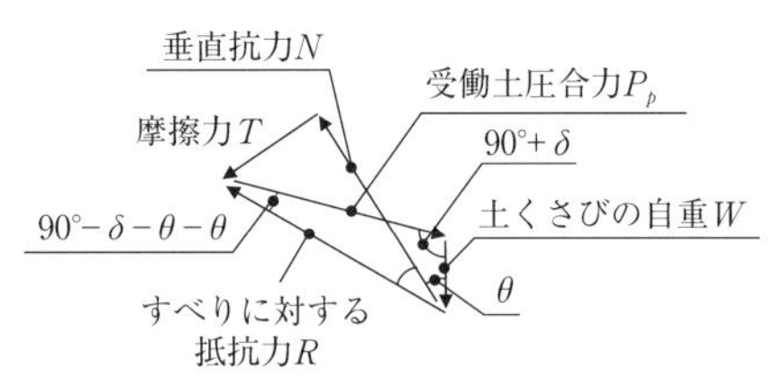

b）受働土圧状態における土くさびの力の多角形

図 9.13　受働土圧状態のおける土くさびの力の多角形

受働土圧状態では，図に示される三角形の土くさびがすべり面に沿って，滑り上がろうとする。そのため，すべりに対する抵抗力 R も擁壁面上の受働土圧合力 P_p もその滑りを阻止しようとする向きに，壁面摩擦角 δ，土のせん断抵抗角 ϕ だけ傾斜した方向に力が作用する。土くさびの自重 W とその作用方向がすでに分かっているため，受働土圧合力 P_p やすべりに対する抵抗力 R が，力の多角形に示されるベクトルの方向として決まれば，矢印の三角形が閉じる条件となり，受働土圧合力 P_p を求めることができる。P_p，W および R の力の三角形の内角については，δ，ϕ および水平面とすべり面との角度 θ を用いて，図中に示される角度が得られる。

このとき，力の多角形の正弦定理より，次式が得られる。

$$\frac{P_p}{\sin(\theta+\phi)}=\frac{W}{\sin(90^\circ-\delta-\theta-\phi)} \tag{9.30}$$

壁面と裏込め土の摩擦を考慮しない（$\delta=0^\circ$）場合，以下の式となる。

$$\frac{P_p}{\sin(\theta+\phi)}=\frac{W}{\sin(90^\circ-\phi-\theta)}=\frac{W}{\cos(\theta+\phi)} \tag{9.31}$$

このとき，受働土圧の合力は次式となる。

$$P_p=W\tan(\theta+\phi) \tag{9.32}$$

擁壁の高さをH，土くさびの単位体積重量をγとすると，受働破壊を引き起こす土くさびの重量Wは，主働土圧の時と同様に（9.27）式となる。

式（9.27）を式（9.32）に代入することによって，受働土圧の合力P_pの式が得られる。

$$P_p=\frac{1}{2}\gamma\frac{H^2}{\tan\theta}\tan(\theta+\phi) \tag{9.33}$$

受働土圧合力P_pは，水平面とすべり面との角度θに応じて変化する。実際にすべりが発生する時は，P_pが最小の時である。式（9.33）を角度θで偏微分し，$\partial P_p/\partial\theta=0$となる$\theta$がすべり面の角度となる。この時の$\theta$は，$\theta=45^\circ-\phi/2$となる。この値を式（9.33）に代入すると，主働土圧合力P_pは，最終的に次式となる。

$$P_p=\frac{1}{2}\gamma H^2\tan^2\left(45^\circ+\frac{\phi}{2}\right)=\frac{1}{2}K_{cp}\gamma H^2 \tag{9.34}$$

ここで，$K_{cp}=\tan^2\left(45^\circ+\dfrac{\phi}{2}\right)$

このK_{cp}は，クーロンの受働土圧係数と呼ばれる。

このように，壁面と裏込め土の摩擦を考慮しない（$\delta=0^\circ$）場合，クーロンの受働土圧係数は，ϕをϕ'と置き換えると，式（9.14）のランキンの受働土圧係数と等しくなる。

9.6.3 境界条件が複雑な場合の土圧係数

クーロンの土圧理論は，ランキンの土圧理論と比較して，境界条件が複雑な場合でも計算できる適用範囲が広いことが知られている。ここでは，擁壁面の摩擦と傾斜を考慮した土圧係数について説明する。図 9.14 に示すような境界条件での主働および受働土圧合力について考える。ここで，壁面と裏込め土との摩擦角を δ，裏込め地盤の水平面からの傾斜角を i，水平面を基準とする擁壁背面の傾斜角を β とする。このときの擁壁に作用する主働土圧合力 P_a および受働土圧合力 P_p は，9.6.2 節と同様に，式（9.29）および式（9.34）で求められる。

ただし，土圧合力を求めるための主働土圧係数 K_{ca} および受働土圧係数 K_{cp} はそれぞれ以下の式で表される。

$$K_{ca}=\frac{\sin^2(\beta-\phi)}{\sin^2\beta\sin(\beta+\delta)\left\{1+\sqrt{\dfrac{\sin(\phi+\delta)\sin(\phi-i)}{\sin(\beta-i)\sin(\beta+\delta)}}\right\}^2} \tag{9.35}$$

$$K_{cp}=\frac{\sin^2(\beta+\phi)}{\sin^2\beta\sin(\beta-\delta)\left\{1-\sqrt{\dfrac{\sin(\phi+\delta)\sin(\phi+i)}{\sin(\beta-i)\sin(\beta-\delta)}}\right\}^2} \tag{9.36}$$

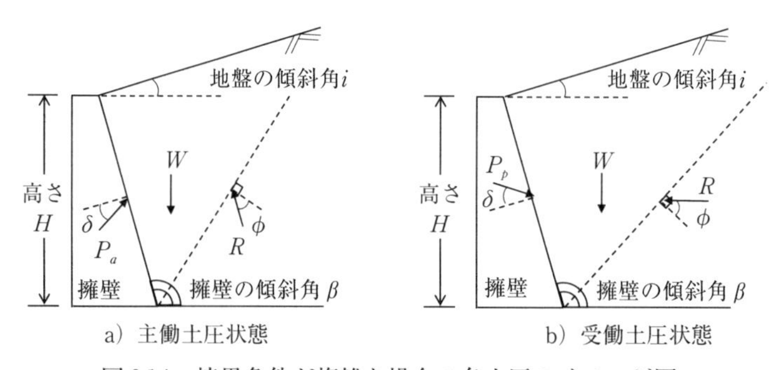

図 9.14　境界条件が複雑な場合の各土圧のイメージ図

式（9.35）および式（9.36）は，力の多角形を利用して，9.6.2 節で示した同様の方法により求めることになるが，計算がかなり複雑になることからここでは省略することとする[3)]。なお，擁壁の傾斜がなく（$\beta=90°$），擁壁面の摩擦もなく（$\delta=0°$），裏込め地盤にも傾斜がない（$i=0°$）場合，式（9.35）および式（9.36）の各土圧係数は，式（9.9）および式（9.14）と等しくなることから，クーロンの主働・受働土圧係数とランキンの主働・受働土圧係数は等しくなる。

9.6.4　地震時土圧の考え方

物部・岡部らは震度法の考え方を導入し，地震時に擁壁等に作用する土圧（地震時土圧）を計算する考え方を示した。クーロンの土圧理論において，土くさびに作用する地震時の慣性力を考慮できる計算法を提案している。ここでは，地震時の水平（方向）震度 k_h を取り入れた地震時の主働土圧の計算式を示す。地震時の水平方向に作用する最大加速度を a_h(m/s^2)とすると，水平震度 k_h は，重力加速度 g を用いると次式となる。

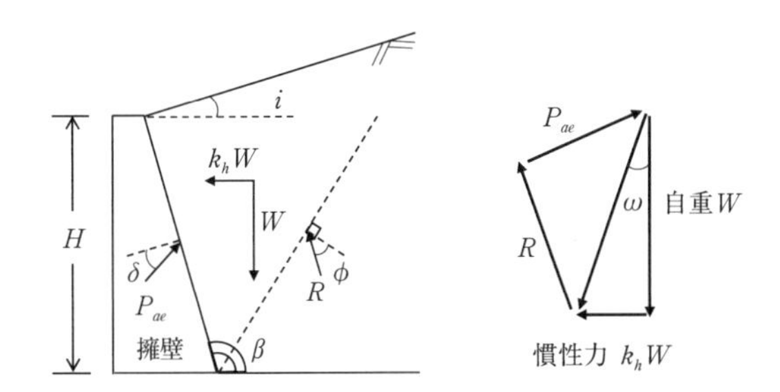

図 9.15　水平震度を考慮した地震時の主働土圧の概念図

$$k_h = \frac{a}{g} \tag{9.33}$$

土くさびには，自重 W と慣性力 k_hW が作用しており，図 9.15 の力の多角形に示されるように，地震合成角 ω だけ傾いた方向に力が作用している。地震時の主働土圧合力 P_{ae} やすべりに対する抵抗力 R の力の方向が決まるため，矢印の三角形が閉じる条件となり，P_{ae} は求まることとなる。このとき，地震時の主働土圧合力 P_{ae} は，式（9.29）と同様な方法で求まり，式中に含まれる地震時の主働土圧係数 K_{ae} は次式で表される [3)]。

$$K_{ae}=\frac{\sin^2(\beta-\delta+\omega)}{\cos\omega\sin^2\beta\sin(\beta+\delta+\omega)\left\{1+\sqrt{\frac{\sin(\phi+\delta)\sin(\phi-i-\omega)}{\sin(\beta-i)\sin(\beta+\delta+\omega)}}\right\}^2} \tag{9.37}$$

9.7　土圧理論の適用範囲と特徴

図 9.16 は，ランキンおよびクーロンの土圧理論を用いて，土圧を計算する際に考慮できる適用範囲をまとめたものである。ランキンおよびクーロンの土圧理論はいずれにおいても，図中の a) 裏込め地盤の傾斜や b) 裏込め地盤への等分布荷重の作用については，考慮して計算することができる。c)，d) の擁壁背面の傾斜や摩擦，e) の地震時の慣性力や f) 裏込め地盤への点荷重の作用については，クーロンの土圧理論のみ，考慮して計算することができる。そのような意味においては，クーロンの土圧理論は，ランキンの土圧理論よりも適用範囲が広いと言える。ただし，クーロンの土圧理論では，擁壁に作用する土圧合力のみが計算されるため，ランキンの土圧理論のように，擁壁に作用する土圧分布を計算することはできず，合力の作用点の位置を求めることはできない。両者の特徴を理解したうえで，状況に応じて，両者の土圧理論を上手く活用していくことが重要である。

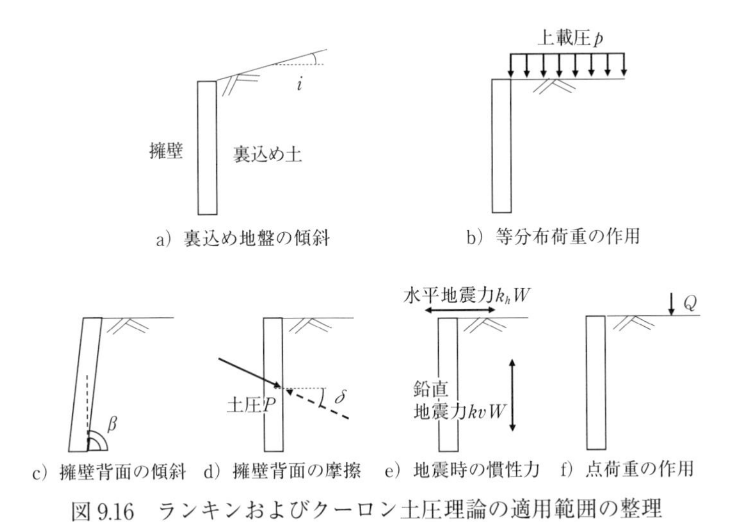

図9.16　ランキンおよびクーロン土圧理論の適用範囲の整理

演習問題

【問題 9.1】

図（a）に示すように地盤を掘削した後に矢板を設置し，均質な水平地盤を支えている状況を考える。ここで，摩擦のない鉛直背面を持つ矢板に作用する土圧合力について考える。矢板の高さをHとし，地下水は十分に深いものとする。ここで，土の湿潤単位体積重量をγ_t，土の強度定数をc'，ϕ'とし，水平地盤に亀裂が発生しない場合を仮定する。このとき，

(1) 矢板に作用する主働土圧合力P_aを図中の記号を用いて表せ。

(2) 壁無しで自立できる擁壁の限界高さH_cを図中の記号を用いて表せ。（ヒント：土圧合力の引張部分と圧縮部分が釣り合う条件を考えよ。）

地下水位が上昇し，十分に時間が経過した後，図（b）のような状況となった。

このとき，矢板上部の水平地盤に引張応力が発生し，亀裂が発生したものとする。図（b）に示される値と水の単位体積重量$\gamma_w = 10.0\mathrm{kN/m^3}$を用いて以下を求めよ。

(3) 水平地盤に作用する引張クラック深さz_0を求めよ。

(4) 矢板の両面に作用するすべての水平土圧と水圧の分布を計算し，その深度分布を示せ。

(5) (4) で求めたすべての合力とその矢板底面からの作用点を求めよ。

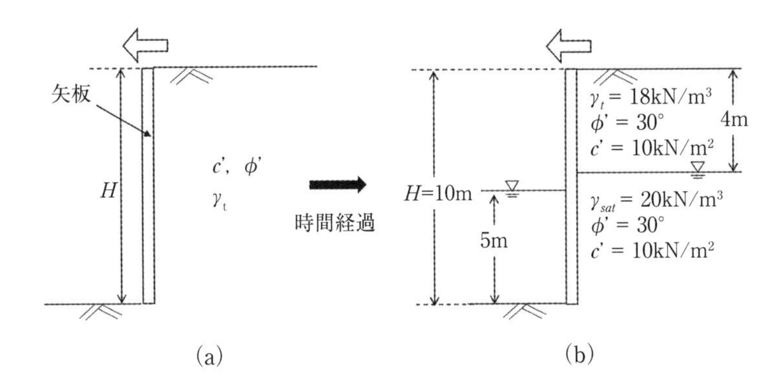

【問題 9.2】

図に示すような裏込め地盤を有する場合に，擁壁に作用するクーロンの主働土圧合力 P_a を求めよ。

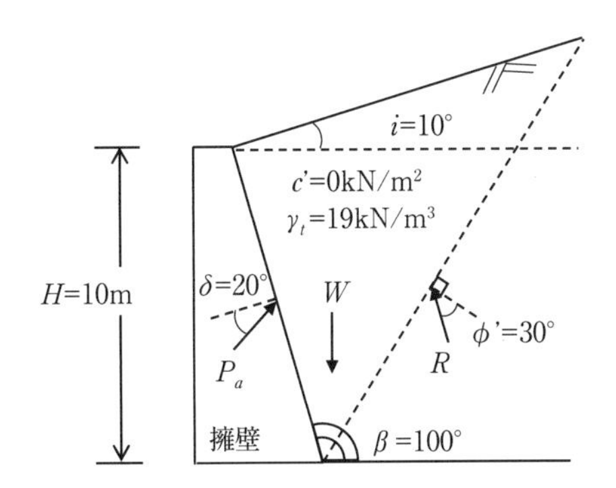

引用文献

1）福岡正巳，村田清二，今野誠；新編土質工学，国民科学社，1990.

2）山内豊聡：土質力学，理工図書，pp.157-159，2001.

3）地盤工学会：土圧入門，1997.

参考文献

松岡元：土質力学，森北出版株式会社，2003.

石橋勲，ハザリカ ヘマンタ：土質力学の基礎とその応用，共立出版，2017.

粟谷陽一他５名：詳解　土木工学演習，共立出版，2000.

菊本統，西村聡，早野公敏：図説わかる土質力学，学芸出版社，2015.

粟津清蔵 監修：絵とき土質力学，オーム社，2014.

第 10 章　地盤の安定：支持力

10.1　はじめに

地盤上に橋などの構造物を設置しようとするとき，その地盤が構造物から受ける力（自重や地震時荷重など）を支えることができることを，確認する必要がある。地盤が構造物からある作用力を受けたときに，有害な沈下を生じず，また破壊に至らずに支持しうるかを知ることが重要である。また地盤への力の伝え方の工夫として，基礎構造物が設置される。ここでは，基礎構造物の支持力を算定する手法を学ぶ。

10.2　基礎構造物と地盤の支持力

建物や橋の橋脚や橋台などの構造物の荷重を，地盤に伝える構造物が**基礎**（foundation）である。建築基礎では，図 10.1（a）に示すように，基礎を基礎スラブと地業（じぎょう）に分けている。基礎スラブは水平な板状の部分を指し，地業は，基礎スラブを支えるために敷砂利，栗石，杭などを設けた部分を指す。

橋脚基礎をはじめとする土木構造物では，上部工を支える部分を下部工と総称する。そして下部工のうち，橋脚や橋台の躯体を除く部分を基礎と呼ぶ（図 10.1(b)参照）。

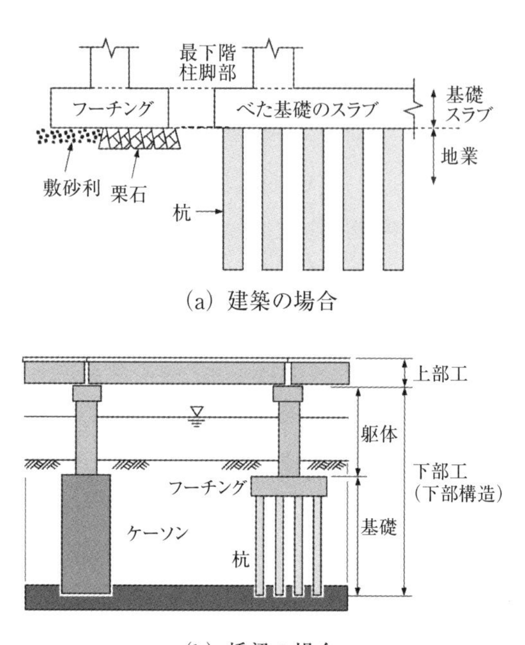

(a) 建築の場合

(b) 橋梁の場合

図 10.1　基礎構造物

基礎の形式は，図 10.2 のように**浅い基礎**（shallow foundation）と**深い基礎**（deep foundation）に分類される。この違いは，支持力機構の差異を重視した分類である。便宜上，基礎底面の位置が地表面から浅いのか深いのかを，**根入れ幅比**（depth ratio）に

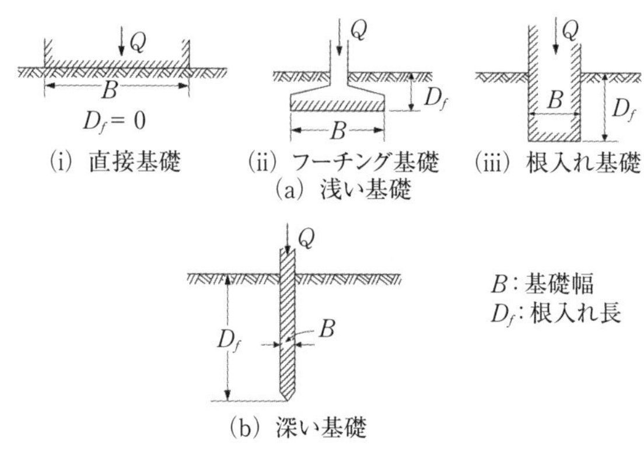

(a) 浅い基礎

(b) 深い基礎

図 10.2　浅い基礎と深い基礎

よって判定する。根入れ幅比とは，地表面から基礎底面までの**根入れ長**（penetration depth）または**根入れ深さ**（embedded depth）D_f と，基礎の底面幅（基礎幅）B との比（D_f/B）である。例えば，根入れ幅比が1以下の基礎を浅い基礎，1よりも大きい基礎を深い基礎と定義することもある。浅い基礎は，根入れ長が小さいので，水平力や回転モーメントに対する基礎側面の抵抗力は小さい。設計上，この抵抗は無視され，基礎底面が鉛直力，水平力，回転モーメントのすべてに抵抗する。このような基礎形式を直接基礎と言い，浅い基礎とほぼ同じ意味で使われている。

なお，道路橋示方書[1]では，根入れ幅比 D_f/B が0.5以下のものを直接基礎と区分しているが，港湾の施設の技術上の基準[2]では，1.0以下のものを直接基礎としている。このように，適用される基準によって，基礎形式の境界となる根入れ幅比の大きさが他とは異なることがあることに注意する[3]。

基礎には図10.3に示すような種類がある。

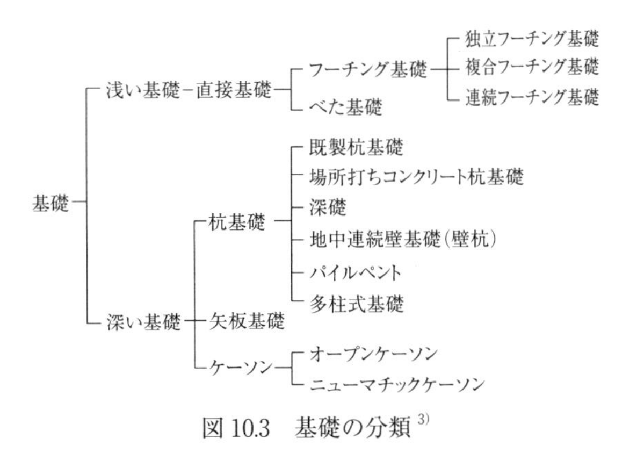

図10.3　基礎の分類[3]

建物や橋の橋脚や橋台などは地盤上に設置されるが，それらの荷重は基礎を通して地盤が支持する。建物や橋の橋脚や橋台が自重で沈下しないこと，風荷重や地震時の慣性力で転倒しないようにしなければいけない。これらの荷重は，基礎により，その形状を工夫し地盤そのものの支持力を発揮させて，支持される。

基礎の目的は，安全に構造物の荷重を地盤に伝えることである。構造物の設置により地盤内に応力が作用し，地盤が圧縮・圧密あるいは弾性沈下し，構造物が過度に沈下，または不等沈下を引き起こす場合がある。また土のせん断強さが構造物の重量などの自重荷重に対して十分でないため，せん断破壊を引き起こし不安定化することがある。地盤の圧密やせん断破壊による沈下は大きく，弾性沈下はこれらの2種類の沈下に比べてかなり小さいのが普通である。

地盤がせん断破壊を生じずに支え得る基礎の最大荷重を**極限支持力**（ultimate bearing capacity）という。直接基礎の中心に鉛直荷重を加えた場合の荷重と沈下量の関係は，図10.4[3)] に示すようにほぼ次の2種類に分けることができる。

図10.4[3)] 中のC1の荷重－沈下曲線は密な砂地盤や硬い粘土地盤で見られるもので，初期の弾性的挙動が卓越する領域（O-a' 間），ある荷重を超えて地盤がせん断破壊を生じ急激な沈下を示す領域（a点以降），およびそれらの遷移領域（a'-a 間）とからなる。このような破壊の形式を**全般せん断破壊**（general shear failure）と呼び，沈下の急増するa点の荷重Q1を極限支持力とする。またa' 点の荷重は**降伏荷重**（yield load）である。一方，C2の荷重－沈下曲線のように明瞭な破壊点を示さず，徐々に沈下が増大していく破壊の様式を**局所せん断破壊**（local shear failure）と呼び，緩い砂や軟らかい粘土地盤に多い。局所せん断破壊の場合には極限支持力は定義しがたいが，荷重―沈下曲線がそれ以降直線的となる点（b点）の荷重Q2か，あるいは両対数プロットで折れ点が見いだされるときはその点の荷重をもって極限支持力とすることが多い。

構造物の重要性，土質定数の精度や土の鋭敏比などを考慮して，極限支持力を適当な安全率で割ったものを**許容支持力**（allowable bearing capacity）という。

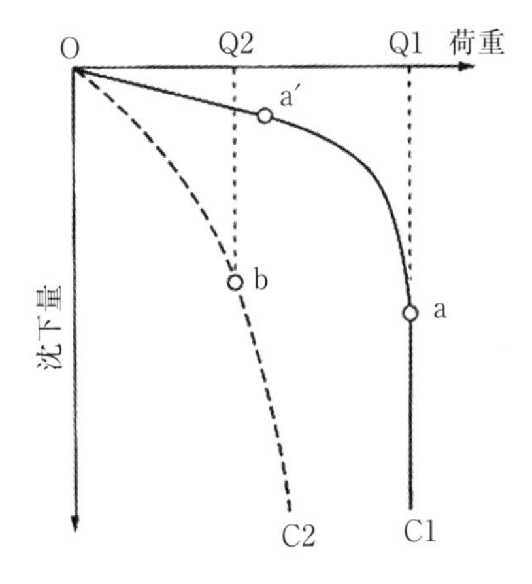

全般せん断破壊と局所せん断破壊

図10.4　基礎が地盤に及ぼす荷重と基礎の沈下量の関係[3)]

10.3　支持力の算出のための地盤の原位置試験

基礎の設計をするには，地盤の支持力を知る必要がある。そのために，原位置で地上から間接的に地中の深さ方向の土の強さを調べる様々な試験がある。これらは総称して**サウンディング**(sounding)という。原位置試験のうち最も実施頻度が高いのは**標準貫入試験**(standard penetration test：SPT)(JIS A 1219)(図10.5)であり，原位置における地盤の硬軟，締まり具合又は土層の構成の判定に用いる***N*値**(*N*-value)を求めるために行う。また，土質の判別や室内試験を行うための試料を採取することができる。

試験は質量63.5 ± 0.5kgのハンマーを760 ± 10mmの高さから自由落下させて，ロッド頭部に取り付けたアンビルを打撃し，ロッド先端に取り付けた外径51 ± 1.0mm，長さ810 ± 1.0mmのSPTサンプラーを300mm打込むのに要する打撃回数を測定する(図10.6)。この打撃回数を*N*値という。サンプラーを分解し，採取された地中深さ方向の土質試料を観察し，土質の判別や室内試験の試料とする。標準貫入試験による調査結果から判明する事

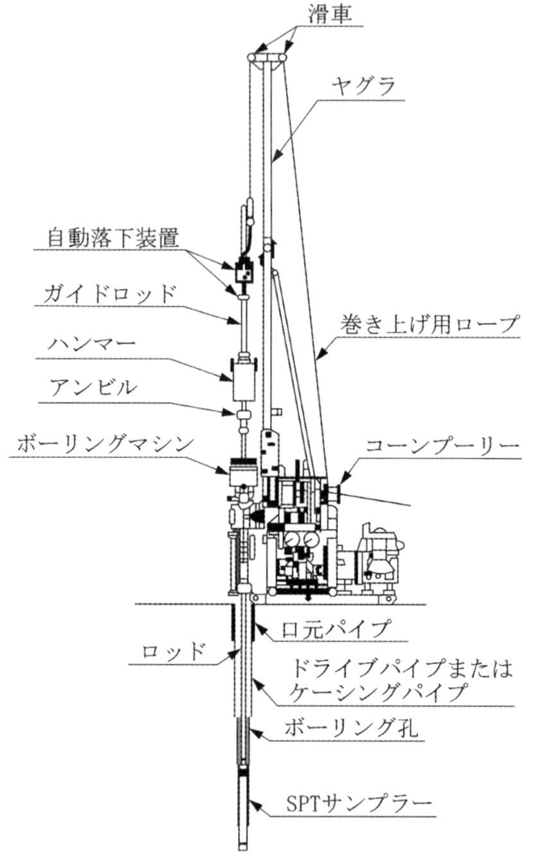

図 10.5　標準貫入試験装置 4)

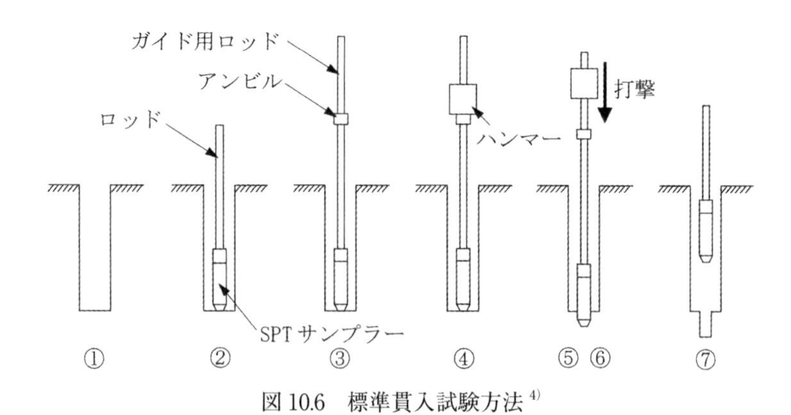

図 10.6　標準貫入試験方法 4)

表10.1　標準貫入試験による調査結果から判明する事項

区分	判定・推定事項	
ボーリング柱状図や地質断面図から判定できる事項	・構成土層，深さ方向の強度変化 ・支持層の位置（地表からの深さと分布状況） ・軟弱層の有無（圧密沈下計算の対象となる土層の厚さ） ・排水条件　・液状化対象層の有無	
N値から直接推定される事項	砂地盤	・相対密度，せん断抵抗角 ・沈下に対する許容支持力 ・支持力係数，弾性係数 ・液状化強度
	粘土地盤	・コンシステンシー，一軸圧縮強さ（粘着力） ・破壊に対する極限及び許容支持力

項を，表10.1に示す。

N値と砂のせん断抵抗角ϕには，以下の表10.2に示す関係が提案されている。これらは複数の実験結果をもとに大きなばらつきの中で，定められたものであることに留意する。また近年は，道路橋示方書[1]や建築基礎構造設計指針[5]のように，有効上載圧σ_v'の影響を考慮したN値とϕの関係式が提案されている。

表10.2　N値と砂のせん断抵抗角ϕの関係

N値（相対密度）	せん断抵抗角ϕ（度）		
	Terzaghi Peck	道路橋示方書	建築基礎構造設計指針
0～4（非常に緩い）	28.5>	$\phi = 4.8\ln\left(\frac{170N}{\sigma_v'+70}\right)+21$ (N>5)	$\phi=\sqrt{20N_1}+20$ $(3.5 \leqq N_1 \leqq 20)$ $\phi = 40$ $(20 < N_1)$ ただし， $N_1=\sqrt{98/\sigma_v'}\times N$
4～10（緩い）	28.5～30		
10～30（中位の）	30～36		
30～50（密な）	36～41		
＞50（非常に密な）	>41		

N 値と粘土の一軸圧縮強さ q_u の関係は，以下の表 10.3 のように Terzaghi and Peck[6] によって与えられている。

表 10.3　N 値と粘土の一軸圧縮強さ q_u の関係

N 値	q_u (kN/m^2)	コンシステンシー
0 ～ 2	0.0 ～ 24.5	非常に軟らかい
2 ～ 4	24.5 ～ 49.1	軟らかい
4 ～ 8	49.1 ～ 98.1	中位の
8 ～ 15	98.1 ～ 196.2	硬い
15 ～ 30	196.2 ～ 392.4	非常に硬い
30 ～	392.4 ～	固結した

上記とは別に，乱れの少ない試料を用いた土質試験結果から，N>4 において，$q_u = 25N \sim 50N$ (kN/m^2) が与えられている[7]。

10.4　基礎の沈下

基礎を通して地盤に荷重を加えると，沈下が生じる。その沈下は圧密や圧縮変形によるものと，せん断変形によるものとに大別される。時間観点から，各々圧密沈下と即時沈下に分類される。構造物（基礎）に生ずる沈下量のうち，最大沈下量と最小沈下量との差を**不同沈下**（differential settlement）という。沈下量そのものの値よりも，不同沈下の大小が，上部構造の機能や構造特性に大きな影響を及ぼすことから，基礎の設計に際しての重要な照査項目の一つである。構造物の機能および構造特性を損なわない範囲で許容される基礎の沈下量を，**許容沈下量**（allowable settlement）という。許容沈下量は，構造物の種類や重要度によって異なる。建築基礎の場合，極限支持力を安全率で除して求められる許容支持力と，許容沈下量に応ずる支持力のうち小さい方の値を**許容地耐力**（allowable bearing power）と呼んで設計に用いる。

圧密沈下の算定方法については，第 5 章に示されている。即時沈下についても地盤を弾性体として算出することから，第 8 章の

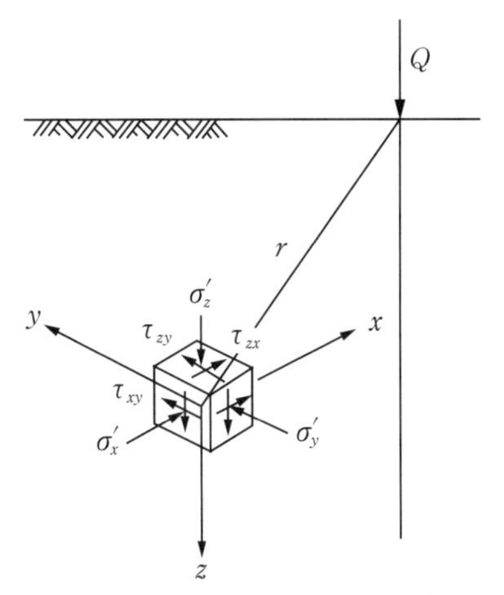

図10.7　地中のある一点の変位

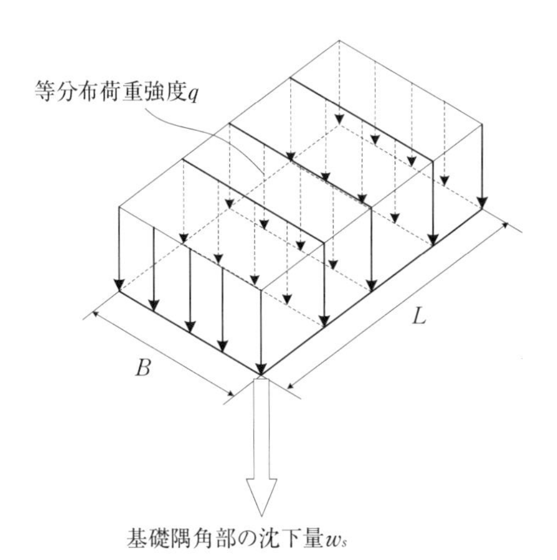

図 10.8　等分布荷重における地表面沈下量

地盤内の応力と変位の考え方により求められる。基礎の荷重と沈下の関係は，図 10.4 に示したように非線形であるが，通常の設計では計算を簡単にするために，地盤を半無限弾性体とみなす。

ここでは，即時沈下の算定方法を示す。半無限弾性体の表面に単一の集中荷重を受けるとき，地中の一点（集中荷重より距離 r の位置）の変位を求める．ブーシネスク（Boussinesq）により図

10.7 に示す直交座標系の場合，x，y，z 方向の変位 u，v，w は各々次のように表される。

$$u = \frac{Q}{4\pi G}\left[\frac{z}{r^3} - \frac{1-2v}{r(r+z)}\right]x \ (\mathrm{m}) \tag{10.1}$$

$$v = \frac{Q}{4\pi G}\left[\frac{z}{r^3} - \frac{1-2v}{r(r+z)}\right]y \ (\mathrm{m}) \tag{10.2}$$

$$w = \frac{Q}{4\pi G}\left[\frac{z^2}{r^3} + \frac{2(1-v)}{r}\right] (\mathrm{m}) \tag{10.3}$$

ここに，$r=\sqrt{x^2+y^2+z^2}$ (m)，G：せん断剛性率 $\left[=\frac{E}{2(1+v)}\right]$ (kN/m^2)，v：ポアソン比，E：ヤング係数（kN/m^2）である。

荷重 Q（kN）の作用する位置から R（m）の距離にある地表面（$z=0$，$r=R$）の沈下（z 方向の変位）は

$$w(0, R) = \frac{1-v^2}{\pi E}\frac{Q}{R} \ (\mathrm{m}) \tag{10.4}$$

となる。

次に，荷重 Q（kN）を微小荷重要素 $\mathrm{d}Q=q\times\mathrm{d}x\times\mathrm{d}y$ と表し，$B\times L$（m^2）の大きさの基礎に q（kN/m^2）なる等分布荷重を受ける場合を考える。この時，載荷面の隅角部（図 10.8）におけるたわみ沈下量 w_s は上式を積分して，次の式により得られる。

$$w_s = qB\frac{1-v^2}{E}\frac{1}{\pi}\left\{l\cdot\ln\frac{1+\sqrt{l^2+1}}{l} + \ln(1+\sqrt{l^2+1})\right\} (\mathrm{m}) \tag{10.5}$$

ここに，$l=\frac{L}{B}$ である。

$$I_s = \frac{1}{\pi}\left\{l\cdot\ln\frac{1+\sqrt{l^2+1}}{l} + \ln(1+\sqrt{l^2+1})\right\} \tag{10.6}$$

とおく。I_s は沈下係数と呼ばれ，基礎底面の形状などによって決まる係数である。沈下係数と形状の関係は図 10.9 のように表される。沈下量 w_s は，I_s を用いると，次式にように表される。

$$w_s = qB\frac{1-\nu^2}{E}I_s \text{ (m)} \tag{10.7}$$

上式は載荷面の隅角部の沈下量の算定式であるが，隅角部以外の点における沈下の計算は，重ね合わせの原理を適用する。

例えば図10.10（斜線部が基礎底面であり，等分布荷重qが作用している）に示すA点の垂直変位を求めるには，長方形の短い方の長さをBとして図10.9を利用して沈下係数I_sを求め，次のように計算する。

$$w_s = q\frac{1-\nu^2}{E}(B_{\mathrm{I}}I_{s\mathrm{I}} - B_{\mathrm{II}}I_{s\mathrm{II}} - B_{\mathrm{III}}I_{s\mathrm{III}} + B_{\mathrm{IV}}I_{s\mathrm{IV}}) \text{ (m)} \tag{10.8}$$

ここに，$I_{s\mathrm{I}}$：$L_{\mathrm{I}}/B_{\mathrm{I}}$の時の沈下係数，$I_{s\mathrm{II}}$：$L_{\mathrm{II}}/B_{\mathrm{II}}$の時の沈下係数，$I_{s\mathrm{III}}$：$L_{\mathrm{III}}/B_{\mathrm{III}}$の時の沈下係数，$I_{s\mathrm{IV}}$：$L_{\mathrm{IV}}/B_{\mathrm{IV}}$の時の沈下係数である。

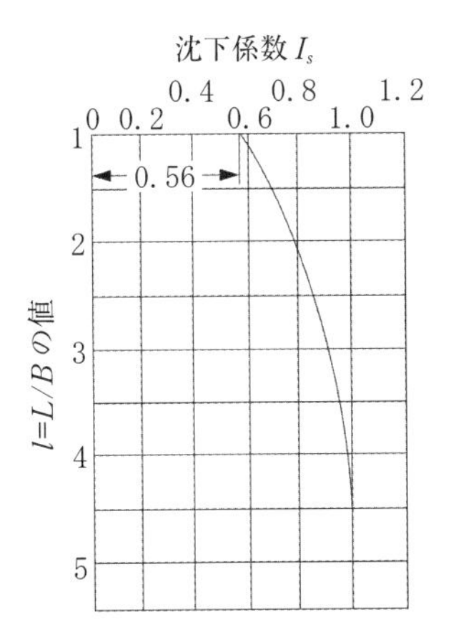

図10.9　形状と沈下係数の関係

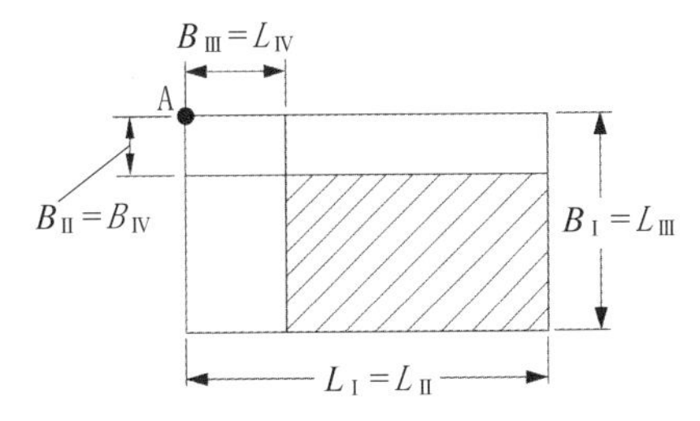

図10.10　隅角部以外の点の沈下の計算

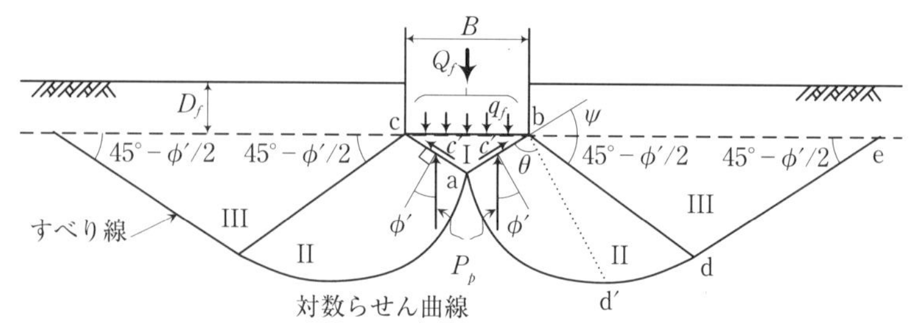

図 10.11　テルツァーギによる支持力の塑性的解析

10.5　浅い基礎の支持力

10.5.1　支持力算定公式の導出

地盤に基礎を介して荷重が作用し，図 10.4 のような沈下が生じて地盤が全般せん断破壊に至るとき，地盤は図 10.11 のようなすべり面に沿って破壊する。土が理想的な塑性材料であると仮定すると，土中のせん断応力がせん断強さに達すると塑性流動が起こり，土はせん断破壊を生ずる。このような塑性流動が起きる直前の土の平衡状態に基づいて，極限支持力を解いたのが塑性論的解析と言われるものである。プラントル（Prandtl）（1921 年）[8] は，金属材料の限界支持力について，塑性理論を用いて解いた。テルツァーギはこの理論を応用し，浅い基礎の極限支持力を求める公式を得た。

帯状基礎（幅 B に対して奥行の長い基礎，連続基礎ともいう）の荷重が極限支持力に達したときに，図 10.11 のすべり線で破壊が生じるので，極限支持力を求めるにはその直前の地盤内の力のつりあいを考える。この状態で，図 10.11 の幅 B の基礎底面下の三角形領域 I（三角形 abc）はランキン土圧の主働域に相当する。テルツァーギは基礎底面が粗であると仮定しているので，基礎に接触している土の側方移動が妨げられ，その土がちょうど基礎の一部分であるかのように地盤内に押し込まれる。この仮定によって，I のくさびの ab 面と水平面との角度 ψ は，基礎直下地盤の土のせん断抵抗角 ϕ' で与えられるとしている。領域 I を**主働圧**

くさび領域（active pressure wedge zone）という。領域Ⅱは側方および斜め下方に流動を起こす**放射状せん断領域**（radial shear zone）という過渡領域であり，すべり面adは対数らせん曲線で仮定され，極座標表示（r, θ）で$r=\overline{\mathrm{ba}}\times e^{\theta\tan\phi'}$と表される。$r$はb点を原点として弧ad上のある点（例えば図10.11中のd'点）までの長さを指す。θは線分baと，b点と弧ad上のある点（例えば図10.11中のd'点）とを結ぶ線分のなす角である。領域Ⅲはランキン土圧の受働域に相当し（**受働圧領域**（passive pressure zone）），水平方向の土圧が鉛直方向の土被り圧より大きいために，地表面に盛り上がりを生じる場合もある。

領域Ⅰ（三角形abc）が剛体的に押し込まれる形となり，これに抵抗するように土塊の側面abとacには受働土圧合力P_p（kN）と粘着力c'（kN）の合力が働く。荷重Q_f（kN）（単位奥行長さ1mに作用）と土塊abcの自重による下向きの力と，受働土圧合力P_p（kN）と粘着力c'（kN）の鉛直成分による上向きの力とのつり合いから，次式が得られる。

$$Q_f=2P_P+2\overline{\mathrm{ab}}c'\sin\phi'-\frac{\gamma B^2}{4}\tan\phi'\ (\mathrm{kN/m}) \qquad (10.9)$$

$\overline{\mathrm{ab}}=\dfrac{B/2}{\cos\phi'}$より

$$Q_f=2P_P+Bc'\tan\phi'-\frac{\gamma B^2}{4}\tan\phi'\ (\mathrm{kN/m}) \qquad (10.10)$$

ここに，γ：基礎底面より下の地盤の単位体積重量（kN/m^3）である。

上式中の受働土圧合力P_Pは，次の3つの力から成ると考えられる。

$P_{P\gamma}$：せん断領域Ⅱの地盤の重量，別の言い方をすると土の内部摩擦に起因する受働土圧合力，P_{Pc}：adeに作用する土の粘着力c'による受働土圧合力，P_{Pq}：載荷重γD_fによる受働土圧合力である。

よって

$$Q_f=2(P_{P\gamma}+P_{Pc}+P_{Pq})+Bc'\tan\phi'-\frac{\gamma B^2}{4}\tan\phi' \ (\mathrm{kN/m})$$

(10.11)

単位面積当たりの極限支持力 q_f（$\mathrm{kN/m^2}$）は

$$q_f=\frac{Q_f}{B}=\underbrace{2\frac{P_{P\gamma}}{B}-\frac{\gamma B}{4}\tan\phi'}_{①}+\underbrace{\left(\frac{2P_{Pc}}{B}+c'\tan\phi'\right)}_{②}+\underbrace{\frac{2P_{Pq}}{B}}_{③} \ (\mathrm{kN/m^2})$$

(10.12)

ここで，$P_{P\gamma}$，P_{Pc}，P_{Pq} の３つを求める必要がある。$P_{P\gamma}$，せん断領域Ⅱの重量による受働土圧合力 $P_{P\gamma}$（kN/m）について，重量に関連する項として①の部分を検討する。今，受働土圧合力 P_p を３つに分けているので，各々を独立に求める。すなわち，土の粘着力 c' を 0，$D_f=0$ とする。この時に，Ⅰのくさびの ab 面を擁壁背面とした，砂質土地盤から作用をうけるクーロンの受働土圧を考える。

$$P_{P\gamma}=\frac{\gamma H^2 K_p}{2\sin\beta\cos\delta} \qquad (10.13)$$

ここに，K_p：砂質土に対する受動土圧係数，β：受動土圧が働く面と水平面のなす角，δ：受動土圧と垂線のなす角，H：受働土圧作用面 ab の高さである。

図 10.11 に示す場合は，$\delta=\phi'$，$\beta=180°-\phi'$，$H=\dfrac{B}{2}\tan\phi'$ であるから，①の部分は以下のように書ける。

$$2\frac{P_{P\gamma}}{B}-\frac{\gamma B}{4}\tan\phi'=\frac{\gamma B}{4}\tan\phi'\frac{K_p}{\cos^2\phi'}-\frac{\gamma B}{4}\tan\phi'$$

$$=\frac{\gamma B}{2}\frac{1}{2}\tan\phi'\left(\frac{K_{p\gamma}}{\cos^2\phi'}-1\right)$$

$$=\frac{\gamma B}{2}N_\gamma$$

(10.14)

$K_{P\gamma}$は，①項の算出のために仮定した土質条件下の受働土圧係数である。$N_\gamma=\frac{1}{2}\tan\phi'\left(\frac{K_{p\gamma}}{\cos^2\phi'}-1\right)$はテルツァーギの支持力係数と呼ばれる無次元係数であり，せん断抵抗角ϕ'の関数となる。ここではすべり線の想定から支持力係数を求める考え方を示した。実際にはモデル化や数式化の手法がいくつかあり，支持力係数の算出式も複数提案されている。

P_{Pc}（adeに作用する土の粘着力c'による受働土圧，②に相当）や，P_{Pq}（載荷重γD_fによる受働土圧，③に相当）についても同様に検討すると，単位面積当たりの極限支持力q_f（kN/m^2）は，

$$q_f=c'N_c+\frac{\gamma_1 B}{2}N_\gamma+\gamma_2 D_f N_q\ (\mathrm{kN/m^2}) \tag{10.15}$$

となる。γ_1は基礎直下の地盤の，γ_2は基礎の根入れ部の土の単位体積重量である。受働土圧の算定をしていることから，土粒子間の有効応力として作用分を考慮すべきであり，地盤が地下水位以下の部分では，水中単位体積重量を用いる。なお一般的に示される式（10.15）では，式（10.12）の①項と②項の順番を入れ替えている。

上式がテルツァーギの支持力公式[9]であり，N_c，N_qは，N_γと同様，支持力係数と呼ばれる無次元係数であり，せん断抵抗角（ϕ'）の関数となる。

水平一様地盤の浅い帯基礎について，テルツァーギ・ペック[10]の採用した支持力係数N_c，N_γ，N_q（全般せん断破壊）とせん断抵抗角ϕ'との関係を図示すると，以下の図10.12のようになる。ここでは地盤の破壊を，体積も強さも変化しない理想的な塑性材料の全般せん断破壊と仮定した。

緩い砂や軟らかい粘土地盤では，局所せん断破壊となりすべり面があまり発達せず，修正が必要となる。テルツァーギは，実験結果に基づいて，粘着力を$\frac{2}{3}c'$とし，$\tan\phi'$の代わりに$\frac{2}{3}\tan\phi'$と修正して支持力係数の計算を行うことを提示している。図10.12中に示す局所せん断破壊時の支持力係数N_γ'，N_q'，N_c'は，この

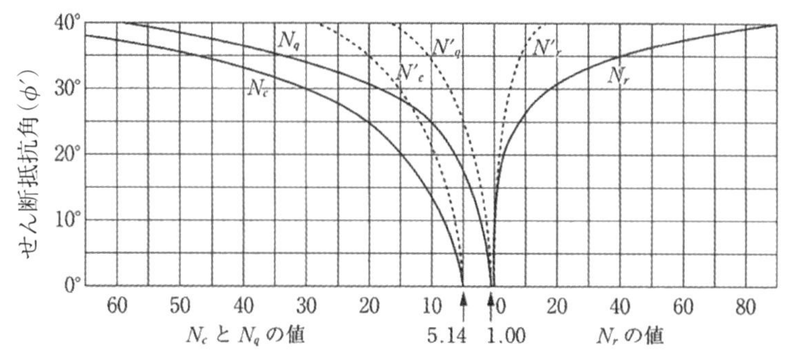

図 10.12　テルツァーギの支持力係数（支持力係数とせん断抵抗角の関係）

修正をもとに算出されたものである。

10.5.2　支持力算定公式の修正と運用

テルツァーギの支持力公式の第二項は，せん断領域Ⅱの重量による受働土圧が極限支持力に寄与する分であり，基礎の幅 B に比例して大きくなる。これは基礎幅が大きくなると，図 10.11 からわかるようにすべり面の位置が深くなり，すべり面沿いの単位面積あたりの摩擦抵抗力が大きくなることによる。

しかし，実地盤ではせん断抵抗角 ϕ' の拘束圧依存性（拘束圧が大きくなると ϕ' が低下する性質）や，進行性破壊（破壊がすべり面に沿って徐々に進行するため，すべり面上で最大せん断抵抗が同時に発揮されない）の影響から，実際の極限支持力は基礎幅に比例して増加しない。これを基礎の**寸法効果**（scale effect）という。建築基礎構造設計指針[5] ではこの効果を反映させるために，支持力係数 N_γ を基礎幅の -1/3 乗に比例して低減することが，推奨されている。

建築基礎構造設計指針[5] に示される支持力係数の算出式は，以下の通りである。

$$N_q = K_p e^{\pi \tan\phi'}$$
$$N_c = (N_q - 1)\cot\phi' \quad (10.16)$$
$$N_\gamma = (N_q - 1)\tan(1.4\phi')$$

同指針[5]では，基礎の寸法効果を考慮し支持力係数 N_γ の低減を推奨する一方，局所せん断破壊に対する支持力係数の修正は行っていない。これは，砂地盤の支持力に関する実験結果によると，局所せん断破壊が生じやすい ϕ' が小さい範囲でも，理論との相違が大きくないことによる。

式（10.16）などを基に算出される具体的な値を表 10.4[5]に示す。支持力係数 N_γ について，局所せん断破壊が生じるようなせん断抵抗角 ϕ' が小さいとき（ϕ' が約 15° 程度まで）は式（10.16）に従う。せん断抵抗角 ϕ' が大きい地盤では，全般せん断破壊の支持力係数となるように修正されている。

表 10.4　支持力係数[5]

ϕ'	N_c	N_q	N_γ	ϕ'	N_c	N_q	N_γ
0°	5.1	1.0	0.0	25°	20.7	10.7	6.8
5°	6.5	1.6	0.1	30°	30.1	18.4	15.7
10°	8.3	2.5	0.4	36°	50.6	37.8	44.4
15°	11.0	3.9	1.1	38°	61.4	48.9	61.4
20°	14.8	6.4	2.9	40°	75.3	64.2	93.7

10.5.3　基礎形状と支持力

式（10.15）のテルツァーギの支持力公式は，帯状（連続）基礎として導出されたが，ほぼ基礎の長さ L が幅 B の 10 倍より長いときは，十分に帯荷重に対する式が当てはまる。一方，基礎の長さが幅に近い場合には，地盤の破壊は 3 次元的になり基礎形状の影響を考慮する必要がある。

テルツァーギは実験結果から，矩形基礎（長方形基礎）や円形基礎の支持力は，帯状（連続）基礎に対して与えられた支持力公式の各項に形状係数，α，β を乗じた次式で表されるとした。

$$q_f = \alpha c' N_c + \beta \gamma_1 B N_\gamma + \gamma_2 D_f N_q \quad (\mathrm{kN/m^2}) \qquad (10.17)$$

形状係数は支持力実験結果に基づき，矩形基礎の短辺 B と長辺 L の比などを関数として，いくつか提案されている。建築基礎構造設計指針[5]による形状係数 α，β を表 10.5 に示す。道路橋示方書・同解説Ⅳ下部工編[1]では，異なる形状係数を規定しており，各種基準によって異なることに留意する必要がある。

表 10.5　形状係数の算出方法

基礎底面の形状	帯（連続）	正方形	長方形	円形
α	1.0	1.2	$1+0.2\dfrac{B}{L}$	1.2
β	0.5	0.3	$0.5-0.2\dfrac{B}{L}$	0.3

【例題 10.1】

下図のように二つの層からなる地盤があり，地下水位は基礎底面より深くにある。この地盤に根入れ深さ 2.0m の基礎を設置する。基礎の形状がそれぞれ以下の場合について，建築基礎構造設計指針に基づき，極限支持力を求めよ。ただし，基礎の寸法効果は考慮しない。

1）連続フーチング基礎（幅 B＝5m）

2）正方形基礎（1 辺 B＝5m）

3）長方形基礎（幅 B＝5m，長さ L＝10m）

4）円形基礎（半径 2.5m）

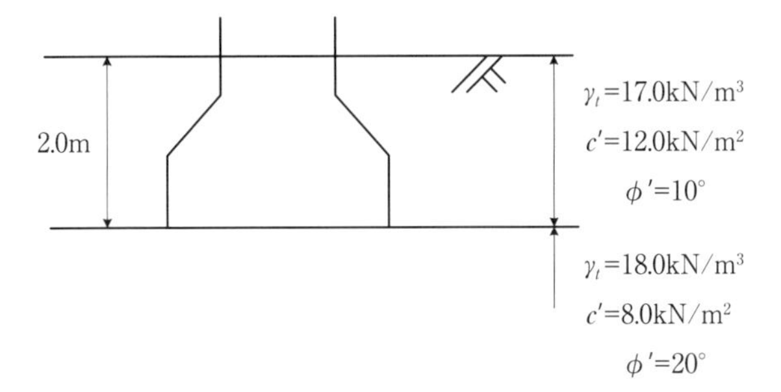

（解答例）

基礎底面の地盤のせん断抵抗角 ϕ'=20° であるから表 10.4 より，支持力係数は，$N_c=14.8$，$N_q=6.40$，$N_\gamma=2.90$ である。

1）連続フーチング基礎：表 10.5 より $\alpha=1.0$，$\beta=0.5$ であるから，式（10.17）より，

$$q_f=\alpha c' N_c+\beta\gamma_1 BN_\gamma+\gamma_2 D_f N_q$$
$$=1.0\times8.0\times14.8+0.5\times18.0\times5\times2.90+17.0\times2.0\times6.40$$
$$=466\text{kN/m}^2$$

単位奥行あたりの極限支持力 Q は，$Q=q\times5.0=2330\text{kN/m}$

2）正方形基礎：表 10.5 より $\alpha=1.2$，$\beta=0.3$ であるから，式（10.17）より，

$$q_f=1.2\times8.0\times14.8+0.3\times18.0\times5\times2.90+17.0\times2.0\times6.40$$
$$=437\text{kN/m}^2$$

よって，$Q=q\times(B\times L)=437\times(5\times5)=10925\text{kN}$

3）長方形基礎：表 10.5 より $\alpha=1+0.2B/L=1+0.2\times(5/10)=1.10$

$\beta=0.5-0.2\,B/L=0.5\text{-}0.2\times(5/10)=0.40$ であるから，式（10.17）より，

$$q_f=1.10\times8.0\times14.8+0.40\times18.0\times5\times2.90+17.0\times2.0\times6.40$$
$$=452\text{kN/m}^2$$

よって，$Q=q\times(B\times L)=452\times(5\times10)=22600\text{kN}$

4）円形基礎：表 10.5 より $\alpha=1.2$，$\beta=0.3$ であるから，また，

直径は5.0mでこれをBに代入すると，式（10.17）より，

$q_f = 1.2 \times 8.0 \times 14.8 + 0.3 \times 18.0 \times 5 \times 2.90 + 17.0 \times 2.0 \times 6.40$

$= 437 \mathrm{kN/m^2}$

よって，

$Q = q \times (B \times B \times 3.14 \div 4) = 437 \times (5 \times 5 \times 3.14 \div 4) = 8576 \mathrm{kN}$

【例題10.2】

粘着力$c' = 10.0 \mathrm{kN/m^2}$，せん断抵抗角$\phi' = 25°$，地下水位より上部での単位体積重量$\gamma_{sat} = 17.0 \mathrm{kN/m^3}$で，地下水位より下部で，単位体積重量$\gamma_{sat} = 20.0 \mathrm{kN/m^3}$である地盤上に，幅$B = 2\mathrm{m}$，長さ$L = 3\mathrm{m}$で根入れ深さ$D_f = 3\mathrm{m}$の長方形基礎を設計するとき，以下の3ケースについて極限支持力（全般せん断破壊に対する）を求めよ。テルツァーギの支持力公式と形状係数を利用すること。

1）地下水位が地表面から3mの深さにある

2）地下水位が地表面から2mの深さにある

3）地下水位が地表面と一致

（解答例）

基礎底面の地盤のせん断抵抗角$\phi' = 25°$であり表10.4より，支持力係数は，$N_c = 20.7$，$N_q = 10.7$，$N_\gamma = 6.8$である。

長方形基礎であり，表10.5より

$\alpha = 1 + 0.2\ B/L = 1 + 0.2 \times (2/3) = 1.13$

$\beta = 0.5 - 0.2\ B/L = 0.5 - 0.2 \times (2/3) = 0.36$

1）地下水位が地表面から3mの深さにある：地下水位が基礎底面と一致

$\gamma_1 = \gamma' = \gamma_{sat} - \gamma_w = 20.0 - 9.8 = 10.2 \mathrm{kN/m^3}$

$\gamma_2 = \gamma_t = 17.0 \mathrm{kN/m^3}$

$q_f = \alpha c' N_c + \beta \gamma_1 B N_\gamma + \gamma_2 D_f N_q$

$= 1.13 \times 10.0 \times 20.7 + 0.36 \times 10.2 \times 2 \times 6.8 + 17.0 \times 3 \times 10.7$

$= 829 \mathrm{kN/m^2}$

よって，$Q = q \times (B \times L) = 829 \times (2 \times 3) = 4974 \mathrm{kN}$

2）地下水位が地表面から2mのとき，地下水位が地表面と基礎底面の間にある。

$\gamma_1 = \gamma' = \gamma_{sat} - \gamma_w = 20.0 - 9.8 = 10.2\ \mathrm{kN/m^3}$

$$\gamma_2 = \frac{(1\times\gamma + 2\times\gamma_t)}{3} = \frac{(1\times 10.2 + 2\times 17.0)}{3} = 14.7\mathrm{kN/m^3}$$

γ_2：土被り部の地盤の平均単位体積重量

$q_f = \alpha c' N_c + \beta\gamma_1 BN_\gamma + \gamma_2 D_f N_q$

$= 1.13\times 10.0\times 20.7 + 0.36\times 10.2\times 2\times 6.8 + 14.7\times 3\times 10.7$

$= 755\mathrm{kN/m^2}$

よって，$Q = q\times(B\times L) = 755\times(2\times 3) = 4530\mathrm{kN}$

3）地下水位が地表面と一致している。

$\gamma_1 = \gamma' = \gamma_{sat} - \gamma_w = 20.0 - 9.8 = 10.2\mathrm{kN/m^3}$

$\gamma_2 = \gamma' = 10.2\mathrm{kN/m^3}$

$q_f = \alpha c' N_c + \beta\gamma_1 BN_\gamma + \gamma_2 D_f N_q$

$= 1.13\times 10.0\times 20.7 + 0.36\times 10.2\times 2\times 6.8 + 10.2\times 3\times 10.7$

$= 611\mathrm{kN/m^2}$

よって，$Q = q\times(B\times L) = 611\times(2\times 3) = 3666\mathrm{kN}$

10.6　杭基礎の支持力

10.6.1　杭基礎

構造物直下の地盤の支持力が不足する場合や沈下が過大になる場合には，**杭基礎**（pile foundation）が用いられる。**杭**（pile）は，地中に設けられる柱状の部材であるが，その材料や製造方法および地盤中への設置方法により分類される。材料からは，木杭，コンクリート杭，鋼杭などに分類される。杭の製造方法からはあらかじめ工場などで製造された**既製杭**（precast pile）と施工場所で地盤を削孔した孔にコンクリートを打設して製造する**場所打ちコンクリート杭**（cast in-situ concrete pile）に大別される。

地盤への設置方法は，**打込み杭**（driven pile）のように杭を設置することにより地盤を周囲に押しのける**排土杭**（displacement pile）と，**埋込み杭**（bored precast pile）のように土を取り除いた部分に杭を設置することにより，周囲の地盤を押しのけることをしない**非排土杭**（non-displacement pile）に分けられる。杭の設置方法は，杭の支持力や変位性能に影響を及ぼすと考えられている。杭の製造方法と設置方法による区分を表 10.6 に示す。

表 10.6　杭の区分

製造工法＼設置方法	既製（工場または現場で施工前に製造）	場所打ち（杭施工位置にて製造）
打撃または圧入（排土杭）	打込み杭 圧入杭	-
地盤掘削（非排土杭）	埋込み杭	場所打ちコンクリート杭

また，杭基礎として一本の杭を単独で用いる**単杭**（single pile），複数の杭をまとめて用いる場合，**群杭**（pile group）という。

10.6.2　杭基礎の支持力

杭が支持しうる限界の鉛直荷重，**鉛直支持力**（vertical bearing capacity）Q_f は，**先端支持力**（end bearing capacity of pile）Q_p と**周面抵抗力**（shaft resistance of pile）Q_s からなり（図 10.13），杭の極限支持力はこの二つの成分がともに極限に至ったときの支持力とする。

$$Q_f = Q_p + Q_s = q_d A + U \Sigma L_i s_i \ \text{(kN)} \tag{10.18}$$

ここに，q_d：杭先端における単位面積当たりの極限支持力（kN/m^2），A：杭先端の断面積（m^2），U：杭の周長（m），L_i：周面抵抗力を考慮する層の層厚（m），s_i：周面抵抗力を考慮する層の単位面積あたりの最大周面抵抗力（kN/m^2）である。

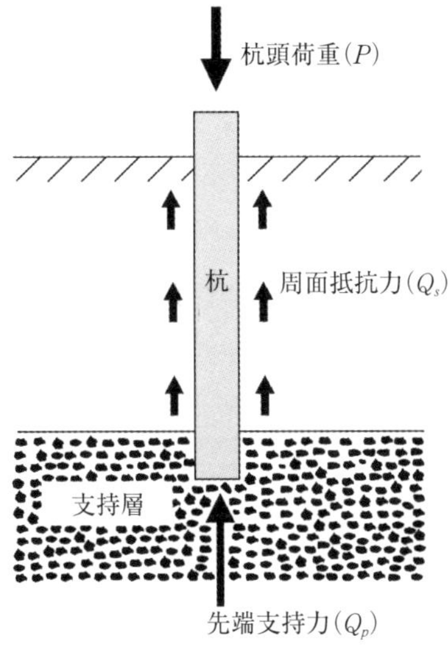

図 10.13　杭の鉛直支持力

杭に働く鉛直荷重の一部は，その周面から地盤にせん断応力として伝達される。このせん断応力が杭周辺地盤のせん断強さに達すると極限状態に至り，周面抵抗力が発揮される。この周面抵抗力は**クーロンの摩擦則**（Coulomb's law of friction）によって評価されるので，杭と地盤との摩擦抵抗または**周面摩擦力**（shaft friction）ともいう。摩擦力がその最大値を発揮する時点の杭と地盤の相対変位では，杭の先端支持力はまだ十分に発揮されていない場合が多いことがわかっている。式（10.18）で Q_p と Q_s の発現の関連性を考慮せず，杭の極限支持力を，先端支持力と周面抵抗力の両者が極限に至った時とするのは，設計上の便宜を考えた方法である。実務上でより確実に支持力を求めるためには，杭の載荷試験が行われたり，また経験的な算定法が用いられる。なお，重要構造物が支持され地盤条件が複雑な場合などでは，有限要素法などの数値解析手法を用いて理論的に杭基礎の鉛直支持特性を予測することも行われる。

杭先端における単位面積あたりの極限先端支持力度 q_p（kN/

m^2）や杭周面の極限周面抵抗力度 q_s（kN/m^2）は，杭先端や周面地盤の土質試料を採取し，一軸圧縮強度，非排水せん断強度や粘着力を室内試験から求め，これらの値を基に算定される。実務上では，N 値から換算して求めることも行われる。表 10.7 に建築基礎構造設計指針で規定している，実用算定式を示す。

また，杭と地盤の間の周面摩擦力の概略値は以下の表 10.8 に示すとおりである。

表 10.7　杭種ごとの先端支持力度および周面抵抗力度の算定方法 [5]

杭種	極限先端支持力度 $q_p(kN/m^2)$			極限周面抵抗力度 $q_s(kN/m^2)$			
	砂質土	粘性土	上限	砂質土 τ_s	τ_s 上限	粘性土 τ_c	τ_c 上限
打込み杭	$300\eta\overline{N}$	$6c_u$	18000	$2.0N_s$	100	$0.8c_u$	100
場所打ち杭	$120\overline{N}$	$6c_u$	7500	$3.3N_s$	165	c_u	100
埋込み杭（中堀り）	$150\overline{N}$	$6c_u$	9000	$1.5N_s$	75	$0.4c_u$	50

$\tau_s(kN/m^2)$：砂質土部分の周面抵抗力度
$\tau_c(kN/m^2)$：粘性土部分の周面抵抗力度
$\overline{N}$：杭先端から下記区間における標準貫入試験の N 値の平均値（個々の N 値の上限は 100）d(m)：杭径
・打込み杭：杭先端から下に $1d$ 上に $4d$
・打込み杭以外：杭先端から下に $1d$ 上に $1d$
N_s：砂質土層の杭周面の N 値
$c_u(kN/m^2)$：粘性土層の非排水せん断強さ
η：杭先端の閉塞効率であり以下の方法で求める。
・打込み杭：閉端杭で 1.0，開端杭では下式による。
$2 \leqq (L_B/d_I)$ の場合　$\eta = 0.16(L_B/d_I)$
$5 \leqq (L_B/d_I)$ の場合　$\eta = 0.80$
L_B(m)：支持層への根入れ長さ，d_I(m)：杭の内径

表 10.8　杭と地盤の間の周面摩擦力

土の種類		周面摩擦力 s の概略値 (kN/m^2)
粘性土	シルト	15
	軟かい粘土	20
	シルト質粘土	30
	砂質粘土	30
	中位の粘土	30
	砂質シルト	40
	硬い粘土	40
	密なシルト質粘土	60
	ごく硬い粘土	70
砂礫	シルト質砂	40
	砂	60
	砂と礫	100
	礫	100

一般に，杭先端が支持層に達した杭を**支持杭**（end-supported pile）といい，沈下の懸念は少ない。

摩擦杭（friction pile）は杭先端が支持層に達していない杭であり，支持層が深い場合や構造物が比較的軽い場合に用いられる。しかし，構造物の沈下に対する検討が必要となる場合がある。

【例題 10.3】

右図に示す杭基礎の鉛直極限支持力を算定せよ。また，安全率を 3 として許容支持力を求めよ。杭は打込み杭（閉端杭）であり，算定は建築基礎構造設計指針に従うとする。

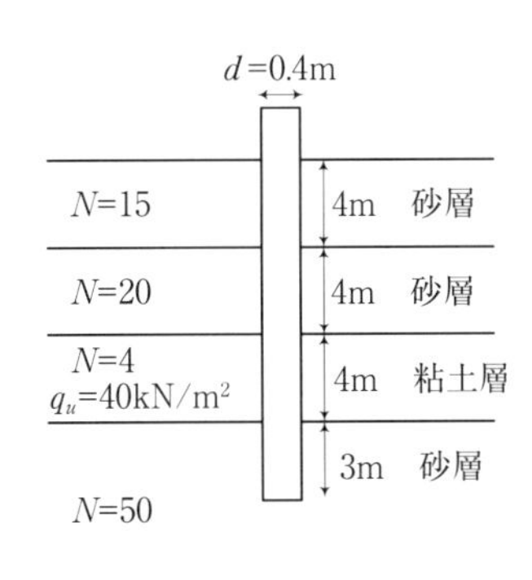

（解答例）

建築基礎構造設計指針に従い，「打込み杭」の先端支持力 Q_p（kN）と周面抵抗力 Q_s（kN）に分けて算定する。

1）先端支持力 Q_p（kN）の算定

杭先端より下に $1d$，上に $4d$ の範囲は完全に砂質土に含まれているので，$\overline{N}=50$，また閉端杭なので $\eta=1$ より，

$Q_p=q_p A_p=300\eta\overline{N}A_p=300\times1\times50\times(0.4/2)^2\pi=1884$kN

2）周面抵抗力 Q_s（kN）の算定

地表面から杭先端まで，砂質土層と粘性土層に分けて表10.7を参照にし算定する。

2-1）　砂質土各層において，$\tau_{si}\times H_{si}\times D\pi=2.0N_{si}\times H_{si}\times D\pi$として，

$Q_{ss}=2.0\,N_s\,A_s=\Sigma(\tau_{si}\times H_{si}\times D\pi)=\Sigma(2.0N_{si}\times H_{si}\times D\pi)$kN

$Q_{ss}=2.0\times15\times4.0\times0.4\pi+2.0\times20\times4.0\times0.4\pi$

$+2.0\times50\times3.0\times0.4\pi=728$kN

2-2）　粘性土各層において，

$0.8c_{ui}\times H_{ci}\times D\pi=0.8\times(q_{ui}/2)\times H_{ci}\times D\pi$ kN として，

$Q_{sc}=0.8c_u\,A_s=\Sigma(0.8c_{ui}\times H_{ci}\times D\pi)$

$\quad=\Sigma(0.8\times(q_{ui}/2)\times Hc_i\times D\pi)$kN

$Q_{sc}=0.8\times(40/2)\times3.0\times0.4\times3.14=60$kN

よって，

極限鉛直支持力　$Q_f=Q_p+Q_{ss}+Q_{sc}=1884+728+60=2672$kN

許容鉛直支持力　$Q_a=Q_f/3=2672/3=890$kN

10.6.3　ネガティブフリクション

杭の周囲の地盤が沈下することにより，杭周面に下向きに作用する摩擦力（負の摩擦力）を**ネガティブフリクション**（negative friction）という。圧密が生じる粘土層を貫通して設置された支持杭では，粘土層の圧密が生じていない間は上部の地層は鉛直下

向きの杭頭荷重に対して上向き（正）の摩擦力が作用している（図10.14(a)参照）。上部工から作用する鉛直下向き荷重を，上向き（正）の摩擦力が支えている。杭周囲の地盤が沈下すると，杭周面の摩擦力は下向き（負）の荷重として働く（図 10.14(b)）。上部工からの鉛直下向きに作用する荷重に加え，さらに杭を下向きに押し込もうとする力が発生する。支持杭の場合，杭先端が支持層に支えられているため，負の摩擦力が働くと杭材に大きな軸力が負荷されるとともに，支持層にさらに大きな荷重が作用することになる。支持杭の場合，ある深さを境に杭と周囲の地盤との相対変位が逆転することにより，周面摩擦力が負から正に変化する点が生じる。この点を中立点という（図 10.14(b)，(c)）。

軟弱地盤を貫いて設置される支持杭は，この負の摩擦力の影響を考慮して，設計する必要がある。

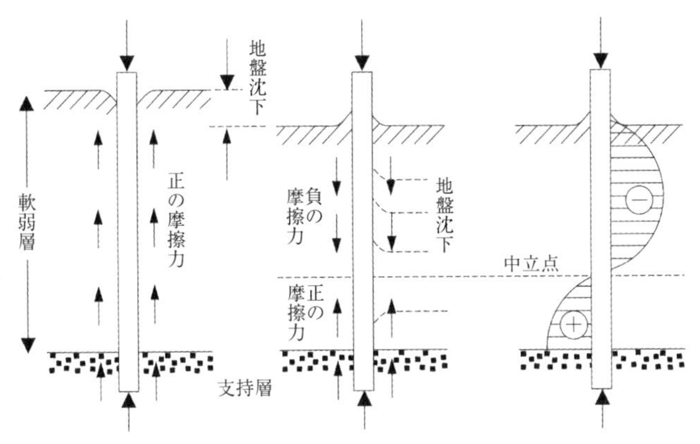

(a) 沈下がない場合　(b) 沈下が生じた場合　(c) 周面摩擦力度分布

図 10.14　杭に作用する負の摩擦力（ネガティブフリクション）

10.6.4　群杭効果

群杭において，杭間隔がある限度以内に狭くなると，杭の支持力や変形性状は，単杭の挙動を重ね合わせた場合と異なる。このような現象を**群杭効果**（pile group effect）という。群杭効果は，鉛直荷重を受ける場合，水平荷重を受ける場合および負の摩擦力を受ける場合にも生じる。

群杭の鉛直支持力は，図 10.15 に示すように杭間の相互作用により，単一の杭の支持力を合わせた値より小さいことが多い。群杭全体の支持力を杭本数で除した値の，同地盤条件で単杭の支持力に対する割合を**群杭効率**（pile group efficiency）という。粘土地盤では群杭効率は 1 より小さいのが普通である。砂地盤に多数の杭を打ち込んでいくと杭周辺の砂は締め付けられるので，群杭効率は 1 以上となる。

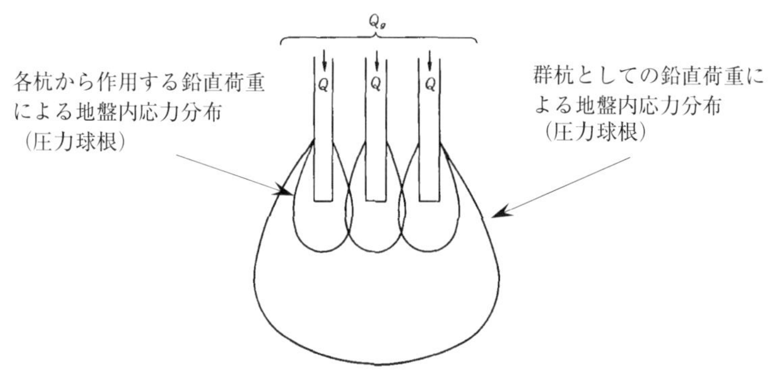

図 10.15　群杭における各杭の相互間の作用

演習問題

以下の問いに答えよ。建築基礎構造設計指針に従うこと。

【問題 10.1】

粘着力 $c'=10\text{kN/m}^2$，せん断抵抗角$\phi'=10°$，単位体積重量 $\gamma_t=17.0\text{kN/m}^3$ である地盤上に，幅 $B=3\text{m}$，長さ $L=6\text{m}$ の長方形基礎を，根入れ深さ $D_f=1.0\text{m}$ となるように設置する。この長方形基礎の，極限支持力を求めよ。ただし，地下水位は深いものとする。また，根入れ部の基礎周辺の土は，基礎直下の土質と同様である。

【問題 10.2】

問題 10.1 で，根入れ深さを，$D_f=0.5\text{m}$ としたときの，極限支持力を求めよ。

【問題 10.3】

問題 10.1 で，根入れ部の基礎周辺を，粘着力 $c'=0\text{kN/m}^2$，せん断抵抗角 $\phi'=35°$，単位体積重量 $\gamma_t=19.0\text{kN/m}^3$ の地盤材料で埋戻したときの，極限支持力を求めよ。

【問題 10.4】

問題 10.1 で，基礎形状を長方形から直径 5m の円形としたときの，極限支持力を求めよ。

【問題 10.5】

問題 10.1 で，a）地下水位が地表面と一致するとき，b）地下水位が地表面から 0.5m の位置にあるときの，極限支持力を求めよ。地下水位以深で土の飽和単位体積重量は，$\gamma_{sat}=20.0\text{kN/m}^3$ である。

【問題 10.6】

問題 10.1 で，地盤の物性が，粘着力 $c'=10\text{kN/m}^2$，せん断抵抗角ϕ'=5°，単位体積重量γ_t=17.0kN/m^{3}であるとき，極限支持力を求めよ。

【問題 10.7】

問題 10.1 で，地盤の物性が，粘着力c'=0kN/m^2，せん断抵抗角ϕ'=25°，単位体積重量γ_t=19.0kN/m^{3}であるとき，極限支持力を求めよ。

【問題 10.8】

下図に示す杭基礎の鉛直極限支持力を算定せよ。また，安全率を 3 として許容支持力を求めよ。杭は打込み杭（閉端杭）であり，算定は建築基礎構造設計指針に従うとする。また，例題 3 の杭基礎の支持力と比較すること。

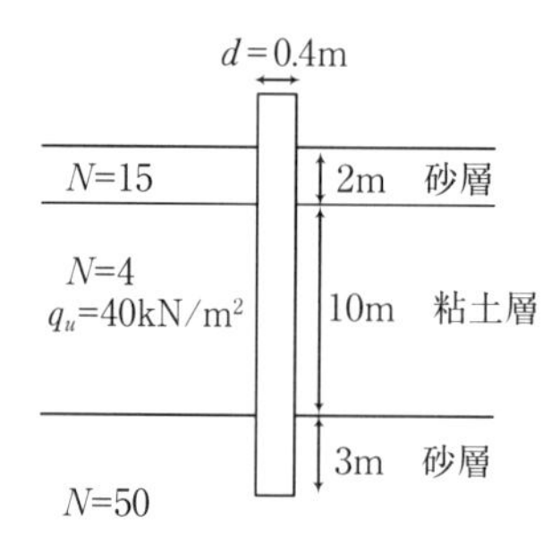

引用文献

1）社）日本道路協会（2017），道路橋示方書・同解説Ⅳ下部構造編，p.173.

2）社）日本港湾協会（1999），港湾の施設の技術上の基準・同解説上巻，p.422.

3）公社）地盤工学会（2014），地盤工学用語辞典.

4）公社）地盤工学会（2017），地盤調査―基本と手引き―.

5）一社）日本建築学会（2019），建築基礎構造物設計指針.

6) Terzaghi, K. & Peck, R. B. (1996), Soil mechanics in engineering practice. John Wiley & Sons, New York.
7) 奥村樹郎：港湾構造物の設計におけるN値の考え方と利用例，基礎工，Vol.10, No.6, pp.57-62, 1982.
8) Prandtl, L. (1921), Über die eindrigung Festigkeit (Harte) plastischer Baustoffe und die Festigkeit von Schneiden. Zeitschrift für Angewandte Mathematik und Mechanik, Vol.1.
9) Terzaghi, K. (1948), Theoretical soil mechanics. John Wiley & Sons, New York.
10) Terzaghi, K. & Peck, R. B. (1948), Soil mechanics in engineering practice. John Wiley & Sons, New York.

第 11 章　地盤の安定：斜面

11.1　はじめに

建設事業を行う際に，多くの場面で斜面（**自然斜面**（natural slope），**切土斜面**（excavation slope，cut slope），**盛土斜面**（embankment slope，fill slope）など）に遭遇する。その際，安全で確実な施工を行うには，斜面の安定性を考慮する必要がある。また，地すべりなどの斜面災害は，集中豪雨や地震などによっても誘発されるため，それらの影響を考慮して斜面の安定性を評価することは防災・減災対策を行う場面において重要である。本章では，斜面安定問題に関する基本的な知識として，斜面破壊の種類や安全率の定義について述べ，斜面安定解析の基本である無限斜面法や円弧すべり法を説明する。

11.2　斜面破壊の種類と安全率

地表面が傾斜して斜面をなしている場合（自然斜面，切土法面，盛土法面など），斜面内にある土は重力の作用により，位置エネルギーの差が生じ，高いところから低いところへ移動しようとする。その結果，土の内部にはせん断応力が生じる。土中のせん断応力を増加させる要因としては，重力の作用のほかに，降雨，融雪水の浸透や地下水の上昇による土の単位体積重量の増大や浸透力の増加，法肩付近における載荷重の増大，地震や発破などの振動による慣性力の作用などの外力の影響が挙げられる。そのせん断応力が土のせん断強さを超えないうちは，斜面は安定を保っているが，せん断強さを超えるといろいろな形式で斜面の破壊が起こる。また，雨で斜面の土の含水比が高くなると，土のせん断強さは低下するため，斜面の破壊はいっそう起こりやすくなる。

斜面肩（top of slope）と**斜面先**（toe of slope）（斜面のうち，切土や盛土のような人工斜面である法面の場合は，法肩と法先（あるいは法尻））において水平面を形成している斜面（傾斜部の勾配が一定である斜面）を**単純斜面**（uniform slope）といい，その破壊の典型的な形状の一例を示したのが図 11.1 である。なお，勾配が途中で変化する斜面を**複合斜面**（variable slope，multiple inclination slope，compound slope）という。実際のすべり面は対数ら線に近い曲線であることがわかっているが，安定計算では，実用上，**円弧すべり面**（circular slip surface）を仮定することが多い。また，図 11.2 に示すように，斜面中の軟弱層の存在によって，直線すべり面を組み合わせた**複合すべり面**（composite slip surface）を考える場合もある。この他，砂質土の場合には，無限に連続する斜面を取り扱う場面もあるが，せん断抵抗角から考えて**臨界傾斜角**（critical slope angle）を簡単に決定できる場合だけではなく，図 11.3 に示すように斜面の比較的浅いところに

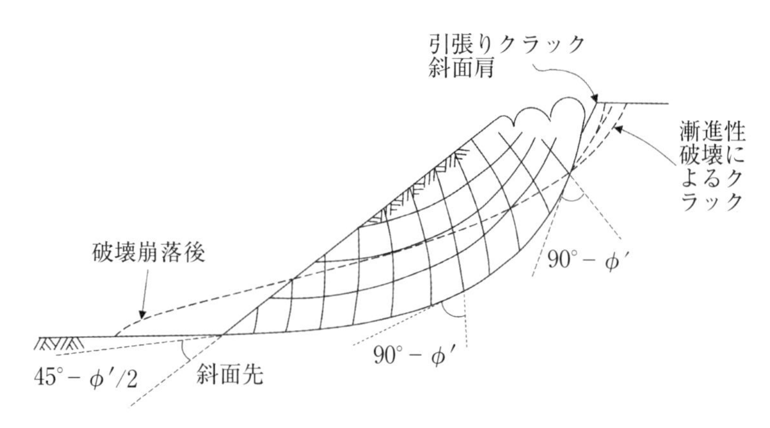

図 11.1　単純斜面の破壊面の典型的な形状

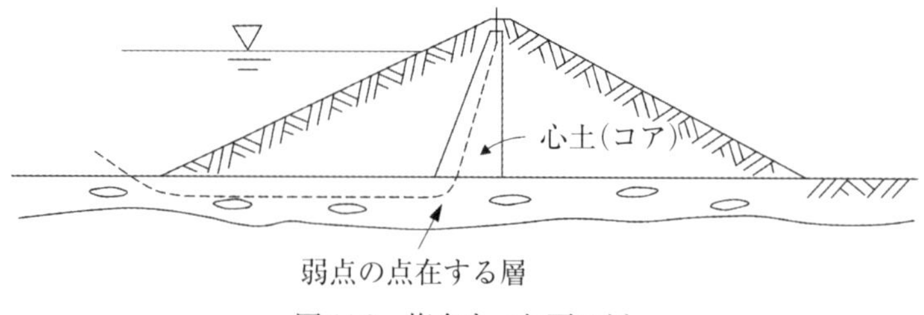

図 11.2　複合すべり面の例

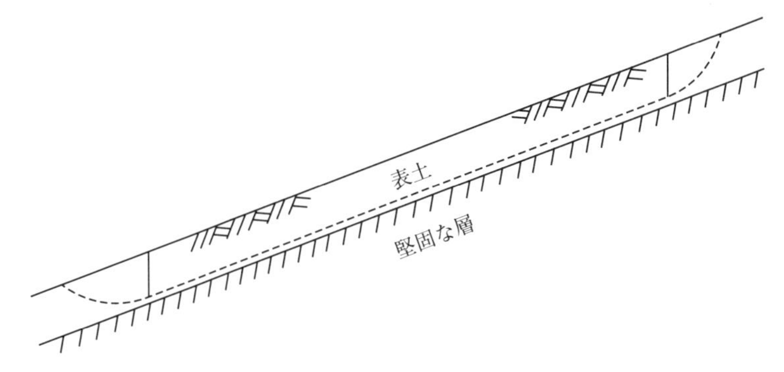

図11.3　無限斜面

平行で堅固な層があるときに実用価値がある。このような取り扱いをするとき，この斜面を単純斜面に対して**無限斜面**（infinite slope）という。

斜面破壊は，上述のような**塊状すべり**（mass slide）だけではなく，表面近くで緩やかではあるが連続的に進行する**クリープ**（creep），**侵食**（erosion），斜面の土がほぼ泥状になったために起こる**流動**（flow）などがあるが，本書では斜面安定の基本問題として，塊状すべりのみを取り扱うことにする。また，本章で述べる方法で解析できる斜面崩壊は，著しく不均質でない土のみで構成される**土質斜面**（soil slope）を対象とするもので，実際に起こる斜面破壊の一部である。

仮想した塊状すべり面の安全率 F_s は，現状の状態が**極限平衡状態**（limit equilibrium）に対してどのような状態にあるかを示す1つの尺度であり，その示し方は安定計算の方法により様々である。以下に，実用計算で多く用いられている方法を挙げる。

(a)　すべり面上のせん断力について着目した方法

$$F_s = \frac{\text{すべり面上で発揮される土のせん断抵抗力の和}}{\text{すべり土塊の滑動を抑止するのに必要なせん断応力の和}} \tag{11.1}$$

(b)　円弧すべり面についてモーメントに着目した方法

$$F_s = \frac{\text{すべりに抵抗する力のモーメント}}{\text{すべりを起こそうとする力のモーメント}} \qquad (11.2)$$

(c)　複合すべり面の場合，移動方向について着目した方法

$$F_s = \frac{\text{運動に抵抗する力の和}}{\text{運動を起こそうとする力の和}} \qquad (11.3)$$

このようにして求めた安全率 F_s は，$F_s = 1.0$ のとき，斜面が極限平衡状態にあることを示しており，安全率の値が大きいほど斜面の安定性が高くなることを示す。また，土構造物を設計する際には，計算結果の不確かさなどを考慮して，**計画安全率**（design safety factor）が設定されている。その値は，土構造物の重要度によって必要とされる安全率が異なるため，各機関で細かく設定されている。例えば，道路土工盛土工指針（日本道路協会）では，常時の長期間経過後の盛土で 1.2，道路土工切土工・斜面安定工指針（日本道路協会）で 1.05 ～ 1.20，設計要領第一集土工編（高速道路株式会社）では，盛土で 1.25 以上，切土や地すべり斜面で 1.2 などが定められている [1)]。

11.3　斜面安定解析に用いる土のせん断強さ

効果的な安定解析を行うためには，斜面の土質条件などからすべり面を仮定し，そのすべり面に対して適切な解析法を選択し，斜面内の土の排水・非排水状態や間隙水圧の状態を考慮した上で，土の強度定数（粘着力 c，せん断抵抗角 ϕ）を決定する必要がある。以下に，斜面安定解析に用いる土のせん断強さを選ぶ際の主要な点をまとめる [2)]。

まず，建設中や載荷期間内に完全に水を排水させることができるような条件（排水条件）の場合，圧密排水三軸圧縮試験（CD 試験）から得られる c_d，ϕ_d や間隙水圧を測定する圧密非排水三

軸圧縮試験（$\overline{\mathrm{CU}}$ 試験）から得られる $c'(\fallingdotseq c_d)$，$\phi'(\fallingdotseq \phi_d)$ を用いて**有効応力解析**(effective stress analysis)が行われる。ただし，粘土についてCD試験を実施する場合，試験時間が非常に長くなるため，比較的試験時間が短い一面せん断試験または $\overline{\mathrm{CU}}$ 試験が用いられることが多い。なお，$\overline{\mathrm{CU}}$ 試験から得られる c'，ϕ' の値は，CD試験または一面せん断試験から決定される値と本質的に同じであることがよく知られている。

一方，非排水条件では，非圧密非排水三軸圧縮試験（UU試験）や一軸圧縮試験から得られる c_u，ϕ_u（飽和した粘性土：ϕ_u=0），圧密非排水三軸圧縮試験（CU試験）から得られる c_{cu}，ϕ_{cu} を用いた**全応力解析**（total stress analysis）が行われる。これは，非排水載荷条件下の間隙水圧が正確には予測しづらいため，その概算値に依存しないようにするためである。

以上のように，斜面の塊状すべりについての安定解析は，c'，ϕ' または c_d，ϕ_d を用いる有効応力解析と c_u，ϕ_u または c_{cu}，ϕ_{cu}，すなわち c_α，ϕ_αを用いる全応力解析とに分別される。これらの解析に対する名称はまだ確定されていないが，本書では前者を $c'\phi'$ 法，後者を $c_\alpha\phi_\alpha$法と呼ぶこととする。なお，$c_\alpha\phi_\alpha$法のうち，$\phi_u=0$ であるとき，一般に $\phi_u=0$ 法と呼ばれている。

粘性土地盤上の盛土の場合には，盛土完成までの時期と，盛土完成後長時間を経た時点とでは，斜面の安定解析に用いる強度定数を変えるのが普通である。盛土完成までの斜面安定問題を**短期安定問題**（problem of short term stability）といい，この期間は間隙水圧の推定が困難であり，飽和した粘性土では ϕ_u=0 となることから，c_u が用いられる（全応力解析，ϕ_u=0 法）。なお，盛土完成時は，盛土の自重が最も大きくなるとともに，盛土築造による過剰間隙水圧も消散していない可能性があることから，安全率は最低であると考えられる。盛土完成後長時間を経た後の斜面安定問題を**長期安定問題**(problem of long term stability)といい，盛土築造による過剰間隙水圧が消散しており，間隙水圧の推定が可能であることから, c', ϕ' または c_d, ϕ_d を用いることが多い（有効応力解析，$c'\phi'$ 法)。

また，飽和した砂質土は透水性が良く，せん断時の過剰間隙水圧がすぐに消散することから，地震時の液状化問題を除けば，有効応力解析が用いられる。

11.4　無限斜面の安定計算（無限斜面法）

無限斜面（均一な土で層厚や傾斜が一様な斜面）の安定性について考える。

11.4.1　地下水位がすべり面よりも深い位置にある場合

図 11.4 に示すように，地表面から深さ H にすべり面があり，地表面とすべり面が平行で傾斜角 α とする。無限斜面の安定性を考えるには，帯片 ABCD における安定性を考えれば良い。地下水面は，すべり面より深い位置にあるものとし，帯片 ABCD の土の湿潤単位体積重量を γ_t とする。まず，帯片 ABCD の重量 W は，$W = \gamma_t H l \cos\alpha$ で表される。次に，すべり面（辺 BC）上に作用する垂直力 N と滑動を抑止するのに必要なせん断力 T を求めると，それぞれ $N = W\cos\alpha$，$T = W\sin\alpha$ となる。なお，帯片 ABCD を考える場合，側面 AB，CD に土圧が作用するがそれぞれ同じ大きさであるため，相殺される。また，すべり面上で発揮される土のせん断抵抗力 S は，クーロンの破壊規準を適用して次式で表される。

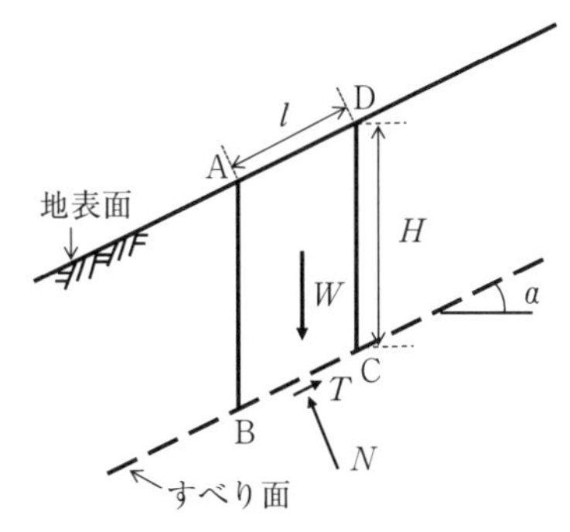

図 11.4　無限斜面（地下水位が深い場合）

$$S = (c + \sigma \tan\phi) \cdot l \tag{11.4}$$

$$\sigma = \frac{N}{l} = \gamma_t H \cos^2\alpha \tag{11.5}$$

したがって，安全率 F_s は，

$$F_s = \frac{S}{T} = \frac{c + \gamma_t H \cos^2\alpha \tan\phi}{\gamma_t H \cos\alpha \sin\alpha} \tag{11.6}$$

となる。

11.4.2　すべり面上に定常浸透流がある場合

図 11.5 に示すような斜面に沿う定常浸透流がある無限斜面の安定性を考える。地表面から深さ H にすべり面があり，地表面とすべり面が平行で傾斜角 α とする。また，地下水面は，地表面と平行で，地表面から H_w の深さにあるとする。土の単位体積重量について，地下水面より上では湿潤単位体積重量 γ_t，地下水面以深では飽和単位体積重量 γ_{sat} とし，水の単位体積重量を γ_w とする。

まず，帯片 ABCD の重量 W は，$W = \{\gamma_t H_w + \gamma_{sat}(H - H_w)\} l\cos\alpha$ となる。次に，すべり面（辺 BC）上に作用する滑動を抑止するために必要なせん断力 T は，$T = W\sin\alpha$ となる。また，すべり面上に作用する垂直力については，帯片 ABCD の底面に間隙水

圧 u_w が作用していることから，次式にて表される有効垂直力 N' を考える必要がある。

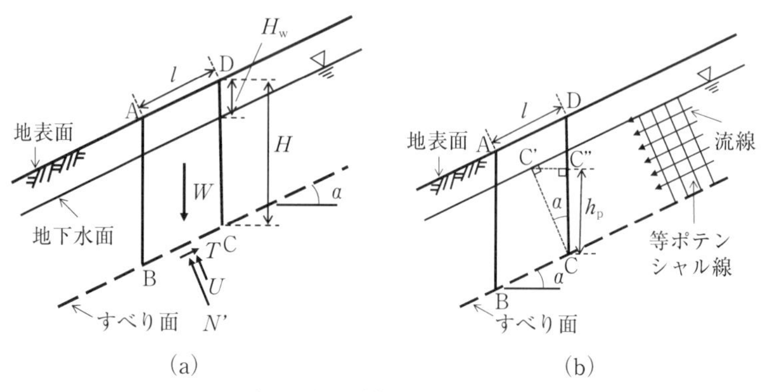

図 11.5　無限斜面（定常浸透流がある場合）

$$N' = W\cos\alpha - U \tag{11.7}$$

ここで，帯片 ABCD の底面に働く間隙水圧 u_w の合力 U について説明する。まず，図 11.5（b）において，点 C における圧力水頭を考える。点 C から地下水面に向かって垂線を描き，その交点を点 C' とする。また，点 C' を通る水平な線を描き，辺 CD との交点を点 C" とすると，直角三角形 CC"C' が描ける。ここで，点 C における圧力水頭は h_p（辺 CC" の長さに相当）で表され，間隙水圧 u_w は $u_w = \gamma_w h_p$ で求まる。また，図 11.5（a）において，辺 CD の長さが H，点 D と地下水面間の鉛直方向の長さが H_w と定義されていることから，点 C と地下水面間の鉛直方向の長さは $H - H_w$ となる。したがって，辺 C'C の長さは $(H - H_w)\cos\alpha$ となり，$h_p = (H - H_w)\cos^2\alpha$ と表すことができる。以上より，帯片 ABCD の底面に働く間隙水圧の合力 U は，次式のようになる。

$$U = u_w \cdot l = \gamma_w \cdot h_p \cdot l = \gamma_w \cdot (H - H_w)\cos^2\alpha \cdot l \tag{11.8}$$

なお，帯片 ABCD を考える場合，側面 AB，CD に作用する土圧および水圧は，それぞれ同じ大きさであるため相殺される。また，すべり面上で発揮される土のせん断抵抗力 S は，クーロンの摩擦則を適用し，$c'\phi'$ 法で検討すると，次式で表される。

$$S = (c' + \sigma'\tan\phi') \cdot l \tag{11.9}$$

$$\sigma' = \frac{N'}{l} = \frac{W\cos\alpha - U}{l} = \{\gamma_t H_w + \gamma'(H - H_w)\}\cos^2\alpha \tag{11.10}$$

ここに，γ'：水中単位体積重量（$= \gamma_{\mathrm{sat}} - \gamma_{\mathrm{w}}$）。

したがって，すべり面上に定常浸透流がある場合の安全率は次式で表される。

$$F_s = \frac{S}{T} = \frac{c' + \{\gamma_t H_w + \gamma'(H - H_w)\}\cos^2\alpha\tan\phi'}{\{\gamma_t H_w + \gamma_{sat}(H - H_w)\}\cos\alpha\sin\alpha} \tag{11.11}$$

【例題 11.1】

連続の降雨によって飽和した砂質土の斜面の単位体積重量が 19.2kN/m^3 であり，その時の強度定数は $c' = 0.00$kN/m^2，$\phi' = 35.0°$ であった。この土による斜面の最急勾配を求めよ。なお，水の単位体積重量は 9.81kN/m^2 とする。

（解答例）

式（11.11）において，斜面が飽和している場合 $H_w = 0.00$m である。また，最急勾配を求めるには，極限平衡状態の時（$F_{\mathrm{s}} = 1.00$）を考えれば良いことから，

$$F_s = \frac{\gamma'\tan 35.0°}{\gamma_{sat}\tan\alpha} = 1.00$$

となり，最急勾配は，

$$\alpha = \tan^{-1}\left(\frac{\gamma_{sat} - \gamma_w}{\gamma_{sat}}\tan 35.0°\right) = \tan^{-1}\left(\frac{19.2 - 9.81}{19.2}\tan 35.0°\right) = 18.9°$$

11.5　円弧すべりに対する斜面安定計算

均質等方性の土でできた単純斜面の安定計算を行う場合，すべり面の形として，円弧すべり面が最も多く用いられる。これは，取り扱いが簡単で，誤差が小さくてすむためである。斜面の円弧すべり破壊の種類は，図 11.6 に示すように**斜面内破壊**（slope failure），**斜面先破壊**（toe failure）および**底部破壊**（base failure）に分けられる。底部破壊では，図に示されるように斜面の中央点の直上に円の中心を与え得ることが多く，この円を**中央点破壊円**（middle point failure circle）という。

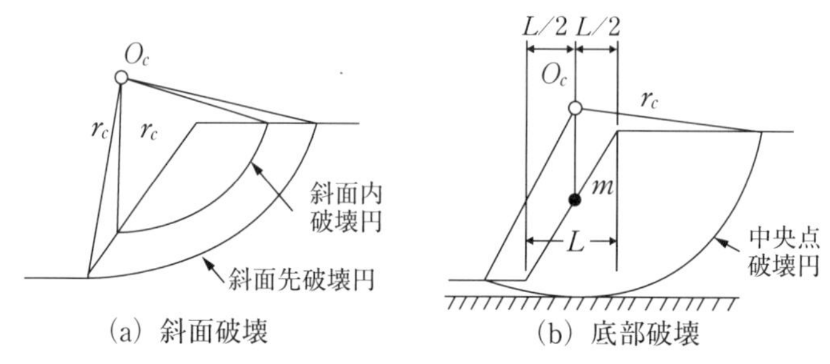

（a）斜面破壊　　（b）底部破壊

図 11.6　斜面の円弧すべり破壊の種類

円弧すべり面に対する斜面の安定計算には，極限平衡法を用いる計算と図表による計算がある。極限平衡法を用いる計算では，斜面内にいくつもの円弧状の**試算用すべり面**（trial slip surface）を描いて，それぞれについて安定計算が行われる。いくつもの円弧すべり面を仮想して求めた安全率 F_s において，安全率 F_s の値が等しくなる円の中心の軌跡を描くと図 11.7 のようになる。このうち安全率が最小になるようなすべり面を作る円を**臨界円**（critical slip circle）といい，その円で表される最も危険なすべり面を**臨界すべり面**（critical slip surface）という。このような安定計算が実用的に用いられている。また，不均質な土や層を持つ土の斜面では，図 11.8 に示すように断面を多くの部分に分割して安定計算を行う**分割法**（slice method）を用いる必要がある。一方で，図表による計算では，斜面の安全率や限界高さ，臨界円を図表から概略的に計算することができる。

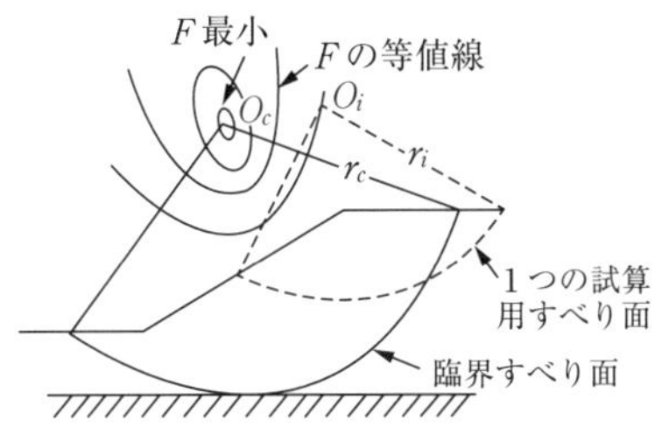

図11.7　すべり円中心点の安全率の等値線

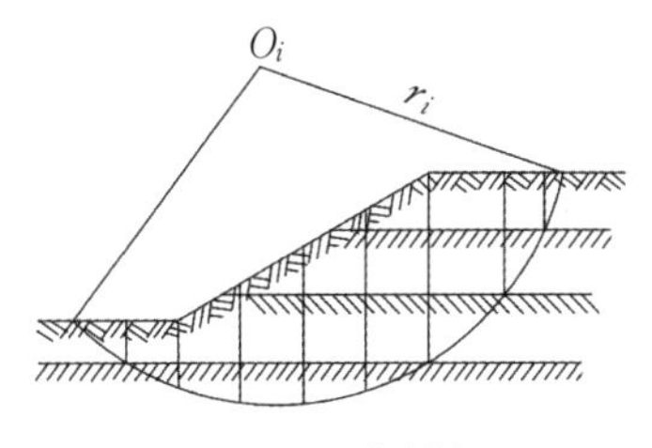

図11.8　分割法

11.5.1　極限平衡法を用いた計算法

(1) 分割法による円弧すべり安定計算

図11.9 (a) は，円弧すべり面を想定したすべり土塊を n 個のスライスに分割した状況を示し，図11.9 (b) は，そのうちの i 番目のスライスを抜き出し，スライスに作用する力を示したものである。ここでは，簡単のため，地下水面はすべり面よりも深い位置にあるものとして考え，全応力解析（$c_a\phi_a$法）で表す。スライスに作用する力のうち，スライス側面に作用する水平力 H および鉛直力 V について，i 番目のスライスのスライス間力差をそれぞれ $\Delta H_i = H_{i+1} - H_i$，$\Delta V_i = V_{i+1} - V_i$ とすると図11.9(c) に示すような力の多角形が描かれる。ここで，この i 番目のスライスについて，分割法で用いられる力のつりあい（鉛直・水平方向，またはすべり面に垂直・すべり面方向），破壊条件式，O点周りのモーメントのつりあいの式を以下に示す。

鉛直方向の力のつりあい：

$$W_i = N_i \cos\alpha_i + T_i \sin\alpha_i + \Delta V_i \tag{11.12}$$

水平方向の力のつりあい：

$$T_i \cos\alpha_i = N_i \sin\alpha_i + \Delta H_i \tag{11.13}$$

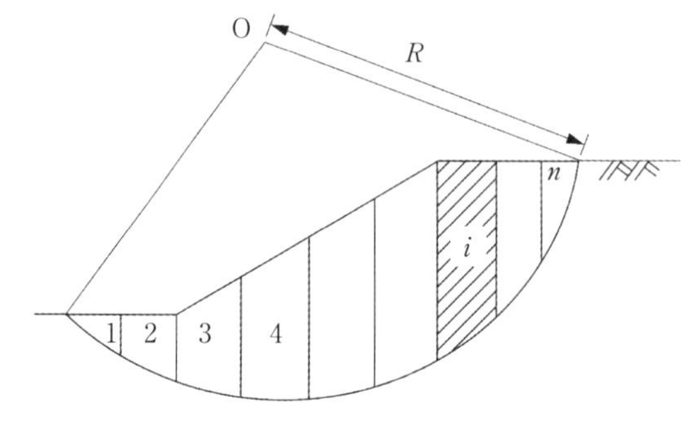

(a) スライスに分割された円弧すべり面

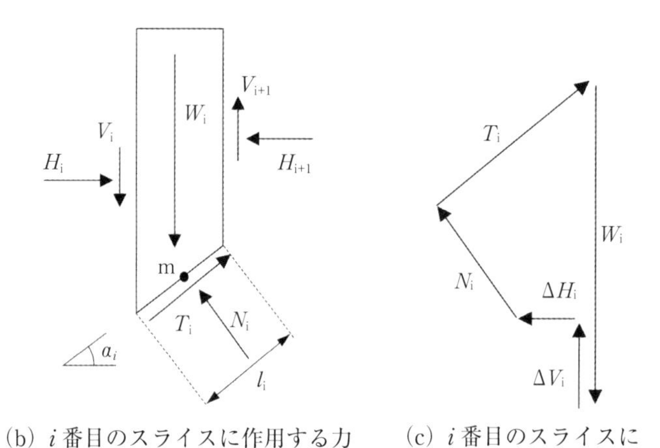

(b) i 番目のスライスに作用する力　　(c) i 番目のスライスに作用する力の多角形

図 11.9　分割法による円弧すべりの考え方

すべり面に垂直な方向の力のつりあい：

$$(W_i - \Delta V_i)\cos\alpha_i = N_i + \Delta H_i \sin\alpha_i \qquad (11.12)'$$

すべり面方向の力のつりあい：

$$(W_i - \Delta V_i)\sin\alpha_i = T_i - \Delta H_i \cos\alpha_i \qquad (11.13)'$$

すべり面上での破壊条件式：

$$T_i = \frac{(c_{\alpha i} l_i + N_i \tan\phi_{\alpha i})}{F_s} \qquad (11.14)$$

O点周りのモーメントのつりあい：

$$\sum_{i=1}^{n} W_i \cdot R\sin\alpha_i = \sum_{i=1}^{n} T_i \cdot R \tag{11.15}$$

ここに，W_i：i番目のスライスの重量，α_i：i番目のスライスのすべり面傾斜角，N_i：i番目のスライス底面に作用する垂直力，T_i：i番目のスライス底面に作用するすべり土塊の滑動を抑止するのに必要なせん断力，$c_{\alpha i}$，$\phi_{\alpha i}$：i番目のスライスの強度定数，F_s：安全率，R：円弧の半径である。

式（11.12）～式（11.15）の式の数は，円弧がn個のスライスで分割されている場合は，力のつりあい式$2n$個，破壊条件式n個，モーメントのつりあい式1個の計$3n+1$個となる。一方で，未知数の数は，H_i（$n-1$個），V_i（$n-1$個），T_i（n個），N_i（n個），F_s（1個）の計$4n-1$個である。よって，未知数の数（$4n-1$個）が式の数（$3n+1$個）より多いため，不静定問題となる。分割法を用いた斜面安定計算法では，この不静定問題について，未知数を減らすための仮定を行って静定問題にすることが必要であり，この仮定方法の違いにより数種の安定計算法が提案されている。

(2)　簡便分割法（フェレニウス法）

この方法は，フェレニウスらスウェーデンの技師らによって開発された計算法[3]であり，円弧すべり面上のすべり土塊を分割して安定計算する方法の一つであり，**簡便分割法**（ordinary method of slices）や**フェレニウス法**（Fellenius method），**スウェーデン法**（Swedish method）と呼ばれている。

1）間隙水圧を考慮しない場合（全応力解析，$c_\alpha\phi_\alpha$法）

簡便法では，静定問題化するために二つの仮定を用いている。一つ目の仮定は，力のつりあい式としてすべり面に垂直な方向の力のつりあい（式（11.12）'）を用いることである。また，二つ目の仮定は，i番目のスライスのスライス間力差ΔH_i，ΔV_iについての仮定である。それらの安定計算に与える影響が小さいとの考

えから,

$$\Delta H_i = H_{i+1} - H_i = 0 \tag{11.16}$$

$$\Delta V_i = V_{i+1} - V_i = 0 \tag{11.17}$$

と仮定している[4]。これらの仮定に加え,破壊条件式(式(11.14))とO点まわりのモーメントの力のつりあい(式(11.15))を用いる。これにより,式の数が $2n+1$ 個となり,未知数 N_i, T_i, F_s の数が $2n+1$ 個になるため,解くことが可能となる。よって,式(11.12)' から,すべり面に垂直な方向の力のつりあいは,

$$N_i = W_i \cos\alpha_i \tag{11.18}$$

となり,式(11.14)に示される破壊条件式

$$T_i = \frac{c_{\alpha i} l_i + N_i \tan\phi_{\alpha i}}{F_s}$$

と式(11.15)に示されるO点まわりのモーメントのつりあい

$$\sum_{i=1}^{n} W_i \cdot R\sin\alpha_i = \sum_{i=1}^{n} T_i \cdot R$$

を用いて,間隙水圧を考慮しない場合の簡便法による安全率の式が次式で表される。

$$F_s = \frac{\sum_{i=1}^{n} (c_{\alpha i} l_i + W_i \cos\alpha_i \tan\phi_{\alpha i})}{\sum_{i=1}^{n} W_i \sin\alpha_i} \tag{11.19}$$

【例題 11.2】

図 11.10 に示す斜面の1つの仮想すべり面について,安全率を求めよ。ただし,すべり円弧の半径 R を 19.8m,円弧の中心角 θ を 72.0° =1.26rad とし,斜面は均質であり,土の単位体積重量を 18.0kN/m^3,見かけの粘着力 c_{cu} を 40.0kN/m^2,せん断抵抗角 ϕ_{cu} を 5.0° とする。

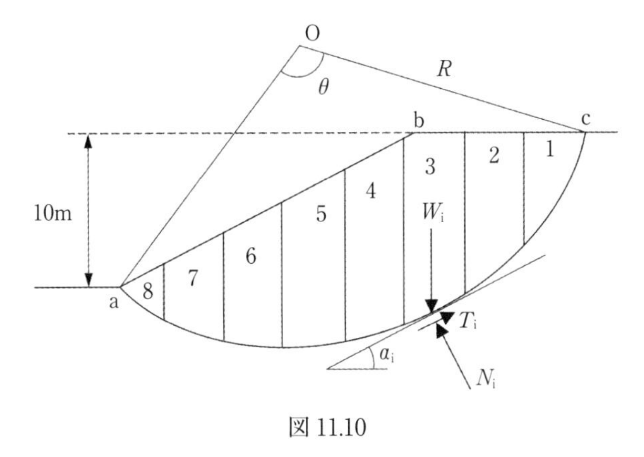

図 11.10

(解答例)

斜面が均質で，見かけの粘着力やせん断抵抗角がすべてのスライスで同じであることから，式（11.19）は，次式のように書き換えられる。

$$F_s = \frac{c_{cu}\sum_{i=1}^{8} l_i + \tan\phi_{cu}\sum_{i=1}^{8} N_i}{\sum_{i=1}^{8} T_i} \qquad (11.20)$$

なお，円弧の長さ $\widehat{L} = \sum_{i=1}^{8} l_i$ は，弧度法を用いると $\hat{L} = R\,\theta = 19.8 \times 1.26 = 24.9$m であるから，表 11.1 と式（11.20）より，安全率は，

$$F_s = \frac{40.0 \times 24.9 + \tan 5.0° \times 4{,}057}{1{,}143} = 1.18$$

表 11.1

No.	面積 (m^2)	α_i (°)	W_i (kN)	N_i (kN)	T_i (kN)
1	14.8	51.7	266	165	209
2	36.8	41.6	662	495	440
3	47.1	28.5	848	745	405
4	48.8	18.1	878	835	273
5	42.8	5.4	770	767	72
6	33.6	-7.2	605	600	-76
7	21.2	-19.4	382	360	-127
8	5.8	-30.5	104	90	-53
			合　計	4,057	1,143

2) 間隙水圧を考慮する場合（有効応力解析，$c'\phi'$ 法）

図 11.11(a) は，円弧すべり面を想定したすべり土塊を n 個のスライスに分割した状況を示し，図 11.11(b) は，そのうちの i 番目のスライスを抜き出し，スライスに作用する力を示したものであり，浸透流がある場合を考えている。上述したように，簡便法ではスライス側面に作用する水平力 H および鉛直力 V のスライス間力差は $\Delta H_i=0$，$\Delta V_i=0$ と仮定される。さらに，スライス側面に作用する間隙水圧 E のスライス間力差 ΔE_i も，

$$\Delta E_i = E_{i+1} - E_i = 0 \tag{11.21}$$

と仮定される。

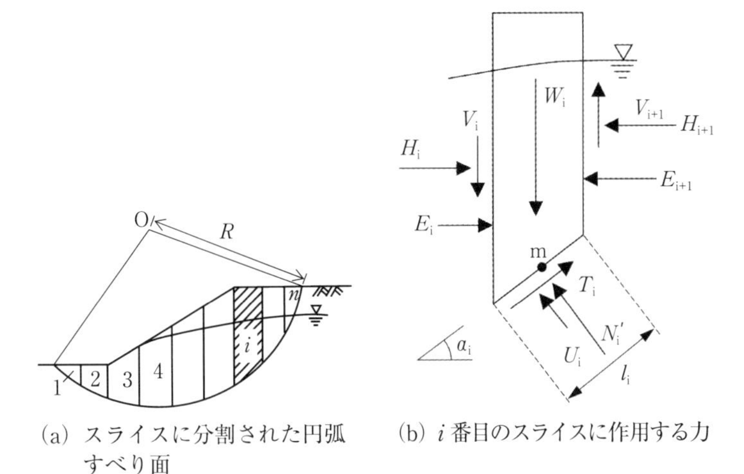

(a) スライスに分割された円弧すべり面　(b) i 番目のスライスに作用する力

図 11.11　分割法による円弧すべりの考え方（間隙水圧を考慮する場合）

よって，式（11.12）' から，すべり面に垂直な方向の力のつりあいは，

$$N_i' = W_i\cos\alpha_i - U_i = W_i\cos\alpha_i - u_i l_i \tag{11.22}$$

となる。ここに，N_i'：有効垂直力，U_i：すべり面に働く間隙水圧 u_i の合力（$=u_i l_i$）である。

式（11.14）に示される破壊条件式は，

$$T_i = \frac{c_i' l_i + N_i' \tan\phi_i'}{F_s} \tag{11.23}$$

となり，式（11.15）に示される O 点まわりのモーメントのつりあいは，

$$\sum_{i=1}^{n} W_i \cdot R\sin\alpha_i = \sum_{i=1}^{n} T_i \cdot R \tag{11.24}$$

のように表現される。

よって，間隙水圧を考慮する場合の簡便法による安全率の式は，次式で表される。

$$F_s = \frac{\sum_{i=1}^{n}\{c'_i l_i + (W_i \cos\alpha_i - u_i l_i)\tan\phi'_i\}}{\sum_{i=1}^{n} W_i \sin\alpha_i} \qquad (11.25)$$

しかしながら，式（11.25）中の $W_i\cos\alpha_i - u_i l_i$ の値はすべり面の傾斜角が急なスライスにおいて，負の値となることがある。そこで，スライス土塊の重量から地下水面以下に浸っている土塊部分の浮力を差し引いた有効重量 W'_i を用いて，次式のように修正された。

$$F_s = \frac{\sum_{i=1}^{n}\{c'_i l_i + W'_i \cos\alpha_i \tan\phi'_i\}}{\sum_{i=1}^{n} W_i \sin\alpha_i} \qquad (11.26)$$

この修正された安全率の式は，**修正フェレニウス法**（modified Fellenius method）と呼ばれている。

【例題 11.3】

図 11.12 のような砂によるアースダムの試算用すべり面について，簡便法（式（11.25））を用いて安全率を求めよ。ただし，土の単位体積重量を 17.5kN/m^3，c'=0.0kN/m^2，ϕ'=30.0° とする。また，次に土が粘土質であり，c'=7.0kN/m^2，ϕ'=30.0° であるとすれば安全率はいくらになるか。

(解答例)

c'=0.0kN/m^2，ϕ'=30.0° とする場合，表 11.2 に示すような計算を行い，安全率は F_s=93.0/136.4=0.68 となる。一方，c'=7.0kN/m^2，ϕ'=30.0° である場合，表 11.3 に示すような計算を行い，安全率は F_s=195.2/136.4=1.43 となる。

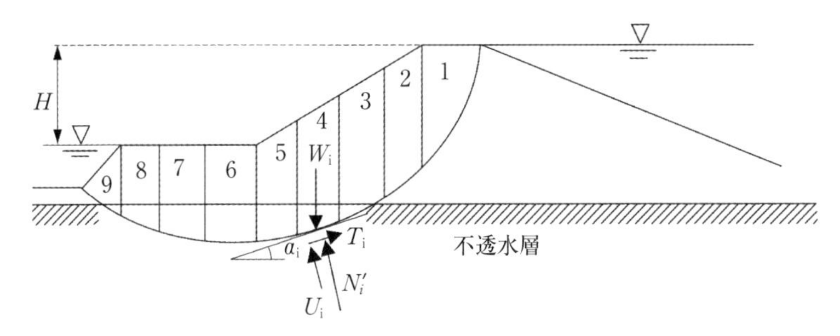

図 11.12

表 11.2

No.	面積(m^2)	α_i(°)	l_i(m)	W_i(kN)	N_i(kN)	u_i (kN/m^2)	N_i-u_il_i (kN)	(N_i-u_il_i) × tan30°(kN)	T_i(kN)
1	4.08	55.6	3.0	71.4	40.3	11.4	6.1	3.5	58.9
2	4.90	36.4	1.7	85.8	69.1	22.8	30.3	17.5	51.0
3	4.02	24.9	1.4	70.4	63.9	27.3	25.6	14.8	29.6
4	3.84	18.1	1.3	67.2	63.9	31.9	22.4	12.9	20.9
5	3.54	12.5	1.2	62.0	60.5	33.2	20.7	11.9	13.4
6	5.40	-5.0	2.0	94.5	94.1	32.8	28.5	16.5	-8.2
7	2.86	-12.9	1.1	50.1	48.8	29.8	16.1	9.3	-11.2
8	2.76	-6.7	1.3	48.3	48.0	24.3	16.4	9.5	-5.6
9	1.54	-27.3	1.6	27.0	24.0	18.2	-5.1	-3.0	-12.4
								93.0	136.4

表 11.3

No.	面積(m^2)	α_i(°)	l_i(m)	W_i(kN)	N_i(kN)	u_i (kN/m^2)	N_i-u_il_i (kN)	c_il_i+(N_i-u_il_i) ×tan30° (kN)	T_i(kN)
1	4.08	55.6	3.0	71.4	40.3	11.4	6.1	24.5	58.9
2	4.90	36.4	1.7	85.8	69.1	22.8	30.3	29.4	51.0
3	4.02	24.9	1.4	70.4	63.9	27.3	25.6	24.6	29.6
4	3.84	18.1	1.3	67.2	63.9	31.9	22.4	22.0	20.9
5	3.54	12.5	1.2	62.0	60.5	33.2	20.7	20.3	13.4
6	5.40	-5.0	2.0	94.5	94.1	32.8	28.5	30.5	-8.2
7	2.86	-12.9	1.1	50.1	48.8	29.8	16.1	17.0	-11.2
8	2.76	-6.7	1.3	48.3	48.0	24.3	16.4	18.6	-5.6
9	1.54	-27.3	1.6	27.0	24.0	18.2	-5.1	8.2	-12.4
								195.2	136.4

(3) 簡易ビショップ法

通常のビショップ法[5]（**ビショップの厳密法**（Bishop's method)）は，スライス側面に作用するスライス間力を考慮した式であり，簡便法に比べて力学的に合理的な計算手法であるが，計算が複雑になる。そこで，計算の単純化のため簡易的な手法（**簡易ビショップ法**（simplified Bishop's method））が提案されている。ここでは，簡易ビショップ法について説明する。

1）間隙水圧を考慮しない場合（全応力解析，$c_a\phi_a$法）

ビショップ法では，力のつりあい式として鉛直方向の力のつりあい（式（11.12））が用いられている。また，i番目のスライスの鉛直方向のスライス間力差ΔV_iについて，$\Delta V_i = \Delta V_{i+1} - V_i = 0$と仮定することで，簡易ビショップ法の計算式を導くことができる。これらの仮定に加え，破壊条件式（式（11.14））とO点まわりのモーメントのつりあい（式（11.15））を用いる。これにより，式の数が$2n+1$個となり，未知数N_i，T_i，F_sの数が$2n+1$個になるため，解くことが可能となる。よって，式（11.12）から，鉛直方向の力のつりあいは，

$$W_i = N_i\cos\alpha_i + T_i\sin\alpha_i \tag{11.27}$$

と表され，破壊条件式（式（11.14））は，

$$T_i = \frac{c_{\alpha i}l_i + N_i\tan\phi_{\alpha i}}{F_s}$$

O点まわりのモーメントのつりあい（式（11.15）は，

$$\sum_{i=1}^{n} W_i \cdot R\sin\alpha_i = \sum_{i=1}^{n} T_i \cdot R$$

のように表現される。破壊条件式と式（11.27）から，N_iを消去すると，

$$T_i = \frac{c_{\alpha i}l_i\cos\alpha_i + W_i\tan\phi_{\alpha i}}{F_s\left(1 + \dfrac{\tan\alpha_i\tan\phi_{\alpha i}}{F_s}\right)\cos\alpha_i} \tag{11.28}$$

が得られる。式（11.28）と破壊条件式をO点周りのモーメントのつりあいに代入することで，

$$F_s \cdot \sum_{i=1}^{n} W_i \cdot \sin\alpha_i = \sum_{i=1}^{n} \frac{c_{\alpha i} l_i \cos\alpha_i + W_i \tan\phi_{\alpha i}}{m_{\alpha i}} \tag{11.29}$$

$$m_{\alpha i} = \left(1 + \frac{\tan\phi_{\alpha i}}{F_s}\tan\alpha_i\right)\cos\alpha_i \tag{11.30}$$

となり，間隙水圧を考慮しない簡易ビショップ法の安全率は，

$$F_s = \frac{\sum_{i=1}^{n} \frac{c_{\alpha i} l_i \cos\alpha_i + W_i \tan\phi_{\alpha i}}{m_{\alpha i}}}{\sum_{i=1}^{n} W_i \cdot \sin\alpha_i} \tag{11.31}$$

で表される。なお，式（11.31）の右辺には，未知数である安全率 F_s が含まれている。よって，まず，右辺に適当な安全率を初期値として入力し，安全率の計算を行う。そして，求まった安全率を右辺に代入して計算を再度行う。安全率の値が収束するまで逐次計算を行うことで，最終的に安全率を求めることができる。なお，$\phi_u = 0$ である場合（$\phi_u = 0$ 法）は，簡易ビショップ法の安全率（式（11.31））と簡便法（フェレニウス法）の安全率（式（11.19））は，同じ式で表される。

2）間隙水圧を考慮する場合（有効応力解析，$c'\phi'$ 法）

簡易ビショップ法で間隙水圧を考慮する場合には，i 番目のスライスの底面に作用する間隙水圧を u_i とすると，式（11.12）から，鉛直方向の力のつりあいは，

$$W_i = N'_i \cos\alpha_i + u_i l_i \cos\alpha_i + T_i \sin\alpha_i \tag{11.32}$$

となる。破壊条件式は，

$$T_i = \frac{c'_i l_i + N'_i \tan\phi'_i}{F_s} \tag{11.33}$$

となり，O 点まわりのモーメントのつりあい（式（11.15））は，

$$\sum_{i=1}^{n} W_i \cdot R\sin\alpha_i = \sum_{i=1}^{n} T_i \cdot R$$

のように表現される。これらの式から，間隙水圧を考慮した簡易ビショップ法の安全率は，

$$F_s = \frac{\sum_{i=1}^{n} \frac{c'_i l_i + (W_i - u_i l_i \cos\alpha_i)\tan\phi'_i}{m_{\alpha i}}}{\sum_{i=1}^{n} W_\mathrm{i} \cdot \sin\alpha_i} \tag{11.34}$$

$$m_{\alpha i} = \left(1 + \frac{\tan\phi'_i}{F_s}\tan\alpha_i\right)\cos\alpha_i \tag{11.35}$$

で表され，逐次計算を行うことで，最終的に安全率を求めることができる。

(4)　分割法による非円弧すべり安定計算

上述した簡便法，簡易ビショップ法は，すべり面の形状を円弧として仮定した解析手法である。しかしながら，実際の斜面は，斜面の地質が不均質で成層構造を持っているため，すべり面の形状が円弧とならない場合も多く，対数ら線状のすべり面など様々な形状が観察される。これらのような円弧すべり面ではないものを，**非円弧すべり面**（non-circular slip surface）と呼ぶ。このような形状のすべり面については，ヤンブー（Janbu）法[6]やMorgenstern-Price 法[7]，Spencer 法[8]などが提案されている。

11.5.2　安定係数を用いた図解法

粘土斜面について，図 11.13 に示すような平面すべり面を全応力解析で考えると，このすべり面に作用する力のつりあいから次の関係が成り立つ。

$$W\sin\theta = c_{\alpha m}L + W\cos\theta\tan\phi_{\alpha m} \tag{11.36}$$

ここに，W：すべり面によってできる三角形の重さ，θ：すべり面の傾斜角，$c_{\alpha m}$：すべり面に発現される土の粘着力，$\phi_{\alpha m}$：すべり面に発現される土のせん断抵抗角，L：すべり面長さ，である。また，$c_{\alpha m}$，$\phi_{\alpha m}$のサフィックス m は，mobilized（発現される）を意味している。

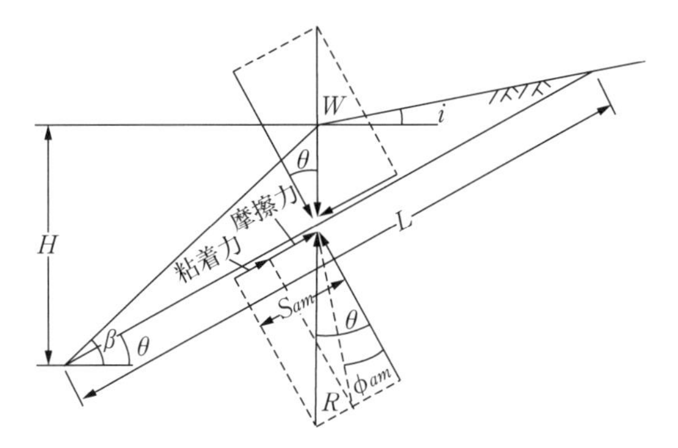

図 11.13　平面すべり面

γ を土の単位体積重量とすれば，

$$W = \frac{1}{2}\gamma HL \cdot \mathrm{cosec}\beta \cdot \sin(\beta - \theta) \tag{11.37}$$

この値を式（11.36）に代入して整理すると，

$$c_{\alpha m} = \frac{1}{2}\gamma H \cdot \mathrm{cosec}\beta \cdot \frac{\sin(\beta - \theta)\sin(\theta - \phi_{\alpha m})}{\cos\phi_{\alpha m}} \tag{11.38}$$

$c_{\alpha m}$ の値は，すべり面の傾斜角の変化によって変わり，その極限値は上式を θ について微分し，これを 0 とおいて得られる。

$$\cos(\beta - \theta)\sin(\theta - \phi_{\alpha m}) - \sin(\beta - \theta)\cos(\theta - \phi_{\alpha m}) = 0$$

すなわち，

$$\sin(2\theta - \beta - \phi_{\alpha m}) = 0$$

となり，

$$\theta = \frac{1}{2}(\beta + \phi_{\alpha m}) \tag{11.39}$$

が得られる。上式を式（11.38）に代入すると，

$$c_{\alpha m} = \frac{\gamma H\{1 - \cos(\beta - \phi_{\alpha m})\}}{4\sin\beta\cos\phi_{\alpha m}} \tag{11.40}$$

と表される。ここで，斜面が破壊しないで安定を保てる限界の高さを**臨界高**（又は，**限界高さ**）(critical height) H_c と呼び，次式で表される。

$$H_c=\frac{4c_{\alpha m}\sin\beta\cos\phi_{\alpha m}}{\gamma\{1-\cos(\beta-\phi_{\alpha m})\}}=\frac{4c_{\alpha m}}{\gamma}f(\phi_{\alpha m},\beta) \tag{11.41}$$

上式の $c_{\alpha\mathrm{m}}$ は，仮定したせん断抵抗角 $\phi_{\alpha\mathrm{m}}$ に対して，つり合いを保つために必要な粘着力を意味しており，せん断試験で得られた粘着力 c_α に対して，粘着力に関する安全率を F_c とすると，$c_{\alpha\mathrm{m}}=c_\alpha/F_\mathrm{c}$ で表される。一方で，式（11.41）中の関数 $f(\phi_{\alpha\mathrm{m}},\beta)$ は，斜面勾配 β で $c_{\alpha\mathrm{m}}$ が発現しているときの $\phi_{\alpha\mathrm{m}}$ を含む関数であり，摩擦角 $\tan\phi_{\alpha\mathrm{m}}$ に関する安全率を F_ϕ とすると，$\tan\phi_{\alpha\mathrm{m}}=\tan\phi_\alpha/F_\phi$ で表される。

テイラーは，式（11.41）の $c_{\alpha\mathrm{m}}$，$\phi_{\alpha\mathrm{m}}$ を強度定数 c_α，ϕ_α に書き改め，

$$H_c=\frac{4c_\alpha\sin\beta\cos\phi_\alpha}{\gamma\{1-\cos(\beta-\phi_\alpha)\}}=\frac{4c_\alpha}{\gamma}f(\phi_\alpha,\beta) \tag{11.42}$$

と表現した。この式から，任意の γ，c_α および ϕ_α の値に対して，斜面の傾斜角 β が大きくなれば斜面の臨界高は小さくなることがわかる。また，上述のように，式中の強度定数は，せん断試験によって得た粘着力とせん断抵抗角について別個に安全率（F_c，F_ϕ）を設定して考える必要がある。

もし，斜面が図 11.14 に示すような直立斜面であるとき，上述と同様の誘導を行うか，またはランキン主働土圧の式（式（9.19））を 0 とおくことで，

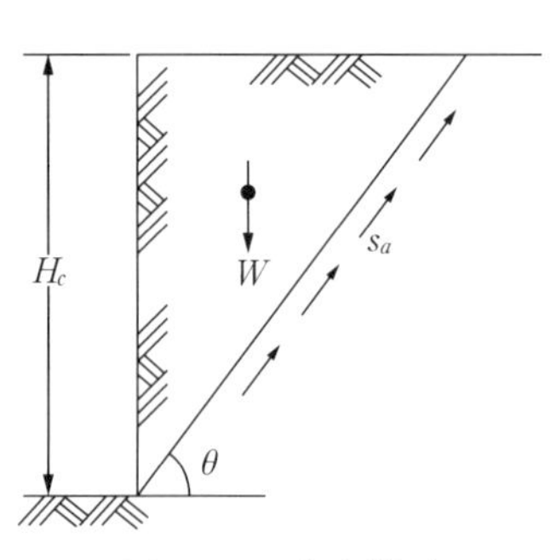

図 11.14　直立斜面

$$H_c=\frac{4}{\gamma}c_\alpha\tan\left(45^\circ+\frac{\phi_\alpha}{2}\right) \tag{11.43}$$

が得られる。土の一軸圧縮強さ q_u を用いると，式（6.24）にならって，

$$q_u=2c_\alpha\tan\left(45^\circ+\frac{\phi_\alpha}{2}\right)$$

であるから，式（11.43）は，

$$H_c = \frac{2}{\gamma} q_u$$

となる。ここで，強度定数が c_u，$\phi_u = 0$ の場合，$\phi_a = 0$，$c_u = q_u/2$ であるので，

$$H_c = \frac{4c_u}{\gamma} \quad (11.44)$$

が得られる。この関係は，平面すべりを仮定して得たものであるが，円形すべりを仮定してフェレニウス（1927年）が計算したところによると，上式中の定数の4は3.85となる。しかし，いずれも実際に起こる破壊面上部の引張力を無視しているので，実際の値より大きいと考えられる。

式（11.42）を一般化すると，

$$H_c = \frac{N_s \cdot c_\alpha}{\gamma} \quad (11.45)$$

となる。ここに，N_s：**安定係数**（stability factor）（無次元）である。

テイラー（1937年）[9] は，最も危険な場合の安定係数の値を数多くの計算によって求め，これを斜面の傾斜角 β と**深さ係数**（depth factor）n_d（図11.15）の関係によって，使用に便利な図表を作ったので，安定係数によって斜面の臨界高を求める方法が広く用いられている。テイラーの図は最初，安定数 $1/N_s$ によって準備されたが，後にテルツァーギによって安定係数によるものに変えられた。安定係数を用いる方法は，概略の予備計算に応用される。

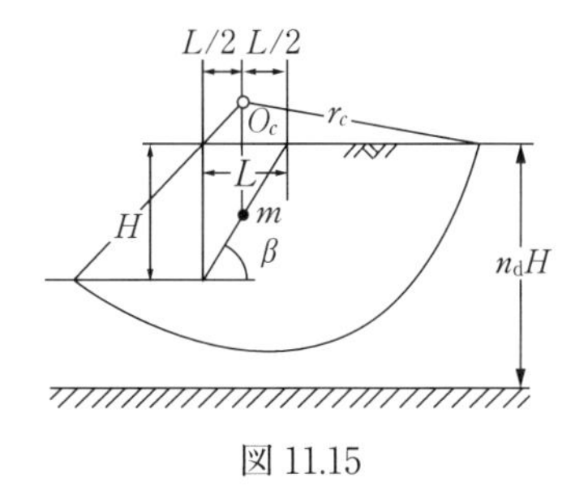

図 11.15

【例題 11.4】

図 11.14 に示すような直立斜面の土の単位体積重量を 16kN/m^3，粘着力 c_{cu} を 46kN/m^2，せん断抵抗角 ϕ_{cu} を 24° として，この直立斜面の安全な高さを求めよ。ただし，安全率を 2 とする。

（解答例）

ここで，$F_c = F_\phi = 2$ とすると，

$$c_{\alpha m} = \frac{c_{cu}}{F_c} = \frac{46}{2} = 23\mathrm{kN/m^2}$$

また，tan24° =0.445 であるから ,

$$\tan\phi_{\alpha m} = \frac{\tan\phi_{cu}}{F_\phi} = \frac{0.445}{2} = 0.223$$

から，$\phi_{\alpha m} = 12°30'$ となる。

よって，式（11.43）から，

$$H_c = \frac{4}{16} \times 23 \times \tan(45° + 6°15') = 7.16\mathrm{m}$$

（1）摩擦力のない土の斜面の場合

テイラーが作った図 11.16 によれば，予想される斜面破壊の種類と臨界高を安定係数から容易に決定することができる。図 11.16 によれば傾斜面が 53° より大きい場合の斜面の破壊はすべて斜面先破壊であり，安定係数は β のみによって求められるが，β が 53° より小さい時には安定係数は β と深さ係数 n_d とによって求められる。

【例題 11.5】

斜面の傾斜角 20°，土の単位体積重量が 16kN/m^3，土の粘着力 c_u が 20kN/m^2 であるとき，深さ係数 n_d が 1.0，1.2 および 4.0 の場合の斜面の破壊の形式と臨界高を求めよ。

（解答例）

1）$n_d = 1.0$ のときは図 11.16 により $N_s = 9.5$ で斜面内破壊が起きて，

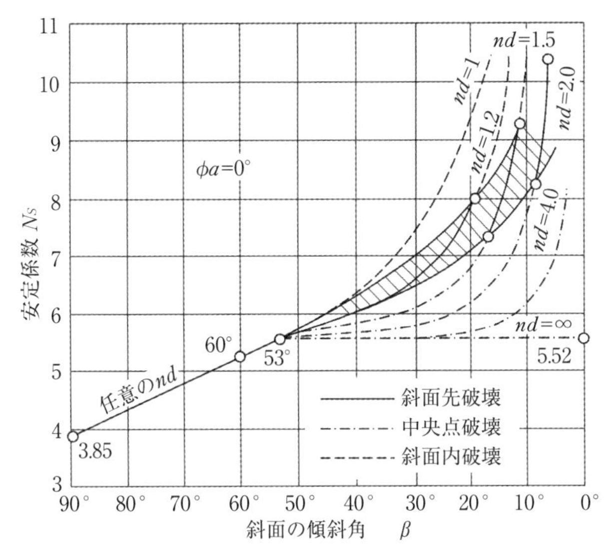

図 11.16　摩擦力のない土の斜面の安定係数を求める図
(Taylor, 1937)

$$H_c = \frac{c_u N_s}{\gamma} = \frac{20 \times 9.5}{16} = 11.9\text{m}$$

2) $n_d = 1.2$ のときは $N_s = 7.8$ で斜面先破壊が起きて,

$$H_c = \frac{c_u N_s}{\gamma} = \frac{20 \times 7.8}{16} = 9.8\text{m}$$

3) $n_d = 4.0$ のときは $N_s = 5.6$ で中央点破壊（底部破壊）が起きて,

$$H_c = \frac{c_u N_s}{\gamma} = \frac{20 \times 5.6}{16} = 7.0\text{m}$$

(2) 摩擦力のある土の斜面の場合

テイラーの安定係数の図表（図 11.17）を用いて，容易に粘着力と摩擦力のある場合の臨界高を求めることができる。しかし，斜面が 20° 以下の場合にはこの図が使用できないので，後述の**摩擦円法**（friction circle method）で求める必要がある。

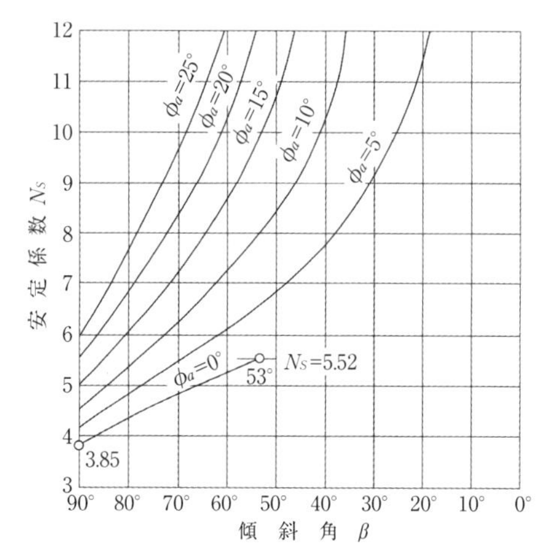

図 11.17　摩擦力のある土の斜面の安定係数を求める図
（Taylor，1937）

【例題 11.6】

図 11.18 に示すような 34° の斜面傾斜角をもつ水路のための高さ 10m の盛土を行うものとする。土の有効単位体積重量（水浸時）を 9.4kN/m^3，見かけの粘着力 c_{cu} を 15kN/m^2，せん断抵抗角 ϕ_{cu} を 10° として，せん断強さについての安全率 F_c，F_ϕ を求めよ。

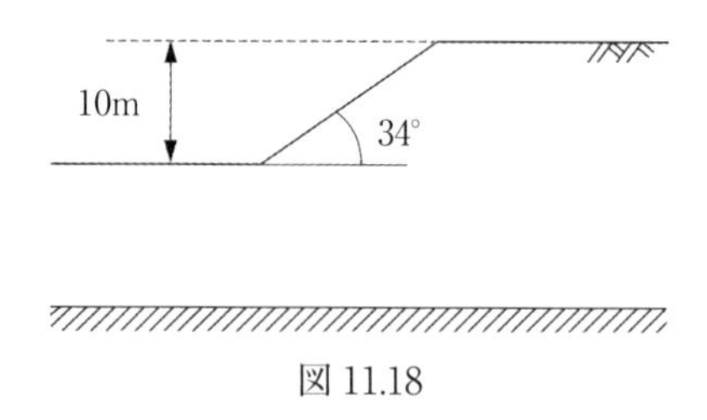

図 11.18

（解答例）

最初，安全率の試算値として $F_c=F_\phi=1.5$ とすると安全率を取り入れた見かけのせん断抵抗角は，

$$\phi_{\alpha m}=\tan^{-1}\left(\frac{\tan\phi_{cu}}{F_\phi}\right)=\tan^{-1}\left(\frac{\tan 10^\circ}{1.5}\right)=6.73^\circ$$

となる。この値と，$\beta=34°$ に対し，図 11.17 によって安定係数 $N_s=9.5$ を得る。試しに，式（11.45）に $N_s=9.5$ を与えてみると，

$$H_c=\frac{N_s\cdot c_\alpha}{\gamma}=\frac{N_s}{\gamma}\frac{c_{cu}}{F_c}=\frac{9.5}{9.4}\times\frac{15}{1.5}=10.1\mathrm{m}$$

この高さは，精度上，計画の 10m に近似するので，求める安全率を 1.5 と決めることができる。

(3) 摩擦円法

斜面がまさに破壊しようとするときは，図 11.19（a）において微小反力 dR はすべり面に対する垂線と土のせん断抵抗角 ϕ_a の傾きをなすべきであるから，各微小反力の作用線は，

$$\gamma_f=\gamma\sin\phi_\alpha \tag{11.46}$$

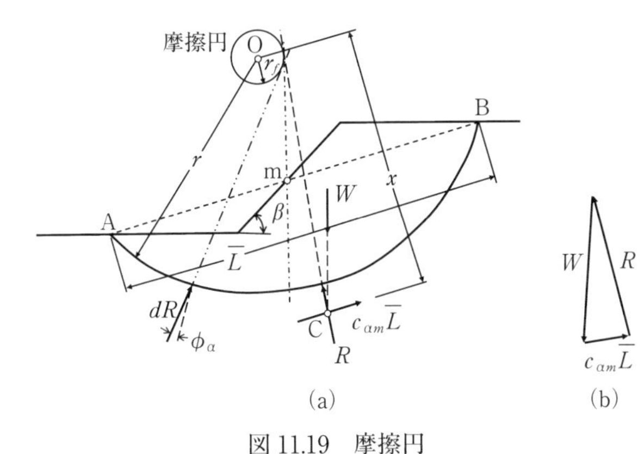

図 11.19　摩擦円

なる半径を持つ，**摩擦円**（friction circle）と呼ばれる 1 つの円に接しなければならない。

発現される粘着力を $c_{\alpha m}$ とすれば，すべり面上の粘着力の総和は $c_{\alpha m}\widehat{L}$ であり，一方，すべり面上の粘着力の合力は $c_{\alpha m}\overline{L}$ であるから，

$$xc_{\alpha m}\overline{L}=r\widehat{L}c_{\alpha m} \tag{11.47}$$

となる。ここで，x は摩擦円の中心から粘着力の合力に至る距離，r は仮想円の半径である。したがって，

$$x = r\frac{\widehat{L}}{\overline{L}} \qquad (11.48)$$

が得られる。この計算によって，図 11.19(a) に示すように，$c_{\alpha m}\overline{L} = C$ の作用位置が決まるので，これとすべり部分の土の重さ W の方向との交点を通って摩擦円に接する直線方向によって，すべり面上の反力の総和 R の方向が定まる。よって，図 11.19(b) に示すような力の三角形によって，$c_{\alpha m}\overline{L}$ の大きさがわかり，したがって $c_{\alpha m}$ の大きさを求めることができる。

円の中心を移動させ，いくつもの $c_{\alpha m}$ の値を求め，そのうちの最大値と土のせん断試験から得た粘着力 c_α とを比べて次式に示すような粘着力に対する安全率を調べる。

$$F = \frac{c_\alpha}{c_{\alpha m}} \qquad (11.49)$$

11.6　複合すべりを起こす斜面の安定計算

図 11.20 に示すように柔らかい層の上にある斜面の破壊は，その軟弱な層に沿って移動するすべり方をするので，すべり面は直線部分を含んだ複合すべり面となる。

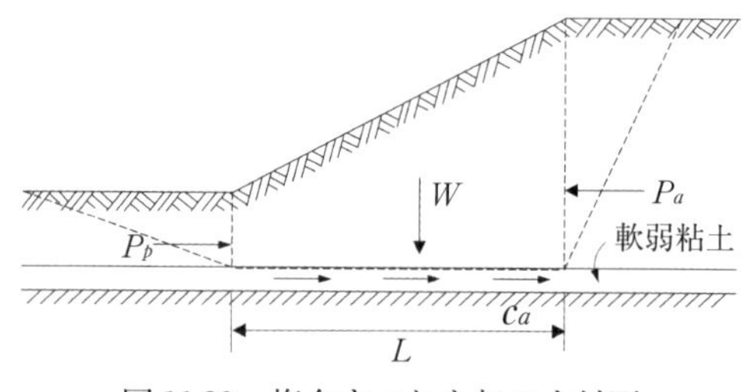

図 11.20　複合すべりを起こす斜面

このようなすべりに対する安全率は，図 11.20 の場合，全応力解析により，次式によって求められる。

$$F_s = \frac{c_\alpha L + W\tan\phi_\alpha + P_p}{P_\alpha} \qquad (11.50)$$

ここに，c_a：軟弱層の見かけの粘着力，ϕ_a：土の見かけのせん断抵抗角，L：軟弱層のすべりに抵抗する部分の長さ，W：軟弱層の深さまでの斜面部分の重さ，P_a：Wの部分に働く主働土圧（式（9.19）），P_p：Wの部分に働く受働土圧（式（9.23））である。

【例題11.7】

図11.20に示すような，薄い軟弱粘土層上に築造する斜面のすべりに対する安全率を求めよ。ただし，粘土層の長さは斜面直下で19m，粘土層の深さは，斜面肩から14m，斜面先から4mであり，土の単位体積重量は20kN/m^3，見かけの粘着力c_uは25kN/m^{2}で，せん断抵抗角は0°とする。また，斜面土は砂で，せん断抵抗角は35°であるものとする。

（解答例）

斜面土が砂であることから，粘着力$c'=0$，$\phi'=35°$とすると，ランキンの主働土圧係数K_a，受働土圧係数K_pは，式(9.9)，式(9.14)からそれぞれ，$K_\mathrm{a}=0.27$，$K_\mathrm{p}=3.69$となる。そこで，主働土圧の合力P_a（式（9.17）），受働土圧の合力P_p（式（9.22））の式から，1mの奥行について

$$P_a=\frac{1}{2}\gamma K_a H^2=\frac{20\times0.27\times14^2}{2}=529.2\mathrm{kN/m}$$

$$P_p=\frac{1}{2}\gamma K_p H^2=\frac{20\times3.69\times4^2}{2}=590.4\mathrm{kN/m}$$

よって，安全率は式（11.50）から，

$$F_s=\frac{25\times19+590.4}{529.2}=2.01$$

引用文献

1) 地盤工学会　土と基礎の設計計算演習改訂版編集委員会編：新しい設計法に対応した土と基礎の設計計算演習，丸善出版株式会社，p.263，2019.

2) J. M. Duncan: State of the art: Limit Equilibrium and Finite-Element Analysis on Slopes, Journal of Geotechnical Engineering, Vol.122, No. 7, pp.577-596, 1996.

3) Petterson, K. E.: The early history of circular sliding surfaces, Geotechnique, Vol.5, Issue 4, pp.275-296, 1955.

4) Fellenius, W.: Caluculation of the stability of earth dams, Second Congress on Large Dams, pp.445-462, 1986.

5) Bishop, A. W.: The use of the slip circle in the stability analysis of slopes, Geotechnique, Vol.5, Issue 1, pp.7-17, 1955.

6) Janbu, N.: Application of Composite Slip Surfaces for Stability Analysis, Proc. European Conf. on Stability of Earth Slopes, Vol.3, pp.43-49, 1954.

7) Morgenstern, N. and Prive, V. E.: The Analysis of the Stability of General Slip Surfaces, Geotechnique, Vol.15, Issue 1, pp.79-93, 1965.

8) Spencer, E.: A Method of Analysis of the Stability of Embankments Assuming Parallel Inter-Slice Forces, Geotechnique, Vol.17, Issue 1, pp.11-26, 1967.

9) Taylor, D. W.: Stability of earth slopes, J. Boston Soc. Civil Eng., Vol.24, No.3, pp.197-247, 1937.

第 12 章　地盤の環境と防災

12.1　はじめに

気候変動の要因には自然の要因と人為的な要因がある。自然の要因には大気自身に内在するもののほか海洋の変動，火山の噴火によるエーロゾル（大気中の微粒子）の増加，太陽活動の変化などがある。一方，人為的な要因には人間活動に伴う二酸化炭素などの温室効果ガスの増加やエーロゾルの増加，森林破壊などがある。

人間活動の増大は，地球環境へ大きな負荷をかけており，地球温暖化に起因すると考えられる気候変動が，経済・社会活動にも多大な影響を与えている。例えば，気候変動は，洪水等の気象災害をもたらすだけでなく，食料生産等にも大きな影響を与えている。食糧生産を増やすための一つの方法として，劣化した土地の回復があるが，これも地盤環境に関わる重要な課題の一つである。

地球の表面を形成する地盤は，地球環境が悪化すると直接的に影響を受けることになる。地盤工学に関わる技術者は，汚染土壌，廃棄物（waste）の埋立（reclamation）および土地劣化や地盤災害（geotechnical disaster）などの様々な課題の解決に取り組んでいかなければならない。そのためには，地球環境と土質力学（地盤工学）との関連性を理解する必要がある。本章では，地盤の環境機能，地盤汚染，廃棄物の処分・副産物の有効利用技術，および地盤環境と地盤防災の問題を取り挙げる。

なお，土を扱う学問には土木工学分野の土質工学，農学分野の土壌学などがある。土質工学では，土を主に粒径により，粘土，シルト，砂，礫などに分類して土質材料を区別する。一方，土壌学では，土壌栄養，土壌生物，土壌物理などによって，生物の生育基盤としての土の性状や機能を考える。また，土のもととなる母岩に物理的な浸食風化と動植物などの生物作用が加わり，植物が生育できる土壌となる。このように，本章で扱う土は，地盤，土質材料，土壌など幅広い範囲にまたがる。

12.2　地盤の環境機能

12.2.1　保水機能と水循環

地盤は，本来，様々な機能（保水機能，通気機能，浄化機能，養分の貯蔵機能，等）と，役割（多様な生物の生存の場，地下水（groundwater）の涵養の場，食糧等の生産の場，廃棄物の受け入れの場，等）を有するものであり，次世代に引き継がなければならない人類の貴重な財産である[1)]。

地球に存在する水は，海水をはじめとする地表水の形で蒸発し，大気に滞留，しばらくして雨や雪に姿を変えて地表に達する。この水の一部は地下水，湖沼水，河川水等となって海に流れ，一部は氷河や雪になって地表に停留する。水はこのように地球上で循環を繰り返してきた。土中水も，降雨などによる浸透（seepage），地表からの蒸発，植物の吸水など伴って絶えず移動している。

水の循環は，水質浄化や生態系維持といった重要な環境機能を果たしている。すなわち，質および量における健全な水循環を維持することが，生態系を維持する上でも大きな課題となっている。この水循環において地盤は保水機能の役割を果たすことから，地下水循環と地盤環境は環境要素として密接な関係にある。

地盤中の地下水を考えたときの水循環の模式図を図 12.1 に示す。地表面に降った雨は，基本的には以下の三つの経路に分かれる。

i)　地表面を傾斜に従って表面水として流下

ii)　地下に浸透

iii)　大気中に蒸発

このときの降雨の地下への浸透量は，地表面の浸透性（土地被覆条件），地盤の浸透性（透水性，保水性），地盤の貯留能力（地下水位，間隙量），降雨の継続時間，および植生による保水性（貯留能力)で決まる。森林等の植生があると一時的に降雨を保水し，表面水を減らして地下浸透流量を増やすことから，防災の観点から洪水抑制効果も期待できる。農村部では水田が多く分布し，水田からの地下浸透が水循環における地下水の大きな供給源であったが，近年では減反対象水田を含む領域内での地下水位が大幅に減少した地域も見られる。一度，地盤中に地下水として入った水も，地表面からの蒸発，湧水のような形での表面流出，あるいは河川・湖沼や海洋への直接流出によって，循環を繰り返す。

多様な生態系を維持する上でも，健全な水循環の確保が必要不可欠である。また，渇水，洪水，水質汚濁，生態系への影響等，様々な問題が顕著になってきており，健全な水循環を維持または回復していくことの重要性が認識されてきている。「健全な水循環」を維持・回復させることにより，わが国の経済社会の健全な発展や国民生活の安定向上に寄与することを目的に，2014年に水循環基本法が制定された。健全な水循環を維持するためには，人の活動と環境保全に果たす水の機能が適切に保たれた状態で水が循環する必要がある。水質汚濁，都市化による浸水被害の多発，雨

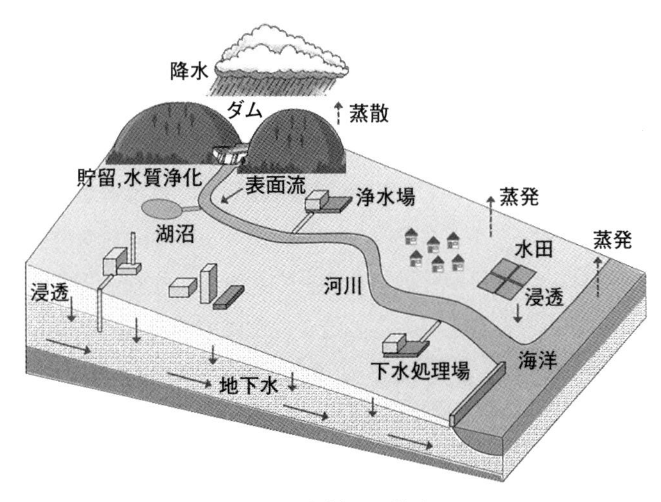

図12.1　水循環の模式図

水の地下浸透減少，地下水位の低下・湧水の枯渇などの水循環に関する課題を解決するために，流域マネジメントを推進する施策が進められている。

12.2.2　浄化機能

土の浄化機能を大きく分けると三つある。その一つは，有機物の分解作用，二つめは，ろ過作用，そして三つめは，イオン交換作用である。

地上にたまる生物の遺体や排泄物は，土に住む様々な生き物たちによって分解される。つまり，食べられ，排泄され，排泄物がまた食べられ，土から生まれた有機物は再び土に還っていく。これが土による有機物の分解浄化作用である。

土には汚濁物質を除去するろ過作用がある。直径が数 cm から 20cm の礫を積み，その間隙に水を浸透させ，物理的作用（ふるい分け，沈殿，分散）や礫表面に付着増殖した微生物の変換作用によって，地下水に含まれる汚濁物質を除去する礫間浸透法がある [2)]。補足物の除去のために礫の定期的な洗浄が必要であるが，河川の洗浄や区画された沿岸海域の洗浄維持のためにも用いられている。

土粒子は巨視的な岩片や土壌の原料となった岩石から引き継がれた石英や長石などの造岩鉱物粒子，さらに土壌ができる過程で生成した粘土粒子や腐植物質からなる。通常の土壌では，粘土鉱物（clay mineral）や腐植物質は負に帯電し，負電荷を中和するために，カルシウムイオンなどの陽イオン（cation）が静電気的に吸着されているのが特徴である。すなわち，土粒子は陽イオンを保持する能力を有する。このときの土壌の単位質量当りの陽イオン交換基の総量を陽イオン交換容量（cation exchange capacity）[3)] と呼び，土壌の陽イオン交換能の指標となる。土粒子のイオン交換能は，植物養分や重金属（heavy metal）などの有害物質を保持する作用をもたらす。また，土壌の緩衝作用として，酸性雨に含まれる酸性物質や改良土（improved soil）からのアルカリ性物質を中和する能力も有している。

森林は，おもに森林土壌のはたらきにより，雨水を地中に浸透させ，ゆっくりと流出させる。そのため，洪水を緩和するとともに川の流量を安定させるほか，濁りが少なく，適度にミネラルを含み，中性に近い水が森林から流出していく。雨水が森林を通って土壌に染み込み，最後に渓流に流出するまでに，リンや窒素などの富栄養化の原因となる物質は，土壌中に保留されたり，植物に吸収されたりする。特に，森の土は多く細かい土粒子を含んでおり，特に粘土粒子の表面はマイナスの電気を帯びている。一方，鉛やカドミウムのような汚染物質はプラスの電荷を持っている。森の土をこのような汚染された水が通るとき，マイナスの電荷を持つ土粒子にプラスの電荷を持つ汚れが引きつけられて取り除かれるため，水が浄化される。このとき，汚れの代わりにもともと土についていたミネラル類のイオンがバランス良く水に溶け出すことにより，森林はおいしい水を作り出すと考えられる。図12.2は，汚れた水が土中で浄化されるときの様子を模式図で表したも

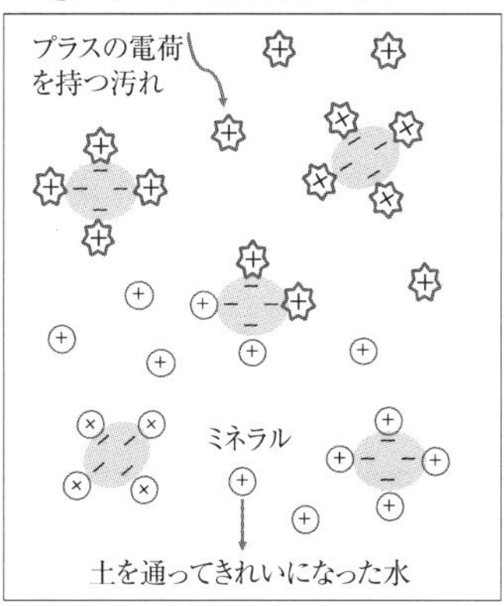

図12.2　汚れた水が土中で浄化されるときの様子

のである。ただし，このような土の浄化作用は無限ではない。その能力を超えると汚染物質は，さらに広がっていくことになる。

12.2.3 土中の物質循環

土壌中には膨大な数の微生物が生育している。ツンドラ地帯から，草原さらには乾燥荒原に至るまで，わずか1gの土壌に8～40億の数の微生物が存在することが観察されている[4)]。

土壌中の炭素，窒素および硫黄は常に物質循環が行われているが，この物質循環の担い手は微生物であり，非常に重要な役割を果たしている。植物体や動物体あるいはその排泄物などの有機物が土の中に入ってくると，微生物がこれを分解し，より簡単な化合物あるいは元素，酸化物にして物質循環の中に組み入れることができる。有機物は，好気条件下では多種の好気性細菌，放線菌および菌類などによって炭酸ガスと水などに酸化分解される。嫌気条件下では，メタン生成菌などによってメタンが発生する。有機物中の炭素は炭酸ガスとして気圏に戻り，植物などの炭素源として使われる。

自然界における窒素の循環を図12.3に示す。土壌中の有機物は分解の過程でアンモニアが生成し，好気条件下で酸化されて亜硝酸性窒素や硝酸性窒素となる。硝酸性窒素は土粒子には吸着しないので土中の水とともに移動する。嫌気的な土中の内部では，微生物（脱窒菌）は有機物を分解するのに酸素の代わりに硝酸を使い，窒素ガスにまで還元されて気圏に戻る形となる。さらに，大気中の窒素ガスは，窒素固定菌によって，有機物に合成される。例えば，根粒菌はマメ科植物に共生して有機物を合成することができる。

土はこのサイクルで重要な役割を果たす各種細菌や原生動物などの微生物の住み家となる。しかし，これまでの急激な生産活動による炭酸ガス濃度の増大，過度な森林伐採や都市化，難分解性物質の増大など土の浄化機能を上回る負荷が物質循環のバランス

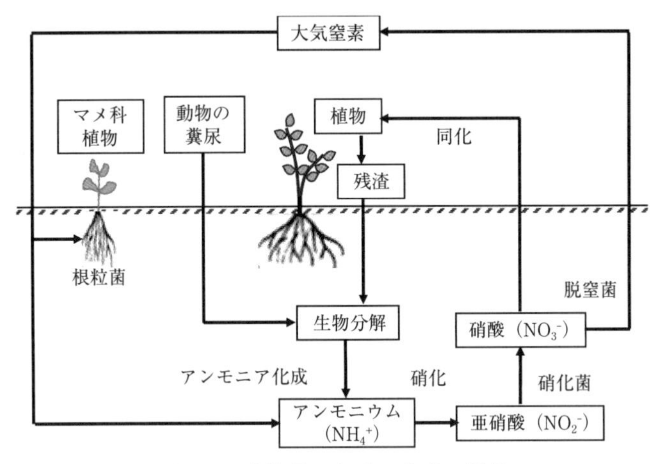

図12.3　自然界における窒素の循環

を失わせると懸念されている。

12.3　地盤汚染，廃棄物の処分および副産物の有効利用技術

12.3.1　土壌・地下水汚染の対策技術

工場跡地などの再開発にともなって，重金属類や揮発性有機化合物（VOC）などによる土壌汚染（soil contamination）や地下水汚染（groundwater contamination）が顕在化してきたため，2003年に土壌汚染対策法が施行された。地盤環境に関する環境基準（environmental quality standard）には，土壌環境基準と地下水環境基準とがある。我が国には，ひ素や鉛など重金属等を含む岩石や土壌が広く分布している。建設現場でもこのような岩石や土壌に遭遇する場合があり，建設発生土等からの有害な重金属等の漏出を防止するための適切な対応が求められている。

対象とする汚染物質，土質，対策の目標などに応じて，適切な修復対策を行う必要がある。重金属は土壌粒子に吸着されやすいため，地表近くに保持される傾向がある。ただし，六価クロムなど移動しやすい重金属もある。揮発性有機化合物（VOC）は土壌中で分解されにくく，ベンゼンを除くと比重が水よりも重いため地下に深く浸透する。また，地下水の流れにのって汚染が拡大して，広域化してしまうことがある。このような汚染物質の流れは，地下水物質輸送問題において，移流・拡散・分散・吸着・遅延現象として数理学的な観点からの詳しく説明がなされている。

重金属類は土壌に吸着しやすく，原位置での浄化が難しいため，掘削除去の事例が多くを占めている。しかしながら，最終処分場の確保が難しくなっており，低コストで，汚染現場で土壌処理が可能な技術が求められている。土壌汚染の修復対策としては，拡散防止，分解および抽出（除去）を目的とするものがあり，これらの代表的な対策工法を表 12-1 に示す。

土壌汚染物質の拡散を防ぐ技術には，セメントや水ガラスなどの固化剤を用いて土壌を固め，安定化する技術，薬剤を用いて汚染物質を溶け難くして安定化させる技術，汚染土壌を加熱し固形化する技術がある。一方，掘削せずに汚染物質を除去する「原位置浄化」技術には，分解技術と抽出（除去）技術がある。分解技術は，有機汚染物質を CO_2 などの無害な形にまで分解する方法で，抽出技術は，汚染物質を土壌から分離して取り除く方法である。微生物を利用するバイオレメディエーション（bioremediation）や植物を利用するファイトレメディエーション（phytoremediation）は，低コストでの実施が可能であるが，物理化学的技術に比べて浄化が完了するまでに時間がかかる。そのため，どのような技術を使って浄化を行うかは，汚染物質の種類に加えて，汚染の規模や浄化完了までに求められる期間などを考慮する必要がある。

表 12.1　主な土壌汚染修復工法と概要[5)]

対策	技術例	対策物質		概　要
		VOC	重金属	
拡散防止	固化	○	○	液状のセメントや水ガラスによって固化する
	不溶化		○	硫酸第一鉄などの薬剤を使って不溶化する
	溶融固化	○	○	高圧電流を通電し土壌を固形化する
	封じ込め	○	○	遮断工，遮水工により封じ込める
分解	酸化分解	○		地下水系に酸化剤を注入し，VOC を分解する
	鉄粉法	○		土壌や地下水に鉄粉を混合し，VOC を分解する
	バイオレメディエーション	○		微生物がもつ有害物質の分解能力を利用して浄化する
	反応性バリア法	○		汚染地下水の下流域に鉄粉を含む透過壁（バリア）を設置して分解する
抽出・除去	土壌ガス吸引	○	○	地表面と地下水面の間に存在する汚染物質を真空ポンプなどで吸引し，除去する
	地下水揚水	○	○	汚染地下水を揚水し，汚染物質を分離し，活性炭などに吸着させることで浄化する
	エアースパージング	○		土壌中や地下水中に空気を注入して VOC の気化を促し，浄化を促進する
	電気泳動		○	地中に装入した電極から電流を流し，重金属類をイオン化して，電気により移動させる
	高圧洗浄揚水ばっ気	○	○	土の粒子に吸着している汚染物質を高圧水と空気で洗浄，ばっ気し浄化する
	ファイトレメディエーション	○	○	汚染物質を蓄積・分解する植物の能力を利用して浄化する

12.3.2　廃棄物の埋立処分

廃棄物最終処分場に求められる機能としては，廃棄物を処分する空間を提供すること，環境汚染を生じないようにすること，可能なら廃棄物を分解・土壌還元して良好な土地造成を提供すること，がある。先進主要国における一般的な処分場のコンセプトを図 12.4 に示す。これは，降水や表流水は覆土層により速やかに排除して処分場内に留まらないようにするとともに，廃棄物層内に貯まった浸出水は浸出水集排水管によって集めて処理・排水させ，底部ライナーにかかる負担を減らし，有害物質の環境への流出を低減化するものである。

このような機能を実現するためには，処分場は以下に示す貯留機能，遮水機能，処理機能を有する構造であることが求められる[6)]。

i)　貯留機能：廃棄物の埋立を支障なく実施できるよう，擁壁

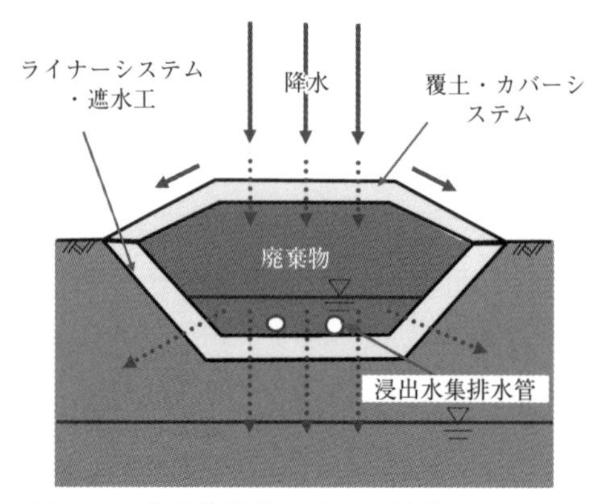

図 12.4　廃棄物最終処分場の機能の概念図

や盛土堤などの「貯留構造物」が設けられる。内陸山間部では谷間の地形を利用することが多い。海面処分場では護岸などで周囲を囲うことが必要となる。このような構造物は，地震や災害時においても安全で安定したものであることが求められる。

ii）遮水機能：雨水や地下水が廃棄物処分場内へ入らない構造とする必要がある。また，廃棄物層内の水（廃棄物浸出水）はそのまま処分場外に放出されることの無いよう，浸出水処理施設を経由して処分場外へ排出される構造が必要となる。

iii）処理機能：処分場から発生する浸出水やガスが，周辺の生活環境や自然環境に悪影響の及ぼすことの無いよう処理施設を設ける。廃棄物の分解・安定化を促進する構造であることが好ましい。

最終処分場を建設するにあたっては，環境アセスメント（environmental assessment）の実施や周辺住民の合意などのプロセスを経る必要があり，処分場の新設は容易ではない。一方，限られた資源の有効活用も重要な命題である。そのようなことから，昨今では「3R」の概念が推し進められるようになっている。すなわち，廃棄物の発生量を減らす「リデュース（reduce）」，再使用する「リユース（reuse）」，再資源化する「リサイクル（recycle）」である。3Rは，2004年のG8サミットで日本の提案として取り上げられ，以来，循環型社会の構築を目指すものとして国際的にも位置づけられている。廃棄物の処分量を減らす取り組みはなされつつあるが，処分場がすぐさま不要になるという状況にはまだ遠く，安全かつ安心な処分場を建設するとともに，エネルギーあるいは空間資源としての処分場の活用が一層推し進められる必要がある。

一方，海外では，廃棄物処分場（waste disposal site）を負の施設としてではなく，資源・エネルギーの供給源として位置づける取り組みがなされている。その代表的なものが発生ガスの回収とその活用である。処分場では，好気性であれば二酸化炭素が，嫌気性であれば二酸化炭素の他にメタンや硫化水素が発生する。メタンは，二酸化炭素の21倍の温室効果[7]をもつため，これを大気中に無造作に放散させず回収することは重要なことである。

12.3.3　副産物の有効利用技術

循環型社会形成推進基本法（fundamental law for establishing a sound material-cycle society）は，同法の対象となる「廃棄物等」のうち役に立つ物を「循環資源」と定義し，1）再使用，2）再生利用，3）熱回収の順で循環的に利用すべきとしている。循環資源のうち，建設資材として利用可能なものを，ここでは「循環資材」と定義する[8]。

循環社会の構築のためには，建設副産物（construction by-product）や産業副産物，あるいは災害発生時には復興資材など，様々な循環資材をできるだけ活用することが望まれる。循環資材の種類と活用方法を表 12.2 に示す。建設副産物では，建設発生土（construction generated soil）と建設汚泥（construction waste sludge）のほかに，浚渫土砂，アスファルト・コンクリート塊，コンクリート塊，建設発生木材などがある。産業副産物では，鉄

表 12.2　循環資材の種類と利用方法

<table>
<tr><th colspan="3">種類</th><th>活用方法の例</th></tr>
<tr><td rowspan="6">建設副産物</td><td colspan="2">建設発生土</td><td>盛土材や裏込め材として活用</td></tr>
<tr><td colspan="2">浚渫土砂</td><td>処理土として盛土材等に利用</td></tr>
<tr><td colspan="2">アスファルト
コンクリート塊</td><td>アスファルト混合混合物要骨材として利用</td></tr>
<tr><td colspan="2">コンクリート塊</td><td>再生砕石や再生砂として利用</td></tr>
<tr><td colspan="2">建設発生木材</td><td>燃料利用，堆肥，敷料，製紙など</td></tr>
<tr><td colspan="2">建設汚泥</td><td>処理土として盛土材，骨材やブロックとして製品化</td></tr>
<tr><td rowspan="10">産業副産物等</td><td colspan="2">鉄鋼スラグ</td><td>高炉徐冷スラグ，高炉水砕スラグ，製鋼スラグ：路盤や盛土として利用</td></tr>
<tr><td colspan="2">石炭灰</td><td>フライアッシュ：セメント材料，クリンカアッシュ：地盤材料</td></tr>
<tr><td colspan="2">製紙スラッジ焼却灰</td><td>地盤改良材として利用</td></tr>
<tr><td colspan="2">廃石膏ボード</td><td>地盤改良材として利用</td></tr>
<tr><td colspan="2">廃ガラス</td><td>発泡廃ガラス材として利用</td></tr>
<tr><td colspan="2">廃タイヤ</td><td>廃タイヤチップ混合土</td></tr>
<tr><td colspan="2">廃プラスッチック</td><td>軽量材，インゴットの破砕材</td></tr>
<tr><td colspan="2">カキ殻等</td><td>地盤改良材として利用</td></tr>
<tr><td colspan="2">一般廃棄物溶融固化物</td><td>埋立材として利用</td></tr>
<tr><td colspan="2">下水汚泥溶融固化物</td><td>下水汚泥を溶融固化したもの。</td></tr>
<tr><td rowspan="3">復興資材</td><td colspan="2">コンクリート再生砕石</td><td>再生砕石や再生砂として利用</td></tr>
<tr><td rowspan="2">分別土砂</td><td>災害廃棄物から再生された分別土砂</td><td rowspan="2">モニタリングを実施しながら盛土材や裏込め材として活用</td></tr>
<tr><td>津波堆積物由来の分別土砂</td></tr>
</table>

鋼スラグ，石炭灰，製紙スラッジ焼却灰，一般廃棄物や下水汚泥の溶融固化物等が挙げられる。このほかにも様々な循環資源がリサイクル材料として利用できる可能性がある[9]。東日本大震災においても，コンクリート再生砕石や分別土砂などの多くの災害廃棄物が復興資材として有効利用された[10]。

今後は循環資材を活用した人工地盤材料の実務で利用促進が望まれるが，環境安全性に十分に配慮する必要がある。特に，使用する材料によっては，原位置でのモニタリングの実施や長期安定性の検討が必要になってくる。また，リサイクル材を活用した場合の環境負荷低減効果を示すことも重要である。

地盤工学分野では，建設発生土や建設汚泥などの建設副産物の有効利用が重要となる。建設工事に伴い副次的に発生する土砂や汚泥をここでは「発生土」という。発生土のうち建設工事に係る掘削工事に伴って発生する「建設汚泥」を除いたものを「建設発生土」として定義している[11]。また，建設発生土はその性状およびコーン指数の値からさらに第1種から第4種建設発生土，泥土に分類される。建設汚泥は産業廃棄物のうち無機性の汚泥として取り扱われる。建設汚泥に該当する泥状の状態とは，標準仕様ダンプトラックに山積みができず，また，その上を人が歩けない状態をいい，この状態を土の強度を示す指標でいえば，コーン指数がおおむね200kN/m^{2}以下または一軸圧縮強さ（unconfined compression strength）がおおむね50kN/m^{2}以下である。

発生土を利用するために適用できる土質改良工法には様々な方法がある。発生土の土質改良工法の例を表12.3に示す。発生土の利用に当たっては，用途ごとに発生土の要求品質や利用方法が異なるため，実際の適用に当たっては，適切な品質の設定・管理を行う必要がある。建設発生土の利用技術は，建設汚泥にも適用できる場合が多い。建設汚泥の利用促進を図るためには，新材に代わる品質の優れた材料を低コストで製造し，かつ用途を拡大する必要がある。また，リサイクルを推進するためには，有効利用に伴う環境負荷の低減効果を示すことも効果的であると考えられる。

表 12.3　発生土の改良工法の例

リサイクルの方法	対象	改良方法	適用工法
含水比低下	高含水土	水位低下（掘削前） 水切り 天日乾燥 強制脱水	底面脱水工法 袋詰脱水工法 トレンチ工法 フィルタープレス工法
粒度調整	高含水土 ～砂質土	ふるい選別 良質土混合 分別搬出	—
安定処理等	高含水土 ～砂質土	セメント，石灰などの固化材による安定処理 吸水剤等による土質改良（高分子系・無機系改良材，古紙）	事前混合処理工法 各種地盤改良工法 原位置改良処理
機能付加	高含水土 ～砂質土	排水材を盛土に敷設 軽量材や繊維を混合	流動化処理工法 気泡混合土工法 軽量材混合土工法 繊維混合土工法
補強	砂質土	ジオテキスタイルなどの補強材を用いて盛土へ利用	サンドイッチ工法 補強土工法
粒状化処理	高含水土 粘性土	固化材を添加して砂状に改良 1,000° C 程度の温度で焼成固結 焼成処理よりも高温で溶融固化	—

建設発生土や建設汚泥をリサイクル材として活用する場合，軟弱な土にセメントや石灰等の固化材を添加混合し，施工性を改善するとともに，強度を増加させる安定処理工法が広く適用されている。この場合，セメント改良土からの六価クロムの溶出の可能性が明らかとなっている。そのため，2000 年 3 月の建設省通達「セメント及びセメント系固化材の地盤改良への使用及び改良土の再利用に関する当面の措置」とその運用（2001 年 4 月一部変更）により，関連する公共工事で地盤改良を行う場合には，施工前の溶出試験を行い，土壌環境基準を満足する配合の選定が定められている。

これまでに多くの人工地盤材料が開発および提案されている。表 12.4 は代表的な人工地盤材料を取り挙げて，それらの特徴を機能付加としてまとめたものである。低品質の材料に付加価値を付けるためには，何らかの処理が必要であり，良質材料の混合による粒度調整，固化処理および焼成処理などが一般的に用いられている。気泡または発泡ビーズを混合した軽量土が開発されているが，現在では気泡混合軽量土が埋戻し材や裏込め材としての利用実績を増やしている。流動化処理土は主に軟弱な建設発生土を再利用するために水とセメントを加えて埋戻し材や充填材として活用されている。

表12.4　代表的な人工地盤材料と機能付加

人工地盤材料	強度特性の改善		変形特性の改善		軽量化	流動化	高強度化	透水性の改善	液状化防止	凍結防止	副産物・廃棄物の資源化
	粘着力C	内部摩擦角φ′	変形係数	粘り強さ							
セメント安定処理土	○		○								
気泡混合軽量土			○		○	○				○	
発泡ビーズ混合軽量土					○						
短繊維混合補強度	○	○		○							
流動化処理土	○		○			○					○
事前混合処理土			○						○		
高圧脱水固化処理土	○		○				○				○
粒状改良土	○		○				○	○			○
タイヤチップ混合土		○		○	○					○	○
タイヤチップ固化処理土	○		○	○	○						○
発泡廃ガラス材		○	○		○			○			○
鉄鋼スラグ		○									○
石炭灰	○										○
EPS/発泡ウレタン	○		○		○						

このほかに廃棄物を活用したものとしては，廃棄EPS，廃プラスチックおよび廃木材の炭化物などの混合土が見られるが，実用化を進めるためには，原材料の安定供給やコストの面で課題が残っている。また，重金属などの有害物質の溶出抑制といった新たな付加価値を求めたものには，ペットボトルを溶融し混合固化させたものや粘土を混合して焼成したものあるいは木炭を混ぜた混合地盤材料があり，焼却灰や汚染土と廃棄物の組合せとして，

新たな利用方法が期待される。工学的な付加価値は多様化しており，目的によって様々であると考えられるが，ここでは，「軽量化」，「強さの改善」，「変形性能の向上」，「透水性の改善」，「凍結防止」，「副産物・廃棄物の再資源化」などを挙げている。表を参照すれば，各種材料の付加価値がどの点にあり，何を目指したものであるかを概略判断することができる。

新しい地盤改良技術として，微生物固化処理土の開発が国内外で進められている[12)]。これは，微生物の代謝により発生する二酸化炭素を利用した地盤の固化処理技術であり，室内実験で液状化強度増進が確認されているため，今後は実際の砂地盤での適用が期待される。

そのほかに地球温暖化対策として，二酸化炭素を効率的に蓄積する新たな地盤材料が開発されれば，地盤工学の役割はさらに高まると考えられる。

12.4　地盤環境と地盤防災

12.4.1　地球環境問題と土地劣化

地球的規模あるいは地球的視野にたった環境問題は，人類の将来にとって大きな脅威となっている。以下に示す地球環境問題（global environmental issues）が主に認識されているが，厳密な定義がなされているわけではない。

（1）地球温暖化，（2）オゾン層の破壊，（3）熱帯林の減少，（4）開発途上国の公害，（5）酸性雨，（6）砂漠化，（7）生物多様性の減少，（8）海洋汚染，（9）有害廃棄物の越境移動

国際連合砂漠化対処条約（UNCCD）は，「土地劣化の中立性」という概念を構築し，世界中で生じている土地劣化に対して，持続可能なレベルまで土地を回復させるという目標を立てている。これは，持続可能な開発目標（SDGs）の中の15.3に示され，「全ての国は土地劣化の中立性の自主目標を立てる」ことが求められており，極めて重要な世界目標となっている。土地の劣化には，土

壌侵食（soil erosion），養分不足，塩類集積（salt accumulation），砂漠化（desertification），汚染などがある。ここでは，砂漠化に焦点を当てて，土地劣化の問題を説明する。

1991年のUNEP（国連環境計画）の報告書では砂漠化の影響を受けている土地の面積は約36億ヘクタールと報告されている。これは地球上の全陸地の1/4，世界の耕作可能な乾燥地域（乾燥，半乾燥，乾燥半湿潤地域の合計）約52億ヘクタールの約70%に相当する。また，砂漠化によって影響を受けている人口は約9億人で，世界の全人口の1/6に当たる。砂漠化の広がりを地域別にみると，アフリカが約10億ヘクタール，アジアが約13億ヘクタールとこの両地域で世界の砂漠化の影響を受けている土地の面積の約2/3を占めている。これは両地域で耕作が可能な乾燥地域のうちのそれぞれ73%，71%に相当し，砂漠化問題が両地域の人々の生活を脅かす深刻な問題になっていることがこれらの数字からも明らかである。主な原因としては，新しい砂漠化の定義の中に明示されているように，地球的規模での大気循環の変動による乾燥地の移動という気候的要因と，乾燥地及び半乾燥地の脆弱な生態系の中でその許容限度を超えた人間活動が行われることによるインパクトという人為的要因の二つが考えられている。

気候的要因としては，下降気流の発生または水分輸送量の減少などによって乾燥が進むことにより引き起こされ，地球的規模の気候変動によって，さらに砂漠化が進行していると言われている。

人為的要因としては，草地の再生能力を超えた家畜の放牧（過放牧），休耕期間の短縮等による地力の低下（過耕作），薪炭材の過剰な採取が考えられている。これらのほか，かんがい（灌漑）農地の塩類集積の問題がある。これは，過剰な灌漑や水路からの漏水等のために地下水位の上昇が起こったり，あるいは塩類濃度の高い地下水を用いたりするなどの不適切な灌漑が行われることによる。これらによって，水分が蒸発した後に水に含まれていた塩類が集積し，塩化によって農地が荒廃，劣化してしまうことである。また，植生や土地基盤の弱い乾燥地では，耕作などで地面が裸地状態になり，乾季には風食，雨季には水による侵食が起こりやすく，土壌の流出に伴い砂漠化が起こり，進行していく場合もある。

以上のように，砂漠化の原因としては，気候的要因および人為的要因が考えられるが地球的規模の環境問題として現在注目されている砂漠化を考えた場合，気候の乾燥化（気候的要因）よりも，むしろ人間活動（人為的要因）に伴って砂漠化が引き起こされていると考えられている。砂漠化の進行によりいったん不毛の砂漠になってしまった土地は，膨大な労力および費用をかけて再生しない限り，元の状態に戻すことは難しい。したがって，現在，まったく影響を受けていないか，わずかしか影響を受けていない土地の劣化を防ぐことは，劣化した土地を再生させるより，はるかに効率的で，実行可能性を有する対策であると考えられている。また，砂漠化の問題は，自然資源をベースとした開発途上国の発展のプロセスと深く関わっており，開発途上国の貧困，食糧，雇用，教育，人口問題といった社会的，経済的，文化的，政治的な観点に基づいた対策が行われなければ，根本的な解決にはならないと考えられている。

12.4.2　気候変動と地盤災害に対する適応策

日本の国土は，地震（earthquake）・火山活動が活発な環太平洋帯に位置しており，また，台風・前線活動等の気象条件，急峻な地形や急勾配の河川等の地勢条件により，暴風雨，洪水，土砂崩れ等が発生しやすく，甚大な被害をもたらす自然災害が頻発している。

甚大な被害が発生した阪神・淡路大震災（1995 年）や，近年でも，東日本大震災（2011 年），熊本地震（2016 年），北海道胆振東部地震（2018 年）が起こっている。近い将来の発生の切迫性が指摘されている大規模地震には，南海トラフ地震，日本海溝・

千島海溝周辺海溝型地震，首都直下地震，中部圏・近畿圏直下地震がある。中でも，関東から九州の広い範囲で強い揺れと高い津波が発生するとされる南海トラフ地震と，首都中枢機能への影響が懸念される首都直下地震は，2014年に政府の地震調査委員会が示した今後30年以内に発生する確率が70％と高い数字で想定されている[13)]。

一方，日本の年平均気温は，100年あたり1.19℃の割合で上昇している。猛烈な雨（1時間降水量80mm以上の雨）の年間発生回数も，増加している。地球温暖化の進行に伴って，大雨や短時間に振る強い雨の頻度はさらに増加すると予測されており，台風や豪雨による風水害・土砂災害発生リスクが高まっている。特に，西日本を中心に北海道や中部地方を含む全国的に広い範囲で記録された『平成30年7月豪雨』や熊本県を中心に九州や中部地方など日本各地で発生した『令和2年7月豪雨』のような，大規模で甚大な被害をもたらす水害も発生している。

平成26年11月に公表されたIPCC（気候変動に関する政府間パネル）の第5次評価報告書統合報告書において，気候システムの温暖化について疑う余地はないことが示されており，地球温暖化が進行すると，今後，さらにこのような水災害の頻発化・激甚化が懸念される。さらに，21世紀末までに，世界平均地上気温は0.3～4.8℃上昇，世界平均海面水位は0.26～0.82m上昇する可能性が高いことや，北西太平洋において，強い台風の発生数，台風の最大強度，最大強度時の降水強度は現在と比較して増加する傾向があると予測されている。

このため，気候変動による土砂災害（sediment disasters）への影響として，以下のようなことが想定される。

・大雨や短時間強雨の発生頻度が増加することにより，土砂災害の発生頻度が増加する。
・急激に発達する積乱雲群等による，突発的で局所的な大雨が増加することにより，警戒避難に必要なリードタイムの短い土砂災害の発生が増加する。

・台風の勢力が増大すること等により総雨量か1,000mmを超えるような記録的な大雨の発生頻度が増えることによって，深層崩壊等の計画規模を超える土砂移動現象の発生頻度が増加する。

・記録的な大雨の発生頻度が増加することにより，土石流が流域界の尾根を乗り越えて流下する現象や，不明瞭な谷地形を呈する箇所における土石流等の発生頻度が増加する。

・台風による風倒木の発生や土砂移動現象の頻度の増加，規模の増大等に伴い土砂と相まって流出する流木の増加が想定され，流木災害の発生頻度が増加する。

このような土砂災害の発生頻度の増加に対する適応策として，国土交通省社会資本整備審議会では，以下のようなことを答申している[14)]。

・土砂災害の発生頻度の増加に対して，人命を守る効果の高い箇所における施設整備を重点的に推進するとともに，避難場所・経路や公共施設，社会経済活動を守る施設を整備する。

・土砂災害のおそれのある箇所が多く存在することから，できるだけ効率的にハード対策が進められるよう，施設の計画・設計方法や砂防ソイルセメント等の活用など，使用材料について，より合理的なものを検討する。

・土砂災害は降雨等の誘因と地形・地質等の素因が箇所ごとに連関して発生するものであり，正確な発生予測のためにはさらなるデータ蓄積と研究，技術開発を行い，ハード対策とソフト対策を一体的に進めていく。

・土砂災害防止法の改正により土砂災害警戒区域の指定をより一層促進し，ハザードマップの作成・公表や夜間の防災訓練などの実践的な訓練等を通じて，警戒避難体制の強化を図る。

・記録的な大雨による深層崩壊等に伴う大規模土砂災害に対して，深層崩壊等の発生や河道閉塞の有無をいち早く把握する国土監視体制の強化を進め，人工衛星，地震計ネットワークにより大規模土砂移動現象を迅速に検知できる危機管理体制の整備を推進する。
・流木災害により土砂災害の被害が拡大することがないよう，流木捕捉効果の高い透過型堰堤の採用，流木止め設置，既存の不透過型堰堤を透過型堰堤に改良する。
・国土管理の観点から，山腹工等の斜面対策や，地域との連携によって実施されている里山砂防事業，グリーンベルト整備事業について，その効果を検証しつつ推進する。

12.4.3　持続可能な社会の構築に向けて

20世紀は大量生産，大量消費，大量廃棄の時代で，このままでは資源の枯渇を招き，地球の温暖化は進み，生態系は破壊され私たちが住んでいる地球の持続可能性が心配されている。また，開発途上国の人口増と経済成長を背景に，さらに地球温暖化や資源の浪費，地球規模の生態系の劣化が進めば，食料問題や貧困問題もさらに深化する恐れがある。

現在の地球環境の危機を克服するためには，図12.5に示すように，低炭素社会，自然共生社会，循環型社会作りの取り組みを統合的に進めて持続可能な社会を形成する必要がある[15)]。

低炭素および循環型の持続可能な社会を構築するためには，環境負荷を「見える化」することが重要であり，そのため一つの手法にライフサイクルアセスメント（LCA）がある。ライフサイクルアセスメント（LCA）とは，製品が環境に与える影響を定量的に分析し，かつ客観的に評価する手法のことである。地球温暖化など地球全体の環境問題が顕在化し始め，環境負荷の低減，効率性の改善が重要な課題となっている。このような課題に対して，LCAは環境負荷項目を評価し，環境への影響をより合理的に分析・評価する有効な手段である。環境負荷の項目は様々であり，自然の枯渇，生態系への影響および人の健康への影響などが

持続可能な社会に向けた総合的な取組

気候変動とエネルギー資源
持続可能な社会
地球生態系と共生して
持続的に成長・発展する
経済社会の実現
温室効果ガス排出
量の大幅削減
低炭素社会
3Rを通じた
資源循環
循環型社会
気候変動と生態系
生態系と環境負荷
自然共生社会
自然の恵みの享受と継承

図 12.5　持続可能な社会への取り組み（21世紀環境立国戦略による）[15]

考えられる。また，地球温暖化に寄与する物質としては二酸化炭素の他にメタン，二酸化窒素，フロンなどがある。LCA では，これら全てを解析対象物質として取り扱うことは不可能であるため，環境問題に対する寄与や事業の内容等を考慮して検討対象とする環境負荷項目を選定する必要がある。LCA の厳密な定義にこだわるより，いかにLCA 的な考え方を取り入れていくかが重要である。地盤工学の分野でもリサイクルの受容性を示すために，LCA の評価が必要になっている。

一方，2015 年に持続可能な開発目標（SDGs）が発表され，多くの国がその目標年である 2030 年までに SDGs 達成を積極的に推進することに同意した。土木学会では，「22 世紀の国づくり」のために，以下のような長期ビジョンを策定している[16]。

・情報通信網，人工知能（AI），ロボティックスや自動運転などの先端技術を用いて，国連の「持続可能な開発目標（SDGs）も参考にしながら，再生可能エネルギーの利用が増大し，森林資源や都市鉱山などの資源が循環利用され，自然と共生した観光立国や海洋立国といった側面も際立つような，持続可能な社会を構築する。

・防災は国など広域行政の責務である。事前復興計画の策定や防災省の創設など，来たるべき巨大地震や気候変動に伴う極端な気象の頻発などによる国難への備えを万端にする。

このように，安全で安心な社会を構築するためには，あらゆる分野での取り組みが求められている。地盤工学分野では，従来の土質力学だけでなく，情報通信技術（ICT）やAIなどの最近の技術の活用なども進められている。また，地盤と密接に関わる地球環境問題や土砂災害など減らすための減災・防災への貢献が期待される。

演習問題

【問題 12.1】

地盤の保水機能は土砂災害とどのような関わりがあるのかを述べよ。

【問題 12.2】

地盤の浄化機能が能力の限界を超えると，どのような環境問題が生じるのかを述べよ。

【問題 12.3】

リサイクル材を活用することは，どのような環境負荷低減につながるのかを述べよ。

【問題 12.4】

気候変動と地盤災害の関わりを述べよ。

【問題 12.5】

持続可能な社会を構築するための地盤の役割について，具体的な例を示せ。

引用文献

1） 日本学術会議、社会環境工学研究連絡委員会，地盤環境工学専門委員会報告（2000）：21 世紀における地盤環境工学―新たな discipline の創造に向けて―
2） 森澤眞輔（1994）：環境地盤工学入門，土の浄化作用，土質工学会，pp.232-233.
3） 土の陽イオン交換容量（CEC）の試験，地盤工学会基準，JGS 0261-2009
4） 木村眞人（1991）：農業土木学会誌，第 59 巻，第 4 号，pp.59-64.

5)　国立環境研究所，環境技術解説，土壌・地下水汚染対策，https://tenbou.nies.go.jp/science/description/detail.php?id=52（参照 2021.1.25）
6)　地盤工学会編（1998）：廃棄物と建設発生土の地盤工学的有効利用．
7)　気候変動に関する政府間パネル（IPCC）第三次評価報告書，1995年
8)　地盤工学会（2014）：災害廃棄物から再生された復興資材の有効活用ガイドライン．
9)　独立行政法人土木研究所（2006）：建設工事における他産業リサイクル材料利用技術マニュアル．
10)　土木学会（2014）：コンクリートライブラリー142 災害廃棄物の処分と有効利用—東日本大震災の記録と教訓—．
11)　一般財団法人 土木研究センター（2013）：建設発生土利用技術マニュアル 第4版．
12)　畠俊郎（2014）：微生物固化処理土，技術手帳，地盤工学会誌 62（6），35-36．
13)　内閣府，防災情報のページ，http://www.bousai.go.jp/kyoiku/hokenkyousai/jishin.html（参照 2020.3.9）
14)　国土交通省社会資本整備審議会（2015）：水災害分野における気候変動適応策のあり方について（答申）
15)　環境省中央環境審議会（2007）：21世紀環境立国戦略の策定に向けた提言
16)　土木学会（2019）：「22世紀の国づくり」プロジェクト委員会報告書

表1　ギリシャ文字と読み方

大文字	小文字	英表記	読み	大文字	小文字	英表記	読み
A	α	alpha	アルファ	N	ν	nu	ニュー
B	β	beta	ベータ	Ξ	ξ	xi	クサイ
Γ	γ	gamma	ガンマ	O	o	omicron	オミクロン
Δ	δ	delta	デルタ	Π	π	pi	パイ
E	ε	epsilon	イプシロン	P	ρ	rho	ロー
Z	ζ	zeta	ゼータ	Σ	σ, ς	sigma	シグマ
H	η	eta	イータ	T	τ	tau	タウ
Θ	θ	theta	シータ	Y	υ	upsilon	ウプシロン
I	ι	iota	イオタ	Φ	ϕ	phi	ファイ
K	κ	kappa	カッパ	X	χ	chi	カイ
Λ	λ	lambda	ラムダ	Ψ	ψ	psi	プサイ
M	μ	mu	ミュー	Ω	ω	omega	オメガ

表2　旧重力単位系とSI単位系

量	旧重力単位系	SI
力	1 kgf	9. 81 N
圧　　力	1 kgf/cm^2 =10 tf/m^2	98. 1 kN/m^2=98. 1 kPa=0. 0981 MPa
	1 tf/m^2	9. 81 kN/m^2= 9. 81 kPa=0. 00981 MPa
単位体積重量	1 gf/cm^3=1 tf/m^3	9. 81 kN/m^3
粘性係数(粘度)	1 gf/cm･s=1 poise	0. 1 N･s/m^2=0. 1 Pa･s
仕　　事	1 kgf･m	9. 81 N･m

*本書に直接関係のある単位に限っている。

索　　引

き

く

け

す

せ

そ

た

の

は

ひ

ふ

へ

ほ

ま

み

む

め

も

や

ゆ

よ

ら

り

れ

わ

著　者　略　歴

石藏（いしくら）　良平（りょうへい）（第5章，第9章）

1979年　福岡県生まれ
2008年　九州大学大学院工学府建設システム工学専攻　博士後期課程　修了
現　在　九州大学大学院工学研究院社会基盤部門　准教授，博士（工学）

大嶺（おおみね）　聖（きよし）（第12章）

1964年　沖縄県生まれ
1989年　九州大学大学院工学研究科修士課程水工土木学専攻　修了
現　在　長崎大学　教授，博士（工学）

笠間（かさま）　清伸（きよのぶ）（第5章，第7章）

1973年　福岡県生まれ
1998年　九州大学大学院工学研究科修士課程建設システム工学専攻　修了
現　在　九州大学　教授，博士（工学）

酒匂（さこう）　一成（かずなり）（第10章，第11章）

1977年　鹿児島県生まれ
2004年　鹿児島大学大学院理工学研究科博士後期課程　システム情報工学専攻　修了
現　在　鹿児島大学学術研究院理工学域工学系　教授，博士（工学）

蔣（じゃん）　宇静（いじん）（第11章）

1962年　中国江蘇省生まれ
1985年　山東科技大学大学院資源工学研究科岩盤力学専攻修士課程　修了
1993年　九州大学大学院工学研究科土木工学専攻博士課程　修了
現　在　長崎大学大学院総合生産科学域　教授，博士（工学）

末次（すえつぐ）　大輔（だいすけ）（第1章，第6章，付録）

1974年　佐賀県生まれ
1999年　九州大学大学院工学研究科修士課程建設システム工学専攻　修了
現　在　宮崎大学工学教育研究部　教授，博士（工学）

杉本（すぎもと）　知史（さとし）（第2章）

1977年　大阪府生まれ
2005年　九州大学大学院工学府博士課程　建設システム工学専攻　修了
現　在　長崎大学大学院　総合生産科学域システム科学部門　准教授，博士（工学）

林（はやし）　泰弘（やすひろ）（第3章，第4章）

1967年　山口県生まれ
2001年　熊本大学大学院自然科学研究科環境科学専攻博士課程　修了
現　在　九州産業大学建築都市工学部　教授，博士（工学），技術士（建設部門）

福林（ふくばやし）　良典（よしのり）（第10章）

1973年　京都府生まれ
1998年　京都大学大学院工学研究科修士課程土木システム工学専攻　修了
現　在　宮崎大学工学教育研究部　准教授，博士（工学）

松原(まつばら)　仁(ひとし)（第 3 章，第 7 章）
1976 年　沖縄県生まれ
2005 年　琉球大学大学院理工学研究科生産エネルギー工学専攻　修了
現　在　琉球大学工学部　准教授，博士（工学）

椋木(むくのき)　俊文(としふみ)（第 4 章，第 6 章）
1972 年　福岡県生まれ
2001 年　熊本大学大学院自然科学研究科環境科学専攻　修了
現　在　熊本大学大学院自然科学研究部　教授，博士（工学）

村上(むらかみ)　哲(さとし)（第 7 章，第 12 章）
1968 年　長崎県生まれ
1994 年　九州大学大学院工学研究科修士課程水工土木学専攻　修了
現　在　福岡大学工学部社会デザイン工学科教授，博士（工学）

安福(やすふく)　規之(のりゆき)（第 1 章，第 2 章）
1958 年　福岡県生まれ
1983 年　山口大学大学院工学研究科修士課程土木工学専攻　修了
現　在　九州大学　教授，工学博士

山本健太郎(やまもとけんたろう)（第 8 章，第 9 章）
1969 年　神奈川県生まれ
1998 年　熊本大学大学院自然科学研究科環境科学専攻　修了
現　在　大分大学減災・復興デザイン教育研究センター准教授，博士（工学）

土質力学

2022年 9 月17日　初版第 1 刷発行

編著者　安　福　規　之

発行者　柴山　斐呂子

発 行 所
理工図書株式会社
〒 102-0082　東京都千代田区一番町 27-2
電話 03(3230)0221(代表)
FAX 03(3262)8247
振替口座 00180-3-36087 番
http：//www.rikohtosho.co.jp

Printed in Japan　ISBN978-4-8446-0918-6
印刷・製本：㈱丸井工文社